5 권 | 초등 수학 3-1

쏙셈➕를 완성하는 [　　　　]의 하늘 5권

쏙셈➕ 40일 학습을 완성했을 때의
부모님과의 약속 [　　　　　　]

하루 한장 공부 습관을 기르는 # 학습 계획표

교과서	주제명	진도	학습 계획일	목표 달성도
덧셈과 뺄셈	받아올림이 없는 (세 자리 수) + (세 자리 수) ❶	1주 1일	월 일	♡♡♡♡♡
	받아올림이 없는 (세 자리 수) + (세 자리 수) ❷	1주 2일	월 일	♡♡♡♡♡
	받아올림이 한 번 있는 (세 자리 수) + (세 자리 수) ❶	1주 3일	월 일	♡♡♡♡♡
	받아올림이 한 번 있는 (세 자리 수) + (세 자리 수) ❷	1주 4일	월 일	♡♡♡♡♡
	받아올림이 두 번, 세 번 있는 (세 자리 수) + (세 자리 수) ❶	1주 5일	월 일	♡♡♡♡♡
	받아올림이 두 번, 세 번 있는 (세 자리 수) + (세 자리 수) ❷	2주 1일	월 일	♡♡♡♡♡
	받아내림이 없는 (세 자리 수) - (세 자리 수) ❶	2주 2일	월 일	♡♡♡♡♡
	받아내림이 없는 (세 자리 수) - (세 자리 수) ❷	2주 3일	월 일	♡♡♡♡♡
	받아내림이 한 번 있는 (세 자리 수) - (세 자리 수) ❶	2주 4일	월 일	♡♡♡♡♡
	받아내림이 한 번 있는 (세 자리 수) - (세 자리 수) ❷	2주 5일	월 일	♡♡♡♡♡
	받아내림이 두 번 있는 (세 자리 수) - (세 자리 수) ❶	3주 1일	월 일	♡♡♡♡♡
	받아내림이 두 번 있는 (세 자리 수) - (세 자리 수) ❷	3주 2일	월 일	♡♡♡♡♡
	세 수의 덧셈과 뺄셈 ❶	3주 3일	월 일	♡♡♡♡♡
	세 수의 덧셈과 뺄셈 ❷	3주 4일	월 일	♡♡♡♡♡
	단원 마무리	3주 5일	월 일	♡♡♡♡♡
나눗셈	똑같이 나누어 주는 나눗셈 ❶	4주 1일	월 일	♡♡♡♡♡
	똑같이 나누어 주는 나눗셈 ❷	4주 2일	월 일	♡♡♡♡♡
	같은 양이 몇 번 들어 있는 나눗셈 ❶	4주 3일	월 일	♡♡♡♡♡
	같은 양이 몇 번 들어 있는 나눗셈 ❷	4주 4일	월 일	♡♡♡♡♡
	곱셈과 나눗셈의 관계	4주 5일	월 일	♡♡♡♡♡
	곱셈식을 보고 나눗셈의 몫 알기	5주 1일	월 일	♡♡♡♡♡
	곱셈구구로 나눗셈의 몫 구하기 ❶	5주 2일	월 일	♡♡♡♡♡
	곱셈구구로 나눗셈의 몫 구하기 ❷	5주 3일	월 일	♡♡♡♡♡
	단원 마무리	5주 4일	월 일	♡♡♡♡♡
곱셈	(몇십) × (몇) ❶	5주 5일	월 일	♡♡♡♡♡
	(몇십) × (몇) ❷	6주 1일	월 일	♡♡♡♡♡
	올림이 없는 (몇십몇) × (몇) ❶	6주 2일	월 일	♡♡♡♡♡
	올림이 없는 (몇십몇) × (몇) ❷	6주 3일	월 일	♡♡♡♡♡
	십의 자리에서 올림이 있는 (몇십몇) × (몇) ❶	6주 4일	월 일	♡♡♡♡♡
	십의 자리에서 올림이 있는 (몇십몇) × (몇) ❷	6일 5일	월 일	♡♡♡♡♡
	일의 자리에서 올림이 있는 (몇십몇) × (몇) ❶	7주 1일	월 일	♡♡♡♡♡
	일의 자리에서 올림이 있는 (몇십몇) × (몇) ❷	7주 2일	월 일	♡♡♡♡♡
	십의 자리와 일의 자리에서 올림이 있는 (몇십몇) × (몇) ❶	7주 3일	월 일	♡♡♡♡♡
	십의 자리와 일의 자리에서 올림이 있는 (몇십몇) × (몇) ❷	7주 4일	월 일	♡♡♡♡♡
	단원 마무리	7주 5일	월 일	♡♡♡♡♡
길이와 시간	길이 알아보기 ❶	8주 1일	월 일	♡♡♡♡♡
	길이 알아보기 ❷	8주 2일	월 일	♡♡♡♡♡
	시간 알아보기 ❶	8주 3일	월 일	♡♡♡♡♡
	시간 알아보기 ❷	8주 4일	월 일	♡♡♡♡♡
	단원 마무리	8주 5일	월 일	♡♡♡♡♡

쏙셈+로
수학적 사고력도 키우고
문장제 해결력도
쑥쑥 향상시켜요!

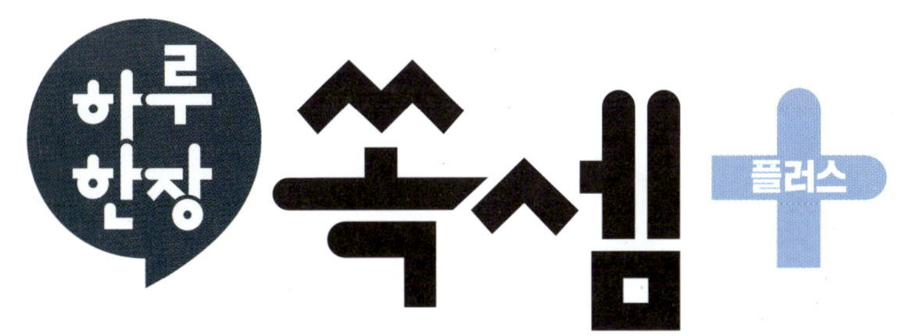

"연산 문제는 잘 푸는데 문장제만 보면 머리가 멍해져요."

"문제를 어떻게 풀어야 할지 모르겠어요."

"문제에서 무엇을 구해야 할지 이해하기가 힘들어요."

연산 문제는 척척 풀 수 있는데

문장제를 보면 문제를 풀기도 전에

어렵게 느껴지나요?

하지만 연산 문제도 처음부터 쉬웠던 것은 아닐 거예요.

반복 학습을 통해 계산법을 익히면서 잘 풀게 된 것이죠.

문장제를 학습할 때에도 마찬가지입니다.

단순하게 연산만 적용하는 문제부터 점점 난이도를 높여 가며,

문제를 이해하고 풀이 과정을 반복하여 연습하다 보면

문장제에 대한 두려움은 사라지고

아무리 복잡한 문장제라도 척척 풀어낼 수 있을 거예요.

『하루 한장 쏙셈 +』는

가장 단순한 문장제부터 한 단계 높은 응용 문제까지

알차게 구성하였어요.

자, 우리 함께 시작해 볼까요?

구성과 특징

1일차

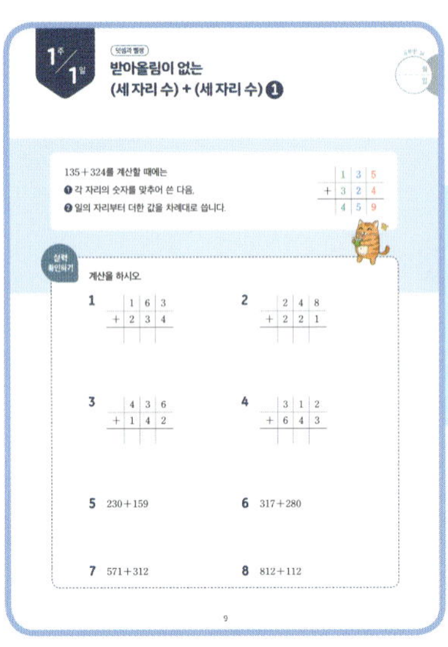

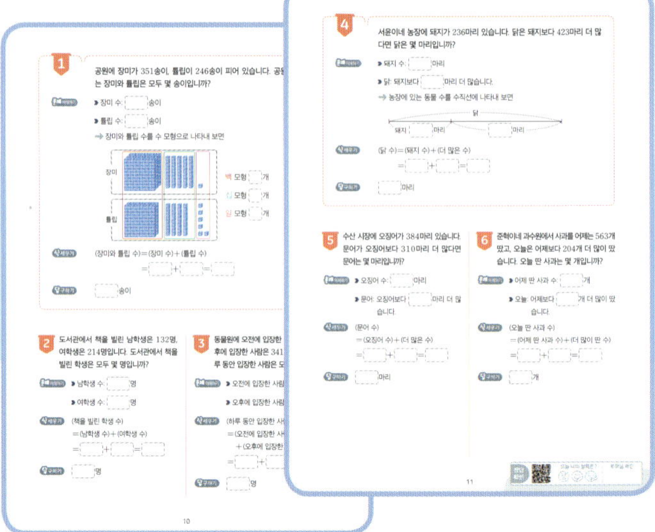

- 주제별 개념을 확인합니다.
- 개념을 확인하는 기본 문제를 풀며 실력을 점검합니다.

- 주제별로 가장 단순한 문장제를 『문제 이해하기 ➡ 식 세우기 ➡ 답 구하기』 단계를 따라가며 풀어 보면서 문제풀이의 기초를 다집니다.
- 문제는 예제, 유제 형태로 구성되어 있어 반복 학습이 가능합니다.

2일차

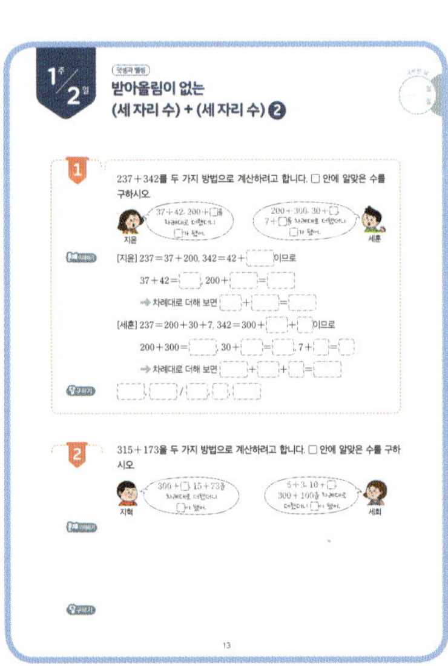

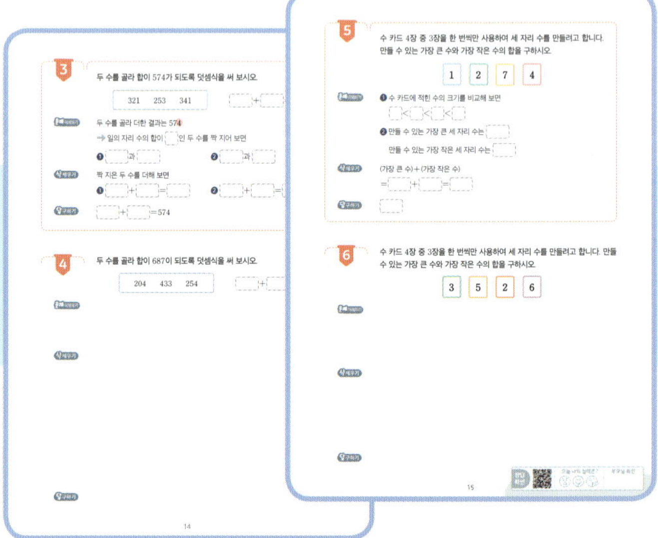

- 1일차 학습 내용을 다시 한 번 확인합니다.

- 주제별 1일차보다 난이도 있는 다양한 유형의 문제를 예제, 유제 형태로 구성하였습니다.
- 교과서에서 다루고 있는 문제 중에서 교과 역량을 키울 수 있는 문제를 선별하여 수록하였습니다.

쏙셈 ＋ 는
주제별로 2일 학습으로 구성되어 있습니다.

1일차 학습을 통해 **기본 개념**을 다지고,

2일차 학습을 통해 **문장제 적용 훈련**을 할 수 있습니다.

● 창의력을 키우는 수학 놀이터로 하루 학습을 마무리합니다.

● 학습에 대한 부담은 줄이고, 수학에 대한 흥미, 자신감을 최대로 끌어올릴 수 있습니다.

● 창의력을 키우는 수학 놀이터로 하루 학습을 마무리합니다.

● 학습에 대한 부담은 줄이고, 수학에 대한 흥미, 자신감을 최대로 끌어올릴 수 있습니다.

단원의 마무리 학습

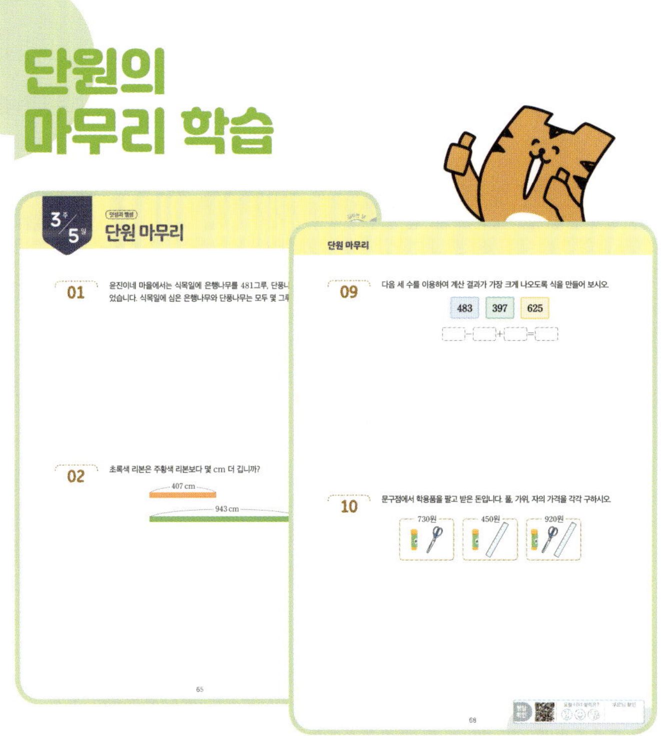

● 단원에서 배웠던 내용을 되짚어 보며 실력을 점검합니다.

● 수학적으로 생각하는 힘을 키울 수 있는 문제를 수록하였습니다.

차례

🌸 곱셈

🌸 길이와 시간

『하루 한장 쏙셈+』
이렇게 활용해요!

교과서와 연계 학습을!

교과서에 따른 모든 영역별 연산 부분에서 다양한 유형의 문장제를 만날 수 있습니다.
『하루 한장 쏙셈+』는 학기별 교과서와 연계되어 있으므로 방학 중 선행 학습 교재나
학기 중 진도 교재로 사용할 수 있습니다.

실력이 쑥쑥!

수학의 기본이 되는 연산 학습을 체계적으로 학습했다면, 문장으로 된 문제를 이해하
고 어떻게 풀어야 하는지 수학적으로 사고하는 힘을 길러야 합니다.
『하루 한장 쏙셈+』로 문제를 이해하고 그에 맞게 식을 세워서 풀이하는 과정을 반복
함으로써 문제 푸는 실력을 키울 수 있습니다.

문장제를 집중적으로!

문장제는 연산을 적용하는 가장 단순한 문제부터 난이도를 점점 높여 가며 문제 푸는
과정을 반복하는 학습이 필요합니다. **『하루 한장 쏙셈+』**로 문장제를 해결하는 과정
을 집중적으로 훈련하면 특정 문제에 대한 풀이가 아닌 어떤 문제를 만나도 스스로
해결 방법을 생각해 낼 수 있는 힘을 기를 수 있습니다.

덧셈과 뺄셈

📖 이것을 배울 거예요!

- 받아올림이 없는 (세 자리 수)+(세 자리 수)
- 받아올림이 있는 (세 자리 수)+(세 자리 수)
- 받아내림이 없는 (세 자리 수)-(세 자리 수)
- 받아내림이 있는 (세 자리 수)-(세 자리 수)

학습 계획 세우기

		학습 계획일	
1주 1일	받아올림이 없는 (세 자리 수)+(세 자리 수) ❶	월	일
1주 2일	받아올림이 없는 (세 자리 수)+(세 자리 수) ❷	월	일
1주 3일	받아올림이 한 번 있는 (세 자리 수)+(세 자리 수) ❶	월	일
1주 4일	받아올림이 한 번 있는 (세 자리 수)+(세 자리 수) ❷	월	일
1주 5일	받아올림이 두 번, 세 번 있는 (세 자리 수)+(세 자리 수) ❶	월	일
2주 1일	받아올림이 두 번, 세 번 있는 (세 자리 수)+(세 자리 수) ❷	월	일
2주 2일	받아내림이 없는 (세 자리 수)-(세 자리 수) ❶	월	일
2주 3일	받아내림이 없는 (세 자리 수)-(세 자리 수) ❷	월	일
2주 4일	받아내림이 한 번 있는 (세 자리 수)-(세 자리 수) ❶	월	일
2주 5일	받아내림이 한 번 있는 (세 자리 수)-(세 자리 수) ❷	월	일
3주 1일	받아내림이 두 번 있는 (세 자리 수)-(세 자리 수) ❶	월	일
3주 2일	받아내림이 두 번 있는 (세 자리 수)-(세 자리 수) ❷	월	일
3주 3일	세 수의 덧셈과 뺄셈 ❶	월	일
3주 4일	세 수의 덧셈과 뺄셈 ❷	월	일
3주 5일	단원 마무리	월	일

(덧셈과 뺄셈)

받아올림이 없는 (세 자리 수) + (세 자리 수) ❶

135＋324를 계산할 때에는

❶ 각 자리의 숫자를 맞추어 쓴 다음,

❷ 일의 자리부터 더한 값을 차례대로 씁니다.

```
    1 3 5
  + 3 2 4
  -------
    4 5 9
```

실력 확인하기

계산을 하시오.

1
```
    1 6 3
  + 2 3 4
```

2
```
    2 4 8
  + 2 2 1
```

3
```
    4 3 6
  + 1 4 2
```

4
```
    3 1 2
  + 6 4 3
```

5 230＋159

6 317＋280

7 571＋312

8 812＋112

1

공원에 장미가 351송이, 튤립이 246송이 피어 있습니다. 공원에 피어 있는 장미와 튤립은 모두 몇 송이입니까?

문제 이해하기
▶ 장미 수: ☐ 송이
▶ 튤립 수: ☐ 송이
➡ 장미와 튤립 수를 수 모형으로 나타내 보면

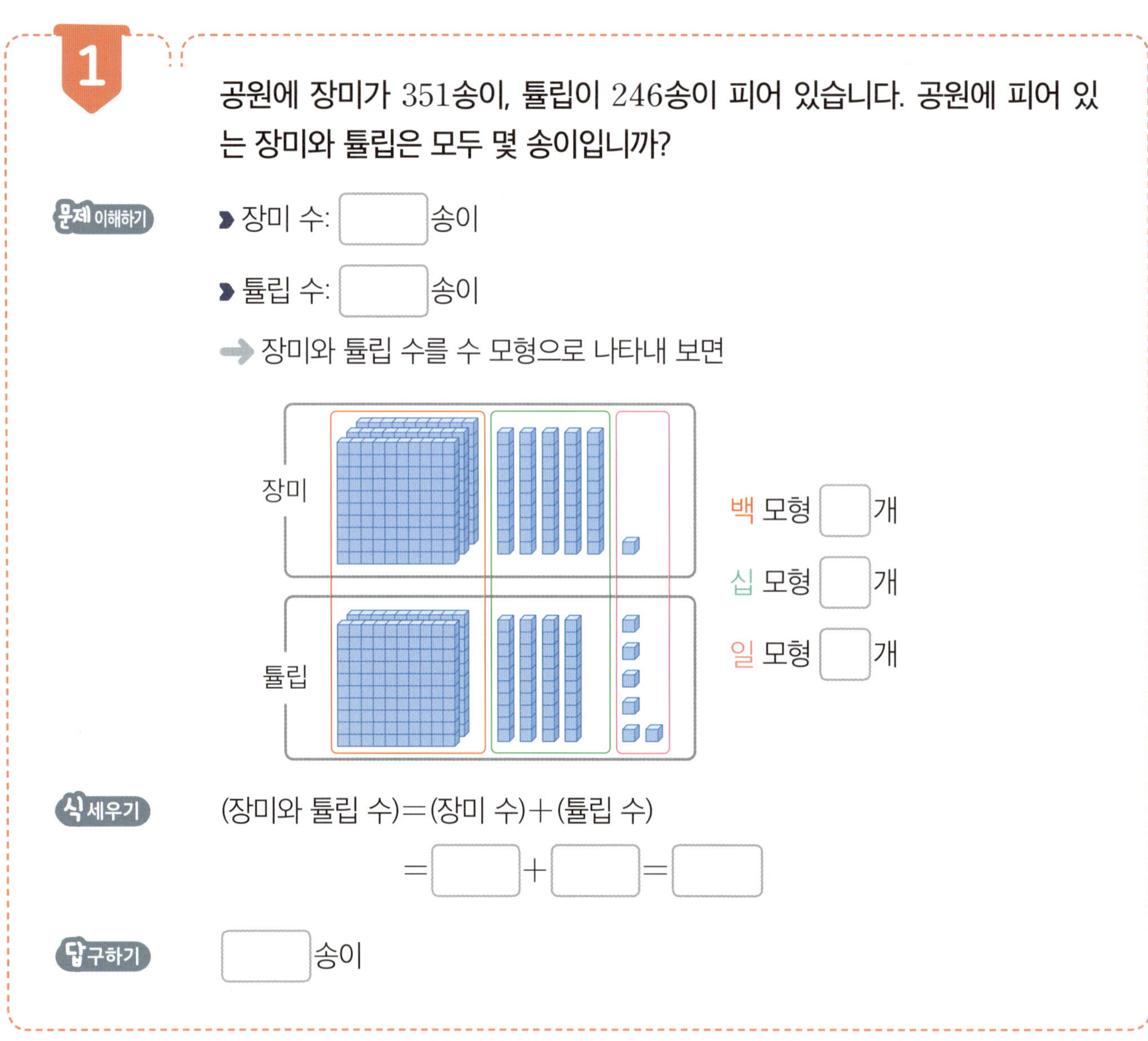

식 세우기
(장미와 튤립 수)=(장미 수)+(튤립 수)
= ☐ + ☐ = ☐

답 구하기 ☐ 송이

---

2 도서관에서 책을 빌린 남학생은 132명, 여학생은 214명입니다. 도서관에서 책을 빌린 학생은 모두 몇 명입니까?

문제 이해하기
▶ 남학생 수: ☐ 명
▶ 여학생 수: ☐ 명

식 세우기
(책을 빌린 학생 수)
=(남학생 수)+(여학생 수)
= ☐ + ☐ = ☐

답 구하기 ☐ 명

3 동물원에 오전에 입장한 사람은 527명, 오후에 입장한 사람은 341명입니다. 오늘 하루 동안 입장한 사람은 모두 몇 명입니까?

문제 이해하기
▶ 오전에 입장한 사람 수: ☐ 명
▶ 오후에 입장한 사람 수: ☐ 명

식 세우기
(하루 동안 입장한 사람 수)
=(오전에 입장한 사람 수)
　＋(오후에 입장한 사람 수)
= ☐ + ☐ = ☐

답 구하기 ☐ 명

4 서윤이네 농장에 돼지가 236마리 있습니다. 닭은 돼지보다 423마리 더 많다면 닭은 몇 마리입니까?

문제 이해하기

▶ 돼지 수: ☐ 마리

▶ 닭: 돼지보다 ☐ 마리 더 많습니다.

➡ 농장에 있는 동물 수를 수직선에 나타내 보면

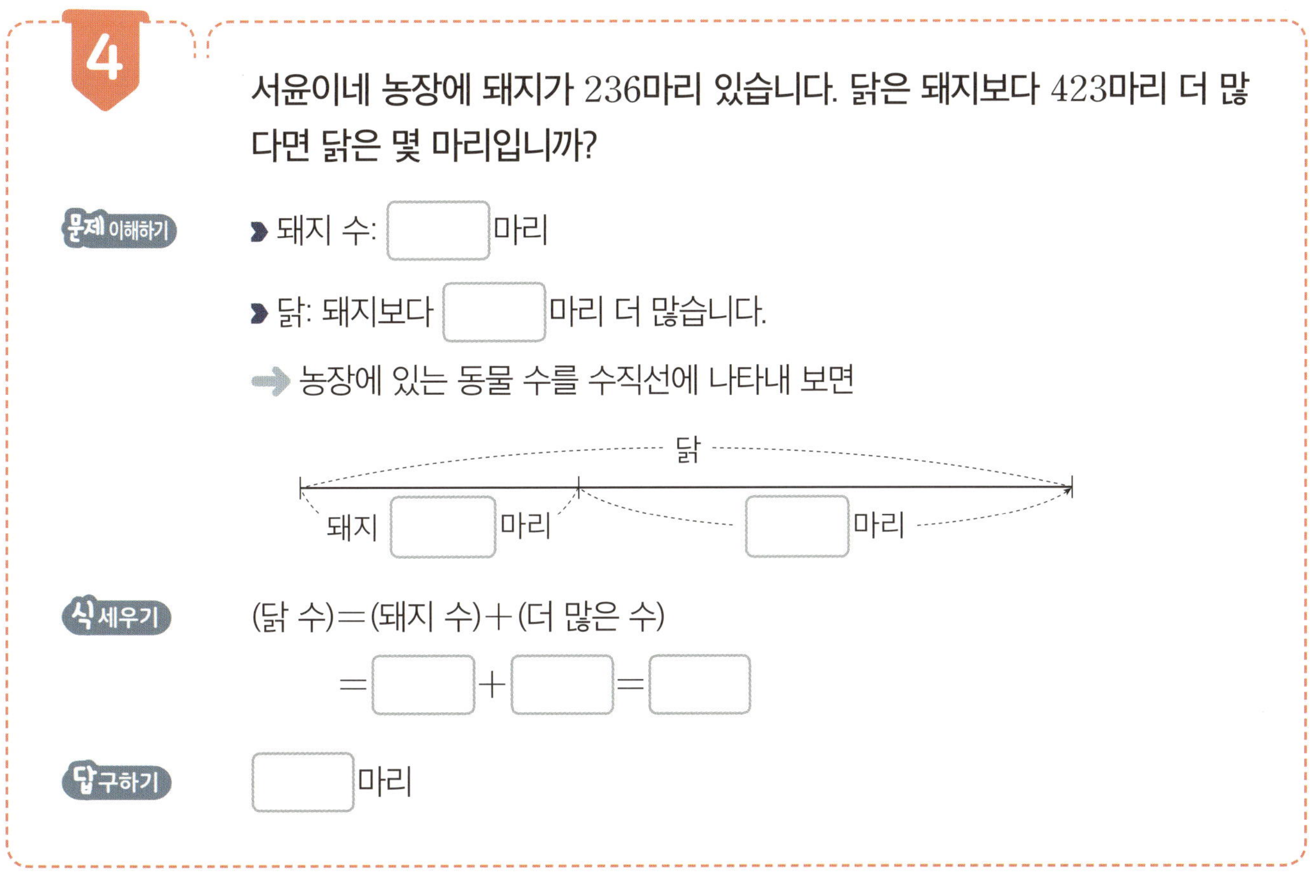

식 세우기

(닭 수)＝(돼지 수)＋(더 많은 수)

＝ ☐ ＋ ☐ ＝ ☐

답 구하기 ☐ 마리

---

5 수산 시장에 오징어가 384마리 있습니다. 문어가 오징어보다 310마리 더 많다면 문어는 몇 마리입니까?

문제 이해하기

▶ 오징어 수: ☐ 마리

▶ 문어: 오징어보다 ☐ 마리 더 많습니다.

식 세우기

(문어 수)

＝(오징어 수)＋(더 많은 수)

＝ ☐ ＋ ☐ ＝ ☐

답 구하기 ☐ 마리

---

6 준혁이네 과수원에서 사과를 어제는 563개 땄고, 오늘은 어제보다 204개 더 많이 땄습니다. 오늘 딴 사과는 몇 개입니까?

문제 이해하기

▶ 어제 딴 사과 수: ☐ 개

▶ 오늘: 어제보다 ☐ 개 더 많이 땄습니다.

식 세우기

(오늘 딴 사과 수)

＝(어제 딴 사과 수)＋(더 많이 딴 수)

＝ ☐ ＋ ☐ ＝ ☐

답 구하기 ☐ 개

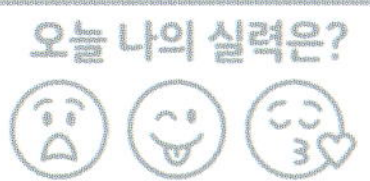

이용 요금은 몇 포인트일까요?

기린이 책을 읽을 수 있는 북 카페에 갔는데 호랑이가 먼저 와 있었어요. 기린과 호랑이는 재미있게 책을 읽고, 이제 집으로 돌아가려고 해요. 기린과 호랑이는 각각 얼마씩 내야 하는지 빈칸에 써넣으세요.

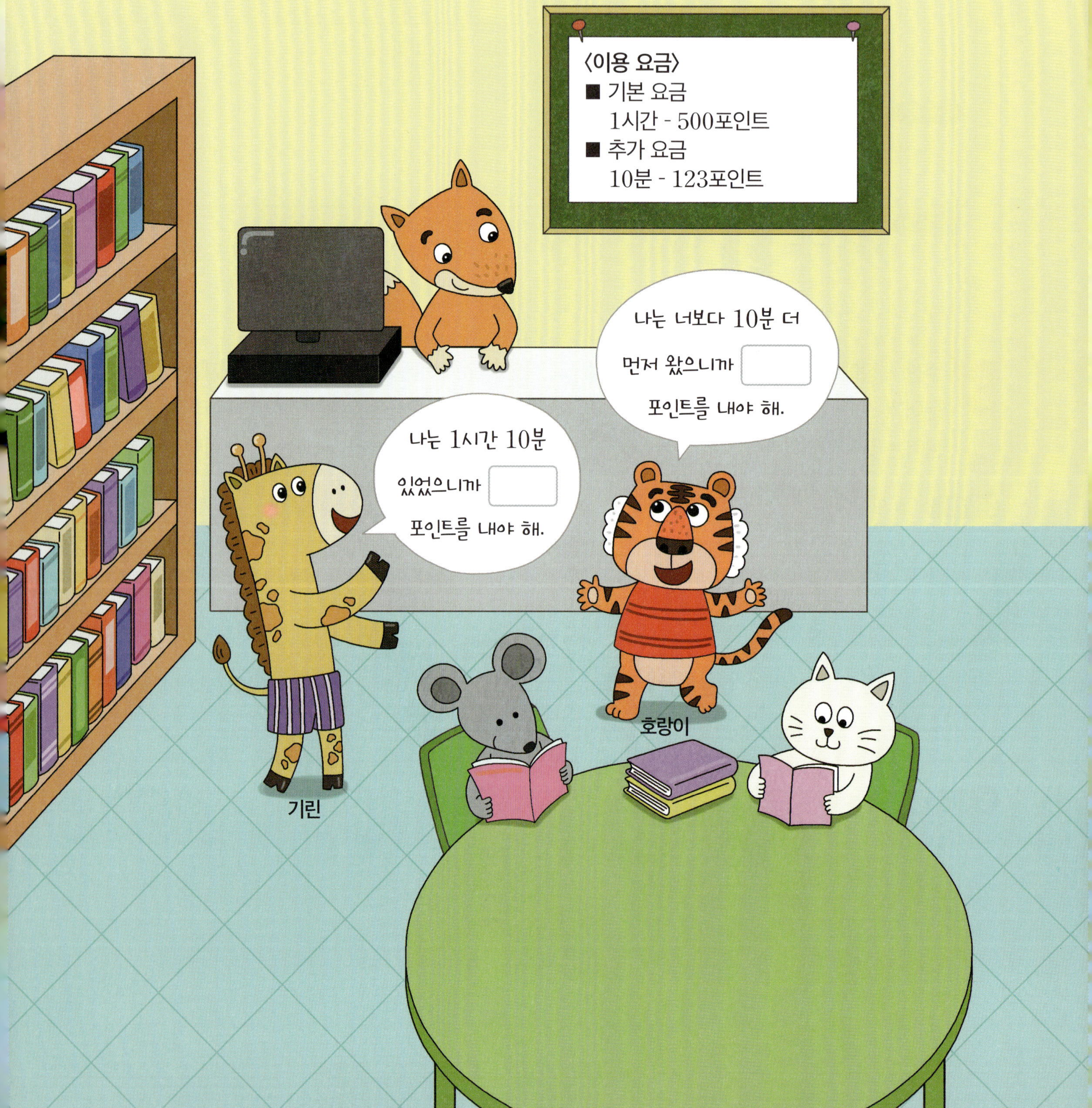

(덧셈과 뺄셈)

받아올림이 없는 (세 자리 수) + (세 자리 수) ❷

1

237＋342를 두 가지 방법으로 계산하려고 합니다. □ 안에 알맞은 수를 구하시오.

문제 이해하기

[지윤] 237＝37＋200, 342＝42＋□이므로

37＋42＝□, 200＋□＝□

→ 차례대로 더해 보면 □＋□＝□

[세훈] 237＝200＋30＋7, 342＝300＋□＋□이므로

200＋300＝□, 30＋□＝□, 7＋□＝□

→ 차례대로 더해 보면 □＋□＋□＝□

답 구하기

□, □ / □, □, □

2

315＋173을 두 가지 방법으로 계산하려고 합니다. □ 안에 알맞은 수를 구하시오.

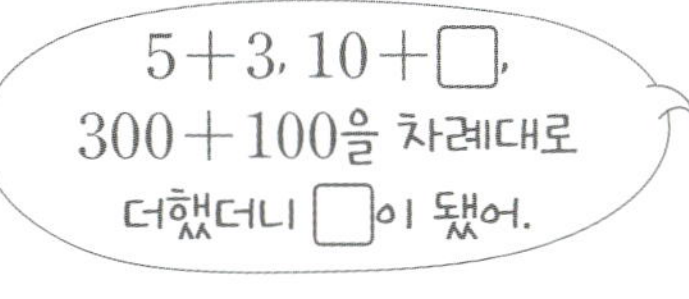

문제 이해하기

답 구하기

3 두 수를 골라 합이 574가 되도록 덧셈식을 써 보시오.

| 321 253 341 |

$\boxed{} + \boxed{} = 574$

 두 수를 골라 더한 결과는 574

➡️ 일의 자리 수의 합이 $\boxed{}$ 인 두 수를 짝 지어 보면

❶ $\boxed{}$ 과 $\boxed{}$ ❷ $\boxed{}$ 과 $\boxed{}$

 짝 지은 두 수를 더해 보면

❶ $\boxed{} + \boxed{} = \boxed{}$ ❷ $\boxed{} + \boxed{} = \boxed{}$

답구하기 $\boxed{} + \boxed{} = 574$

---

4 두 수를 골라 합이 687이 되도록 덧셈식을 써 보시오.

| 204 433 254 |

$\boxed{} + \boxed{} = 687$

문제 이해하기

식 세우기

답구하기

수 카드 4장 중 3장을 한 번씩만 사용하여 세 자리 수를 만들려고 합니다.
만들 수 있는 가장 큰 수와 가장 작은 수의 합을 구하시오.

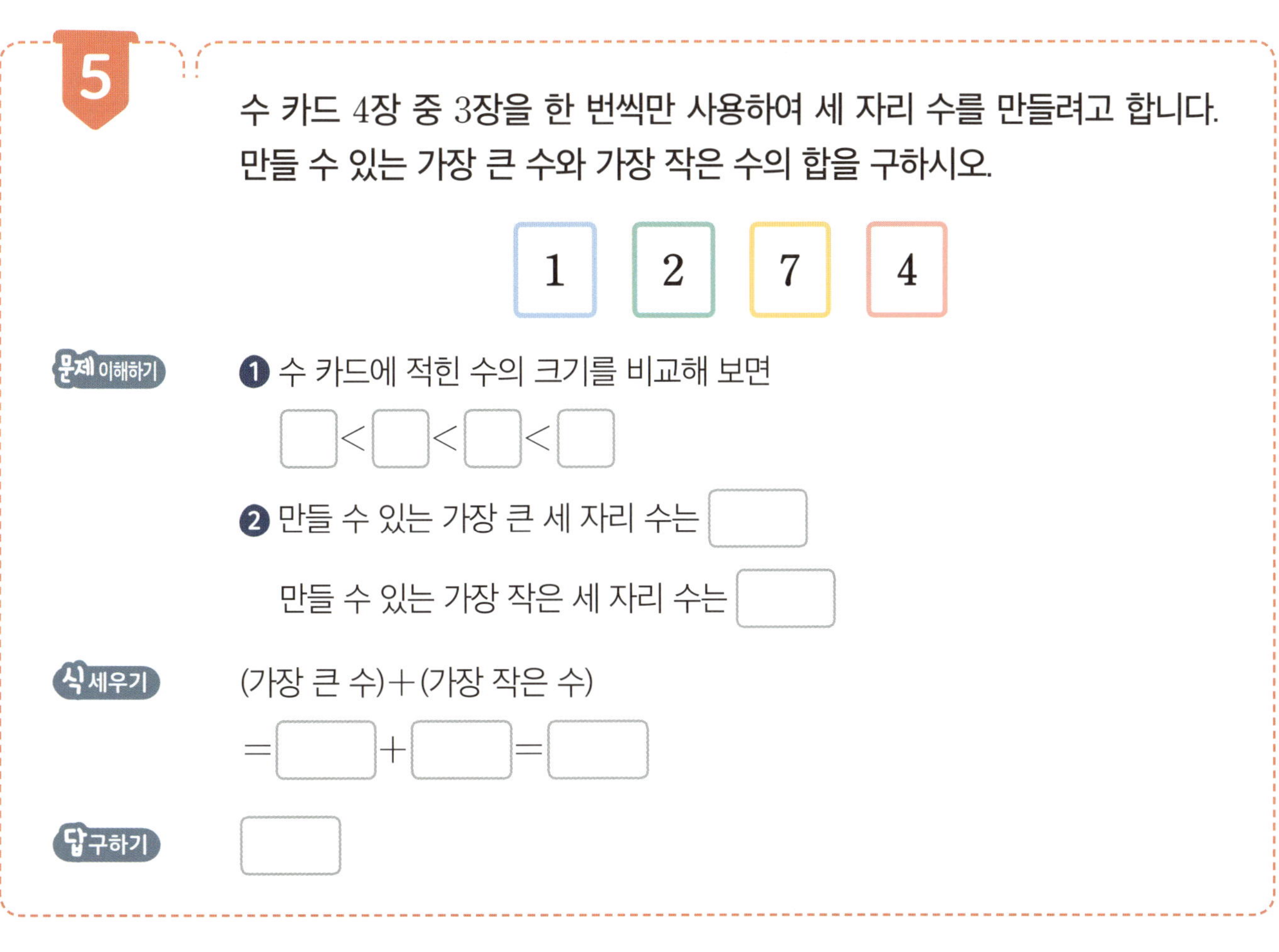

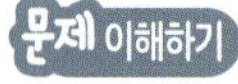 문제 이해하기

❶ 수 카드에 적힌 수의 크기를 비교해 보면

　□ < □ < □ < □

❷ 만들 수 있는 가장 큰 세 자리 수는 □

　만들 수 있는 가장 작은 세 자리 수는 □

 식 세우기

(가장 큰 수) + (가장 작은 수)

= □ + □ = □

답 구하기

□

수 카드 4장 중 3장을 한 번씩만 사용하여 세 자리 수를 만들려고 합니다. 만들
수 있는 가장 큰 수와 가장 작은 수의 합을 구하시오.

문제 이해하기

식 세우기

답 구하기

어떤 블록 세트를 사야 할까요?

유선이는 블록으로 로봇과 우주선을 만들고 싶어서 블록을 사러 갔어요.
다음을 보고 로봇과 우주선을 모두 만들려면 어떤 블록 세트를 사야 할지 골라 ○표
하세요.

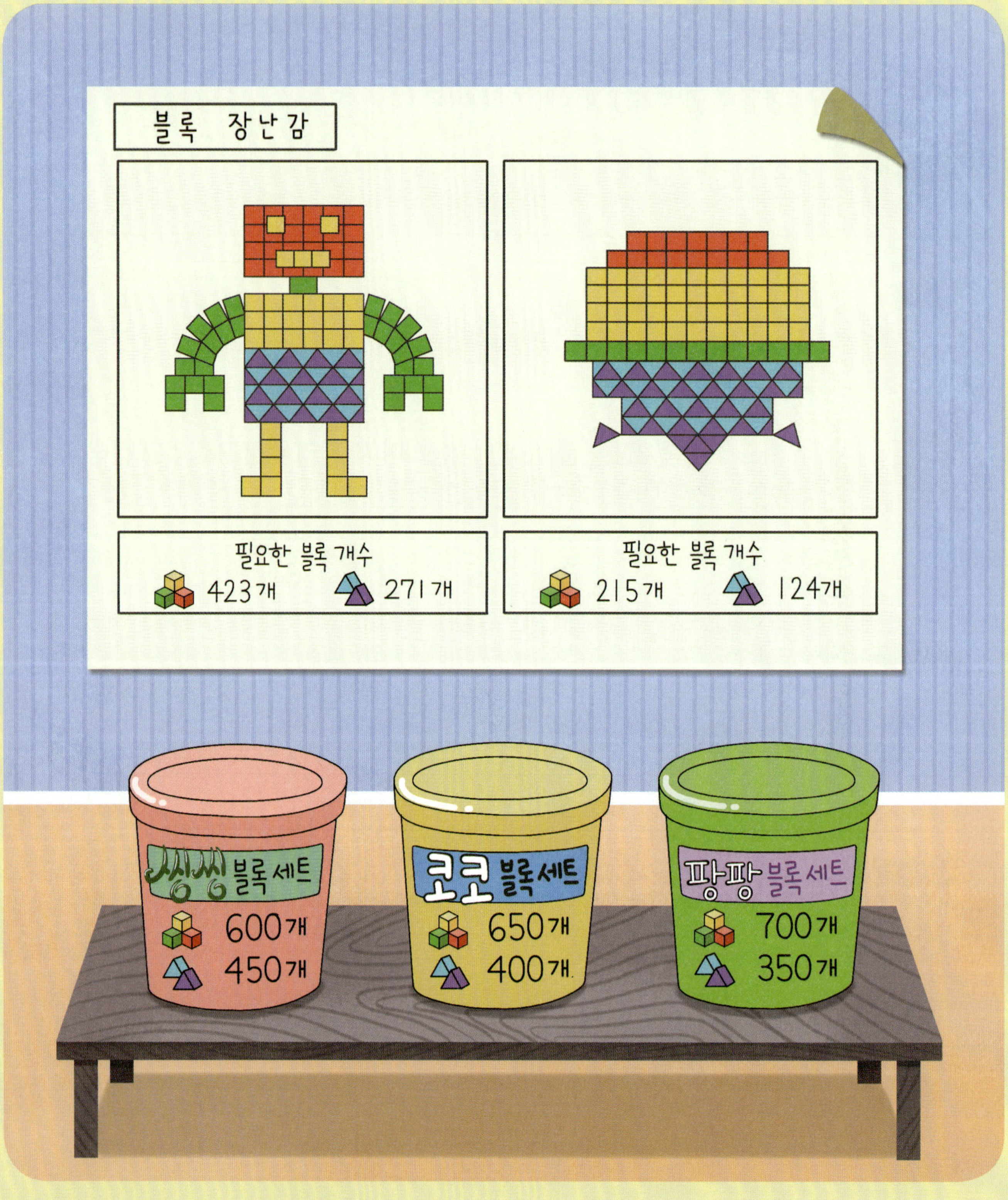

(덧셈과 뺄셈)

받아올림이 한 번 있는
(세 자리 수) + (세 자리 수) ❶

126+149를 계산할 때에는

❶ 각 자리의 숫자를 맞추어 쓴 다음,

❷ 일의 자리부터 차례대로 더합니다. 이때 일의 자리의 계산

6+9=15에서 10은 십의 자리로 받아올림하여 계산합니다.

$$
\begin{array}{r}
16 \\
+\;1\;4\;9 \\
\hline
2\;7\;5
\end{array}
$$

실력 확인하기

계산을 하시오.

1

$$
\begin{array}{r}
1\;7\;5 \\
+\;3\;1\;9 \\
\hline
\end{array}
$$

2

$$
\begin{array}{r}
2\;1\;8 \\
+\;1\;3\;4 \\
\hline
\end{array}
$$

3

$$
\begin{array}{r}
4\;7\;7 \\
+\;2\;6\;1 \\
\hline
\end{array}
$$

4

$$
\begin{array}{r}
3\;1\;4 \\
+\;5\;9\;2 \\
\hline
\end{array}
$$

5 256+117

6 147+349

7 430+284

8 642+193

1 떡 가게에 인절미가 235개, 송편이 258개 있습니다. 떡 가게에 있는 인절미와 송편은 모두 몇 개입니까?

문제 이해하기

▶ 인절미 수: ☐ 개

▶ 송편 수: ☐ 개

➡ 인절미와 송편 수를 수 모형으로 나타내 보면

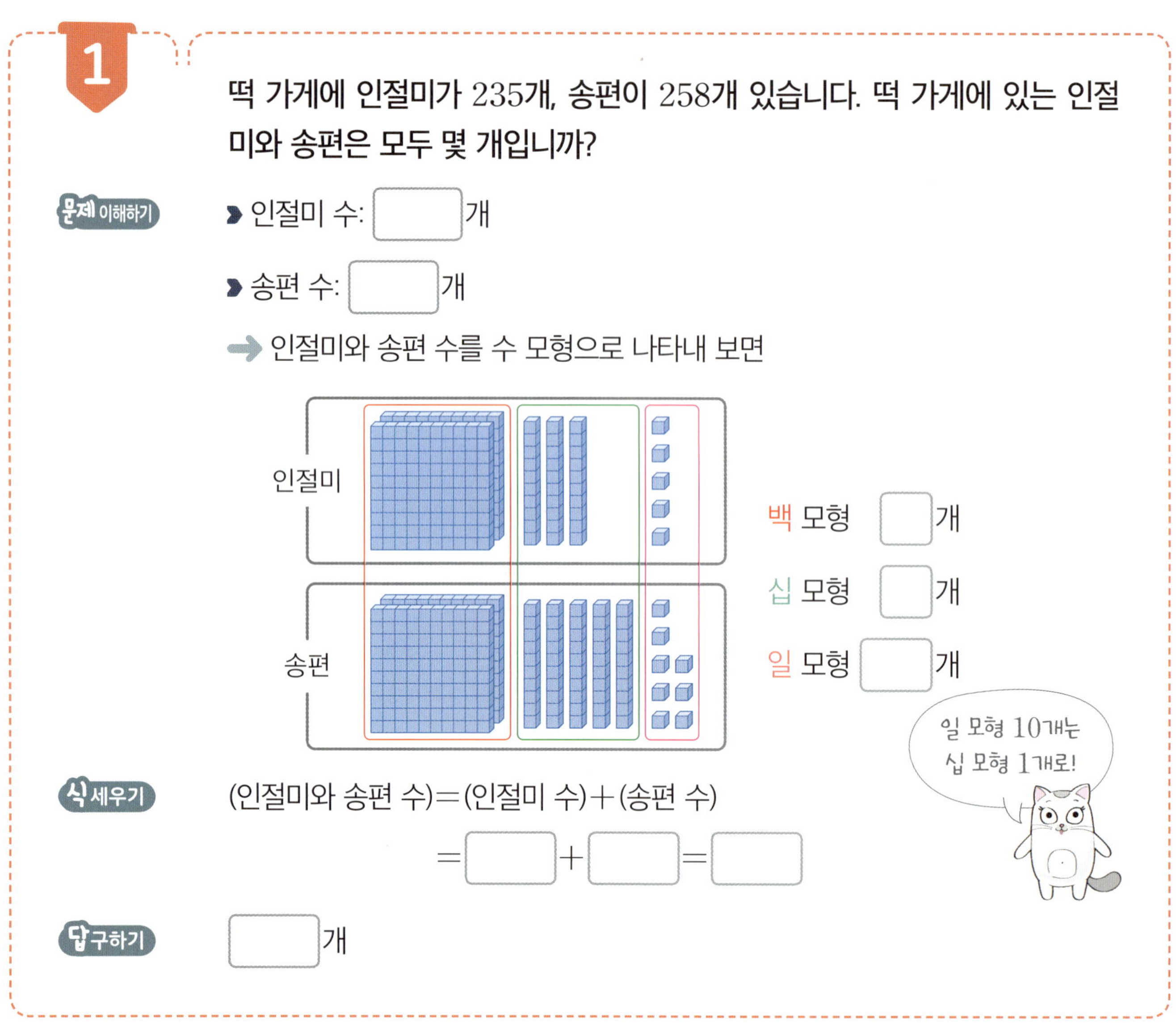

식 세우기

(인절미와 송편 수)＝(인절미 수)＋(송편 수)

＝ ☐ ＋ ☐ ＝ ☐

답 구하기 ☐ 개

---

2 빵 가게에 단팥빵이 347개, 도넛이 136개 있습니다. 빵 가게에 있는 단팥빵과 도넛은 모두 몇 개입니까?

문제 이해하기

▶ 단팥빵 수: ☐ 개

▶ 도넛 수: ☐ 개

식 세우기

(단팥빵과 도넛 수)

＝(단팥빵 수)＋(도넛 수)

＝ ☐ ＋ ☐ ＝ ☐

답 구하기 ☐ 개

3 문구점에 있는 연필과 볼펜의 수를 조사하여 나타낸 표입니다. 연필과 볼펜은 모두 몇 자루입니까?

학용품	연필	볼펜
수(자루)	465	509

문제 이해하기

▶ 연필 수: ☐ 자루

▶ 볼펜 수: ☐ 자루

식 세우기

(연필과 볼펜 수)

＝(연필 수)＋(볼펜 수)

＝ ☐ ＋ ☐ ＝ ☐

답 구하기 ☐ 자루

4 전교 어린이 회장 선거에서 다빈이는 387표를 받았고, 채형이는 다빈이보다 142표 더 많이 받았습니다. 채형이는 몇 표를 받았습니까?

문제 이해하기

▶ 다빈이가 받은 표 수: ☐ 표

▶ 채형: 다빈이보다 ☐ 표 더 많이 받았습니다.

➡ 선거에서 받은 표 수를 수 모형으로 나타내 보면

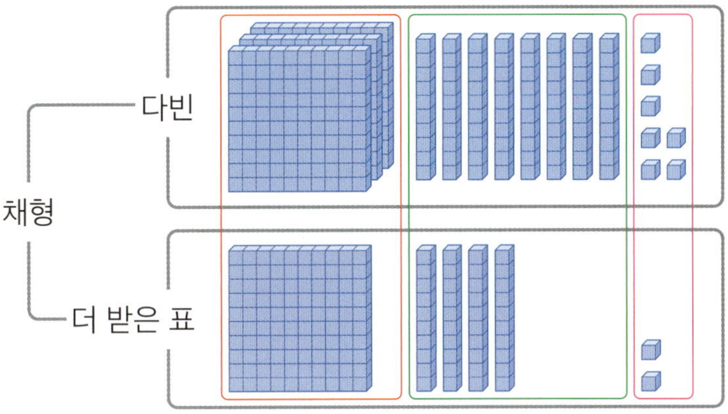

다빈
채형
더 받은 표

백 모형 ☐ 개
십 모형 ☐ 개
일 모형 ☐ 개

식 세우기

(채형이가 받은 표 수) = (다빈이가 받은 표 수) + (더 많이 받은 수)

= ☐ + ☐ = ☐

답 구하기 ☐ 표

---

5 주말농장에서 수정이네 가족은 감자를 295개 캤고, 고구마를 감자보다 183개 더 많이 캤습니다. 수정이네 가족이 캔 고구마는 몇 개입니까?

문제 이해하기

▶ 감자 수: ☐ 개

▶ 고구마: 감자보다 ☐ 개 더 많이 캤습니다.

식 세우기

(고구마 수)
= (감자 수) + (더 많이 캔 수)
= ☐ + ☐ = ☐

답 구하기 ☐ 개

---

6 동균이는 오전에는 줄넘기를 651번 했고, 오후에는 오전보다 271번 더 많이 했습니다. 동균이는 오후에 줄넘기를 몇 번 했습니까?

문제 이해하기

▶ 오전에 한 줄넘기 수: ☐ 번

▶ 오후: 오전보다 ☐ 번 더 많이 했습니다.

식 세우기

(오후에 한 줄넘기 수)
= (오전에 한 줄넘기 수) + (더 많이 한 수)
= ☐ + ☐ = ☐

답 구하기 ☐ 번

정답 확인   오늘 나의 실력은?  부모님 확인

약속 장소는 어디일까요?

준수는 오늘 민영이와 만나기로 했어요. 집에서 민영이와 만나기로 한 약속 장소까지의 거리의 합은 790 m입니다.

마을 지도를 보고 약속 장소를 찾아 ○표 하세요.

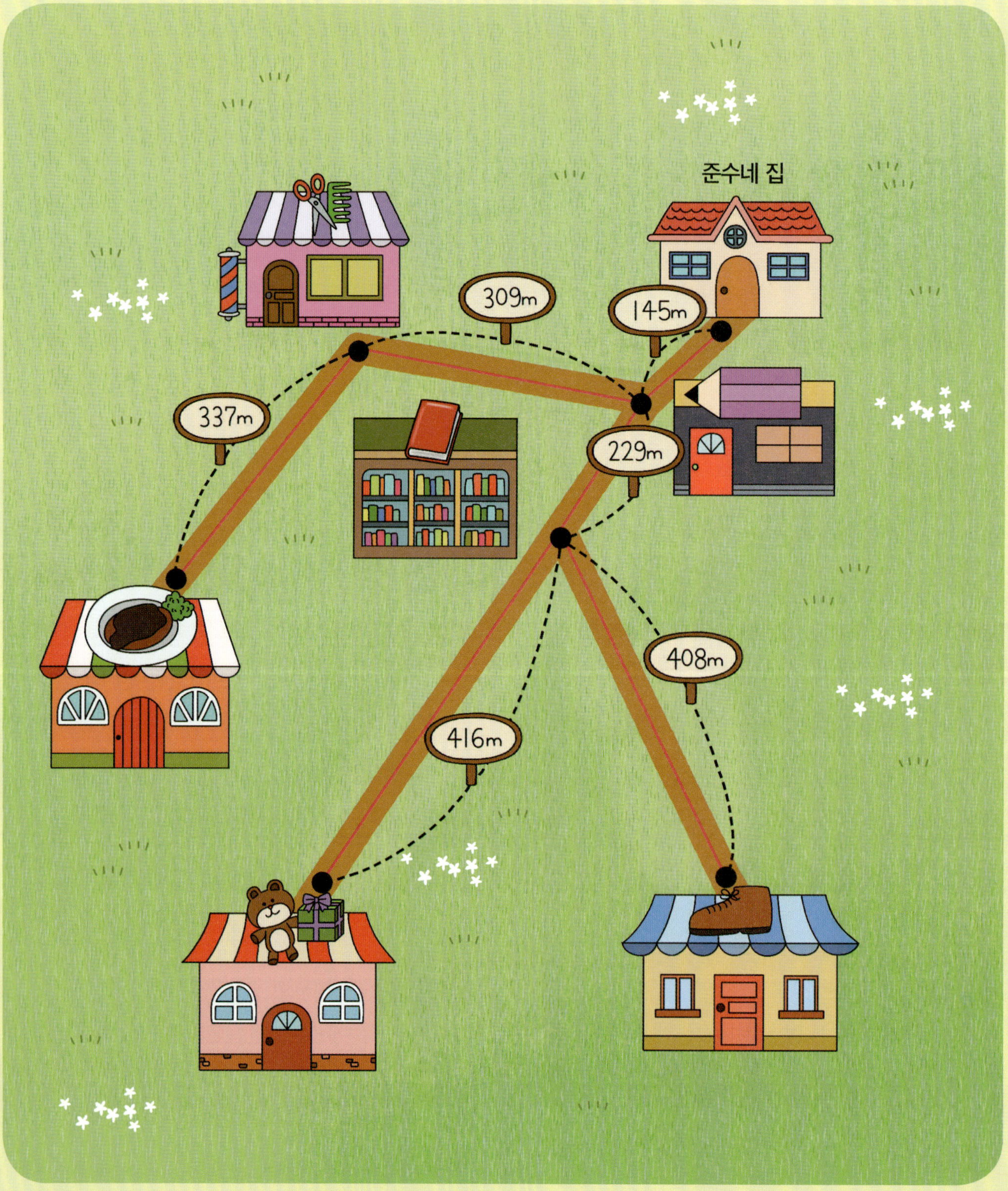

(덧셈과 뺄셈)

받아올림이 한 번 있는 (세 자리 수) + (세 자리 수) ❷

1

다음 수보다 125 큰 수는 얼마인지 구하시오.

> 100이 3개, 10이 4개, 1이 6개인 수

문제 이해하기

설명하는 수를 나타내 보면

100이 3개 ⟶ ☐

10이 4개 ⟶ ☐

1이 6개 ⟶ ☐

☐

식 세우기

☐ 보다 125 큰 수는

☐ + 125 = ☐

답 구하기

☐

2

다음 수보다 372 큰 수는 얼마인지 구하시오.

> 100이 2개, 10이 3개, 1이 5개인 수

문제 이해하기

식 세우기

답 구하기

⊙, ⓒ에 알맞은 수를 각각 구하시오.

$$\begin{array}{r} ⊙\ 2\ 7 \\ +\ 2\ 5\ ⓒ \\ \hline 4\ 8\ 1 \end{array}$$

 **문제** 이해하기

일의 자리 계산에서 더한 결과인 **1**이 더해지는 수 **7**보다 작으므로
십의 자리로 받아올림이 있는 식입니다.

 **식** 세우기

$$\begin{array}{r} \square \\ ⊙\ 2\ 7 \\ +\ 2\ 5\ ⓒ \\ \hline 4\ 8\ 1 \end{array}$$

▶ 일의 자리 계산에서 $7+ⓒ=\square$ ➡ $ⓒ=\square$

▶ 십의 자리 계산에서 $\square+2+5=8$

▶ 백의 자리 계산에서 $⊙+2=4$ ➡ $⊙=\square$

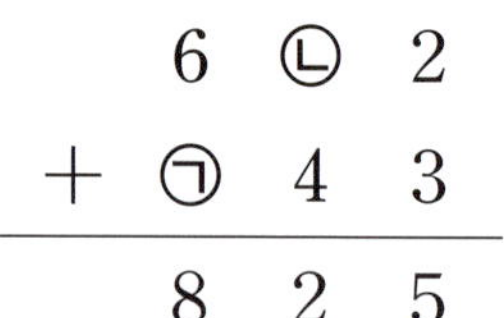

답 구하기 $⊙=\square$, $ⓒ=\square$

⊙, ⓒ에 알맞은 수를 각각 구하시오.

$$\begin{array}{r} 6\ ⓒ\ 2 \\ +\ ⊙\ 4\ 3 \\ \hline 8\ 2\ 5 \end{array}$$

 **문제** 이해하기

 **식** 세우기

답 구하기

5 다음 수 중에서 두 수를 골라 덧셈식을 만들려고 합니다. 합이 가장 큰 덧셈식의 합을 구하시오.

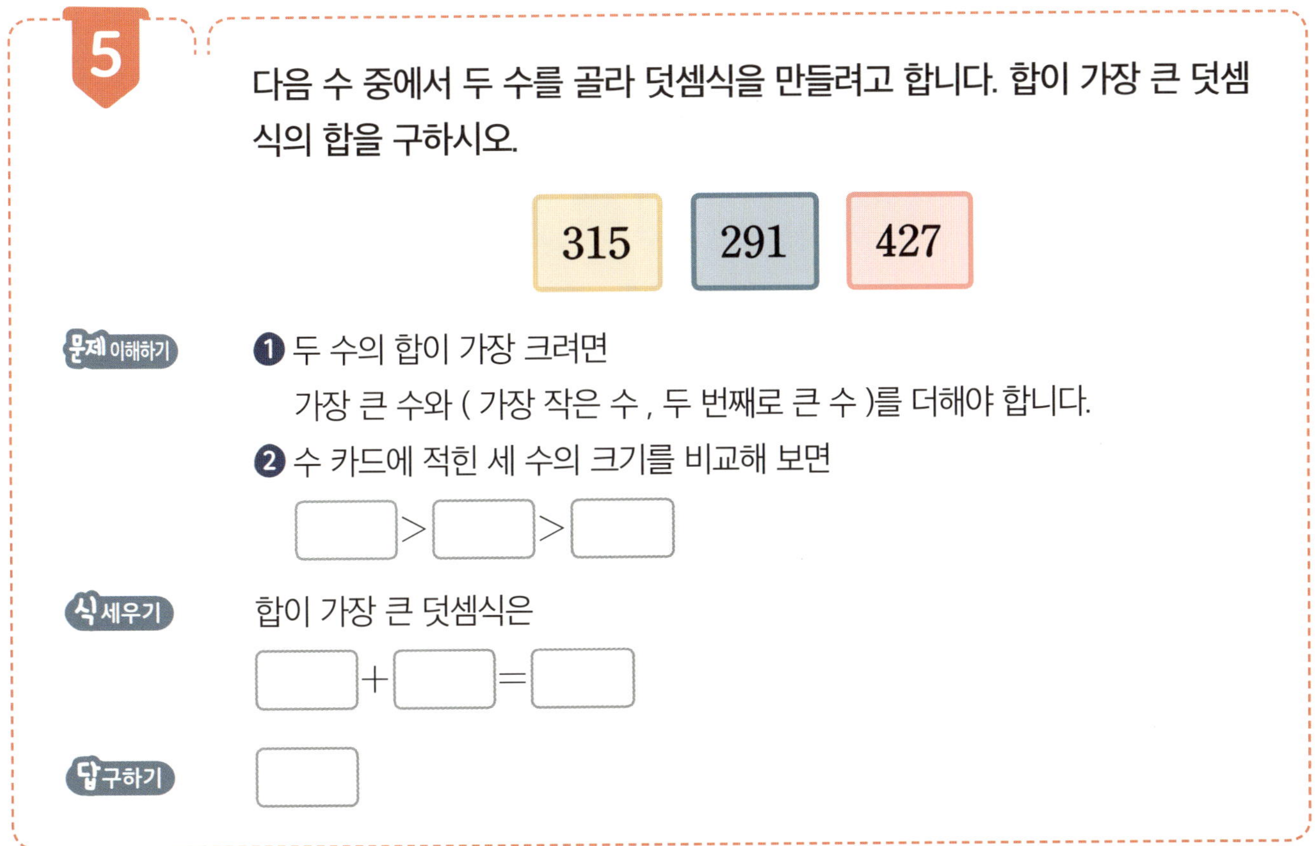

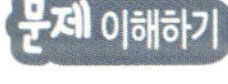 문제 이해하기

❶ 두 수의 합이 가장 크려면

가장 큰 수와 (가장 작은 수 , 두 번째로 큰 수)를 더해야 합니다.

❷ 수 카드에 적힌 세 수의 크기를 비교해 보면

☐ > ☐ > ☐

식 세우기

합이 가장 큰 덧셈식은

☐ + ☐ = ☐

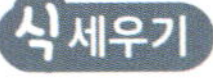 답 구하기

☐

---

6 다음 수 중에서 두 수를 골라 덧셈식을 만들려고 합니다. 합이 가장 작은 덧셈식의 합을 구하시오.

문제 이해하기

식 세우기

 답 구하기

출전 선수는 누구일까요?

승희네 반에서 2인 3각 경기에 나갈 선수 두 명을 뽑으려고 해요.
다음을 보고 경기에 출전하는 선수 두 명에게 ○표 하세요.

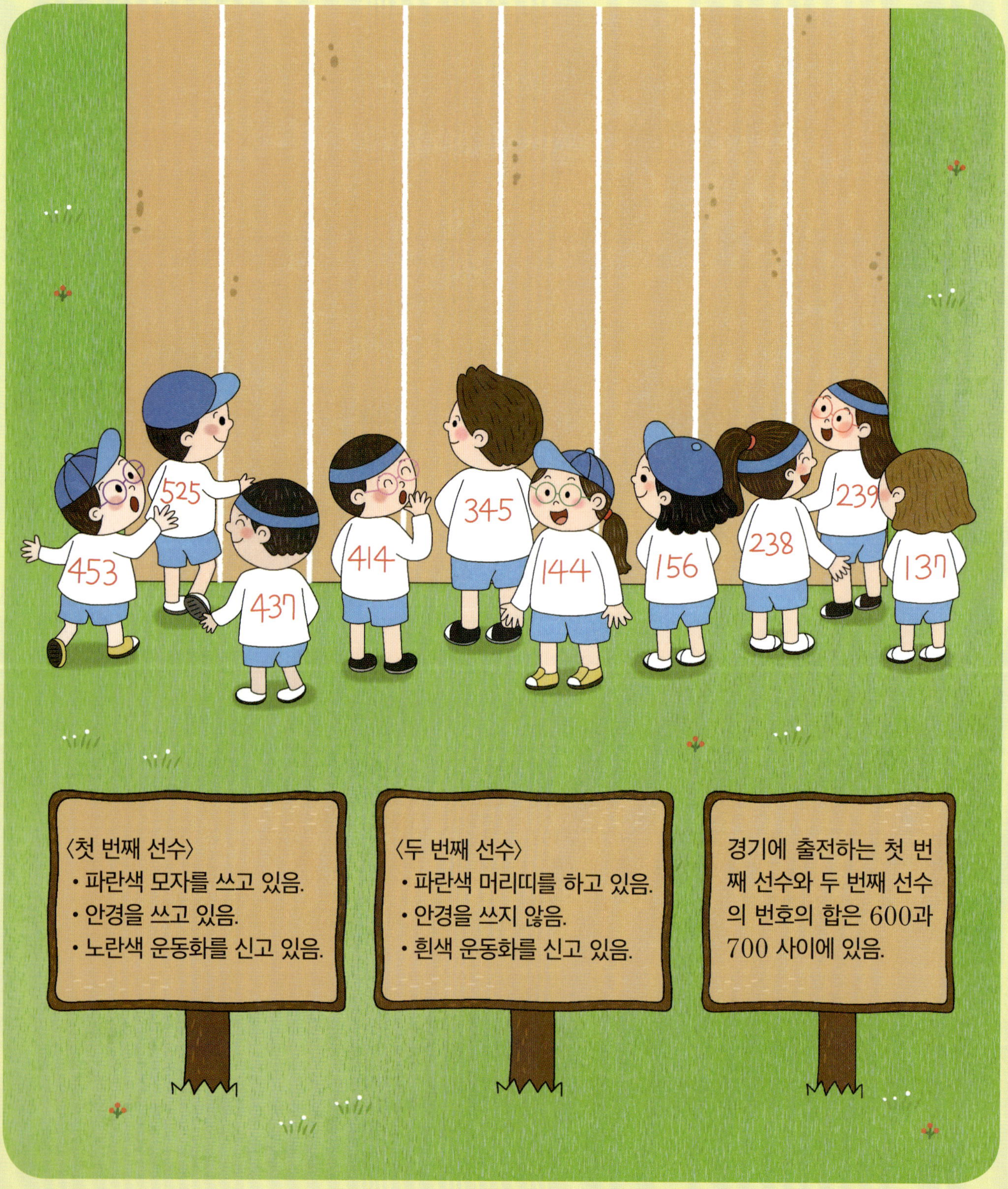

〈첫 번째 선수〉
• 파란색 모자를 쓰고 있음.
• 안경을 쓰고 있음.
• 노란색 운동화를 신고 있음.

〈두 번째 선수〉
• 파란색 머리띠를 하고 있음.
• 안경을 쓰지 않음.
• 흰색 운동화를 신고 있음.

경기에 출전하는 첫 번째 선수와 두 번째 선수의 번호의 합은 600과 700 사이에 있음.

[덧셈과 뺄셈]

받아올림이 두 번, 세 번 있는 (세 자리 수) + (세 자리 수) ❶

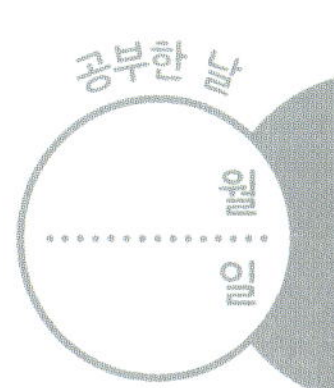

167＋284를 계산할 때에는

❶ 각 자리의 숫자를 맞추어 쓴 다음,

❷ 일의 자리부터 차례대로 더합니다. 이때 각 자리에서 받아올림이 있으면 바로 윗자리에 받아올려 계산합니다.

$$\begin{array}{ccc} & 1 & 1 \\ 1 & 6 & 7 \\ + \ 2 & 8 & 4 \\ \hline 4 & 5 & 1 \end{array}$$

[실력 확인하기]

계산을 하시오.

1
$$\begin{array}{ccc} & 1 & 3 & 8 \\ + & 2 & 7 & 3 \\ \hline \end{array}$$

2
$$\begin{array}{ccc} & 2 & 2 & 6 \\ + & 3 & 9 & 8 \\ \hline \end{array}$$

3
$$\begin{array}{ccc} & 4 & 5 & 8 \\ + & 5 & 6 & 7 \\ \hline \end{array}$$

4
$$\begin{array}{ccc} & 7 & 8 & 5 \\ + & 3 & 7 & 5 \\ \hline \end{array}$$

5 247＋178

6 363＋397

7 674＋439

8 293＋728

서울에서 출발하여 부산으로 가는 비행기에 남자가 134명, 여자가 286명 탔습니다. 이 비행기에 모두 몇 명이 탔습니까?

문제 이해하기

▶ 남자 수: ☐ 명

▶ 여자 수: ☐ 명

➡ 비행기에 탄 사람 수를 수 모형으로 나타내 보면

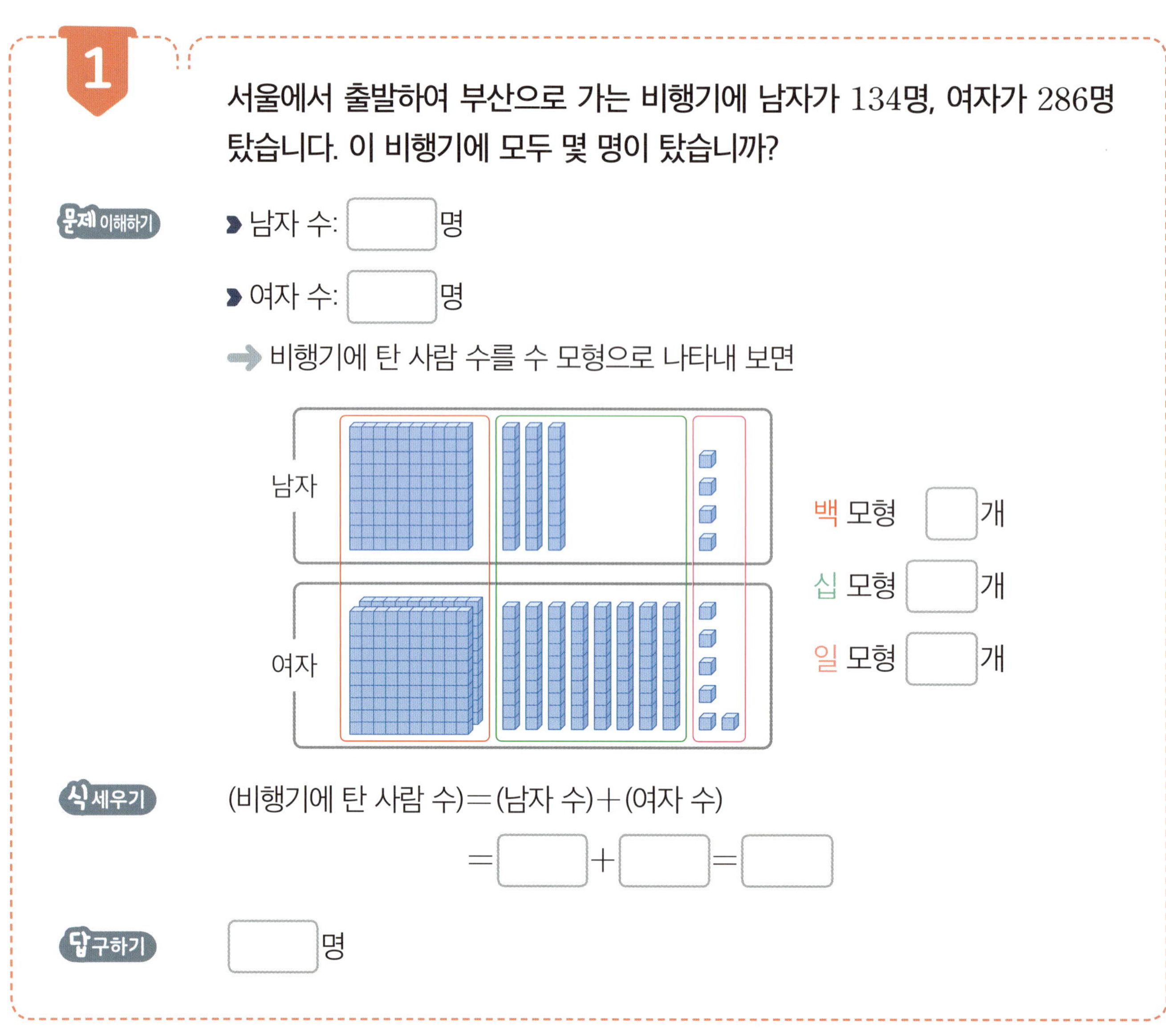

식 세우기

(비행기에 탄 사람 수)＝(남자 수)＋(여자 수)

＝ ☐ ＋ ☐ ＝ ☐

답 구하기 ☐ 명

농구장에 입장한 사람은 어른이 259명, 어린이가 372명입니다. 농구장에 입장한 사람은 모두 몇 명입니까?

문제 이해하기

▶ 어른 수: ☐ 명

▶ 어린이 수: ☐ 명

식 세우기

(농구장에 입장한 사람 수)
＝(어른 수)＋(어린이 수)

＝ ☐ ＋ ☐ ＝ ☐

답 구하기 ☐ 명

재훈이는 오전에 385걸음 걸었고, 오후에 467걸음 걸었습니다. 재훈이는 하루 동안 모두 몇 걸음을 걸었습니까?

문제 이해하기

▶ 오전에 걸은 걸음 수: ☐ 걸음

▶ 오후에 걸은 걸음 수: ☐ 걸음

식 세우기

(재훈이가 하루 동안 걸은 걸음 수)
＝(오전에 걸은 걸음 수)
＋(오후에 걸은 걸음 수)

＝ ☐ ＋ ☐ ＝ ☐

답 구하기 ☐ 걸음

4 다혜네 반 학급 문고에 있는 책은 몇 권입니까?

문제 이해하기

▶ 정혁이네 반 학급 문고에 있는 책 수: ☐ 권

▶ 다혜네 반: 정혁이네 학급 문고에 있는 책보다 ☐ 권 더 많습니다.

➡ 학급 문고에 있는 책 수를 수직선에 나타내 보면

다혜네 반 학급 문고

정혁이네 반 ☐ 권   ☐ 권

식 세우기

(다혜네 반 학급 문고에 있는 책 수)

＝(정혁이네 반 학급 문고에 있는 책 수)＋(더 많은 수)

＝ ☐ ＋ ☐ ＝ ☐

답 구하기 ☐ 권

---

5 민아의 오빠가 밭에 심은 배추 씨앗은 몇 개입니까?

민아: 나는 배추 씨앗을 854개 심었어.
오빠: 나는 배추 씨앗을 민아보다 569개 더 많이 심었어.

문제 이해하기

▶ 민아가 심은 배추 씨앗 수: ☐ 개

▶ 오빠: 민아보다 ☐ 개 더 많이 심었습니다.

식 세우기

(오빠가 심은 배추 씨앗 수)

＝(민아가 심은 배추 씨앗 수)

＋(더 많이 심은 수)

＝ ☐ ＋ ☐ ＝ ☐

답 구하기 ☐ 개

---

6 현우가 가지고 있는 끈은 몇 cm입니까?

영서: 내가 가지고 있는 끈은 6 m 73 cm야.
현우: 나는 영서보다 498 cm 더 긴 끈을 가지고 있어.

문제 이해하기

▶ 영서가 가지고 있는 끈 길이:

☐ m ☐ cm ＝ ☐ cm

▶ 현우: 영서보다 ☐ cm 더 긴 끈을 가지고 있습니다.

식 세우기

(현우가 가지고 있는 끈 길이)

＝(영서가 가지고 있는 끈 길이)

＋(더 긴 길이)

＝ ☐ ＋ ☐ ＝ ☐

답 구하기 ☐ cm

재미있는
수학
놀이터

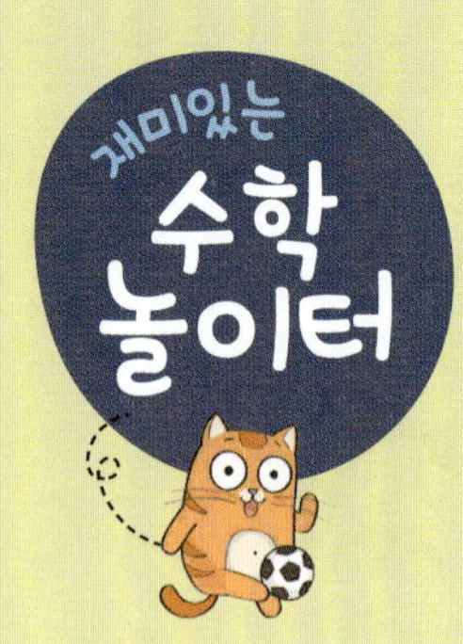

초콜릿과 사탕 선물

희수네 학교 학생들은 달콤 공장으로 견학을 갔어요. 공장에서는 오늘 만든 초콜릿과 사탕을 학생들에게 선물하기로 했어요. 학생들이 선물 받은 초콜릿과 사탕은 모두 몇 개인지 맞는 것에 ○표 하세요.

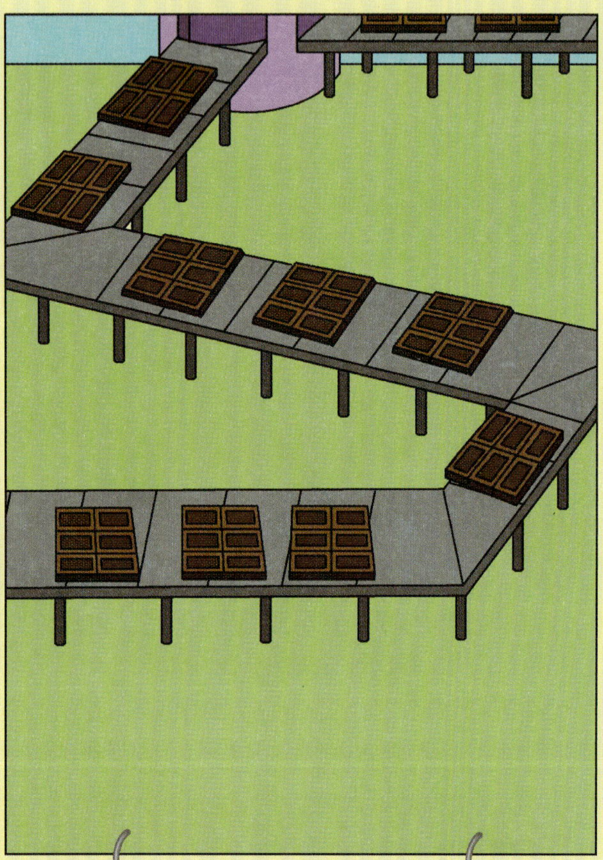

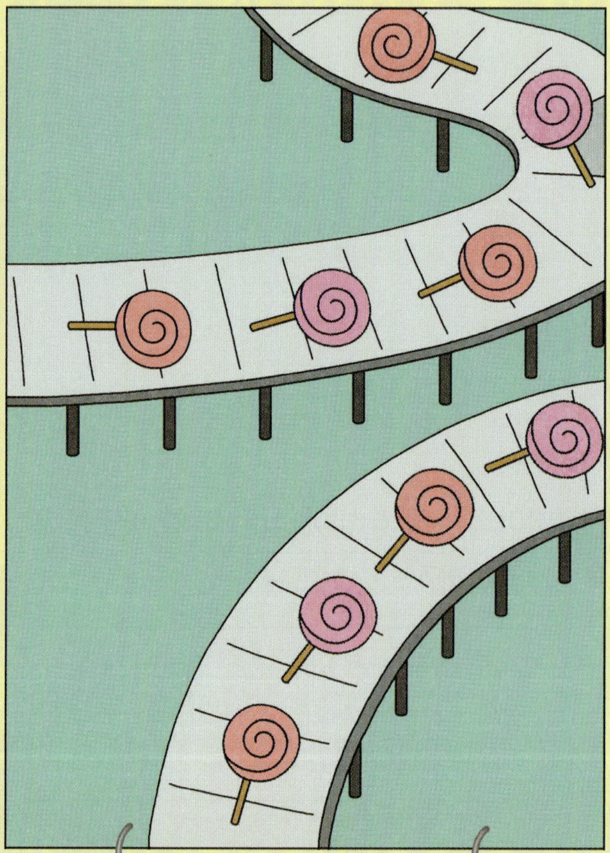

오늘 만든 초콜릿 525개

오늘 만든 사탕 385개

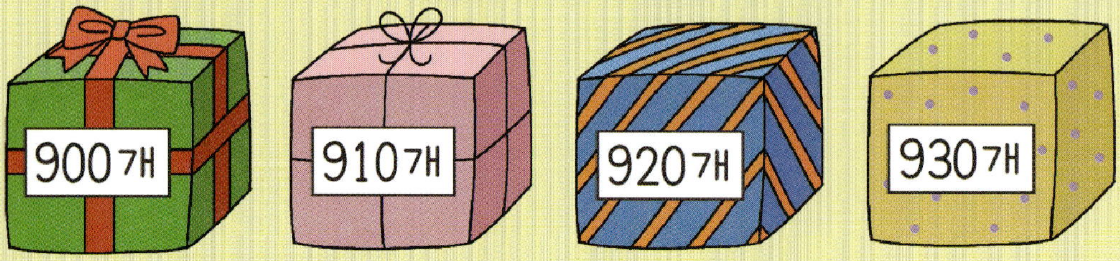
900개
910개
920개
930개

덧셈과 뺄셈

받아올림이 두 번, 세 번 있는 (세 자리 수) + (세 자리 수) ❷

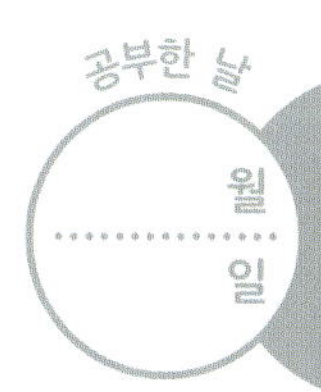

1 사각형 안에 있는 수의 합을 구하시오.

389
167
940
258
723
476

문제 이해하기 사각형 안에 있는 수는 ☐ , ☐

식 세우기 사각형 안에 있는 수의 합은

☐ + ☐ = ☐

답 구하기 ☐

2 삼각형 안에 있는 수의 합을 구하시오.

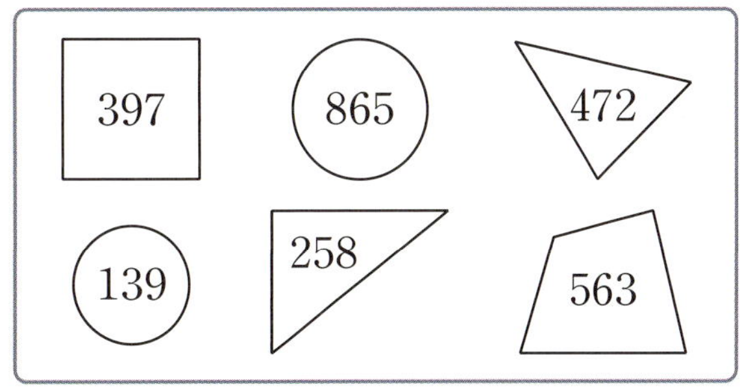

문제 이해하기

식 세우기

답 구하기

3

세 자리 수끼리 더하여 크기를 비교했습니다. □ 안에 들어갈 수 있는 수를 모두 구하시오.

$$694 + \square 47 > 1441$$

문제 이해하기

$694 + \blacktriangle 47 = 1441$일 때 $\blacktriangle$의 값을 구한 다음, □ 안에 $\blacktriangle$보다 큰 수 또는 $\blacktriangle$보다 작은 수를 넣어 봅니다.

식 세우기

$694 + \blacktriangle 47 = 1441$을 세로 형식으로 계산해 보면

```
    □  1
    6  9  4
 +  ▲  4  7
 ─────────────
 1  4  4  1
```

$\square + 6 + \blacktriangle = 14,\ \blacktriangle = \square$

➡ $694 + \square 47 = 1441$이므로 $694 + \square 47$이 1441보다 크려면

□는 $\square$보다 (커야 , 작아야) 합니다.

답 구하기

$\square\ ,\ \square$

4

세 자리 수끼리 더하여 크기를 비교했습니다. □ 안에 들어갈 수 있는 수를 모두 구하시오.

$$\square 86 + 489 > 1175$$

문제 이해하기

식 세우기

답 구하기

주머니에서 구슬 2개를 꺼내 구슬에 적힌 두 수의 합이 500에 가장 가까운 덧셈식을 만들어 보시오.

문제 이해하기

구슬에 적힌 수를 몇백으로 어림해 보면

수	385	196	125	289
어림한 값	400			

➡ 어림한 두 수의 합이 500이 되는 것을 짝 지어 보면

❶ 385와 ☐   ❷ ☐과 ☐

식 세우기

짝 지은 두 수를 더해 보면

❶ 385 + ☐ = ☐   ❷ ☐ + ☐ = ☐

답 구하기

☐ + ☐ = ☐

주머니에서 구슬 2개를 꺼내 구슬에 적힌 두 수의 합이 600에 가장 가까운 덧셈식을 만들어 보시오.

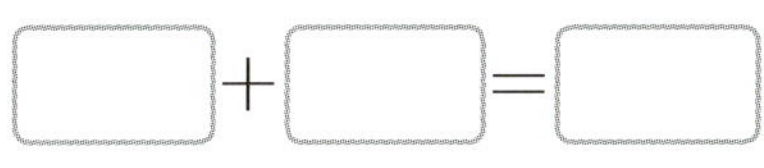

문제 이해하기

식 세우기

답 구하기

가격표를 완성해요!

다람쥐와 너구리가 놀이공원에 놀러 갔어요. 배가 고파 간식을 사러 갔는데 가격표가 낡아서 군데군데 지워져 있어요. 다람쥐와 너구리의 대화를 읽고, 빈 곳에 알맞은 수를 써넣으세요.

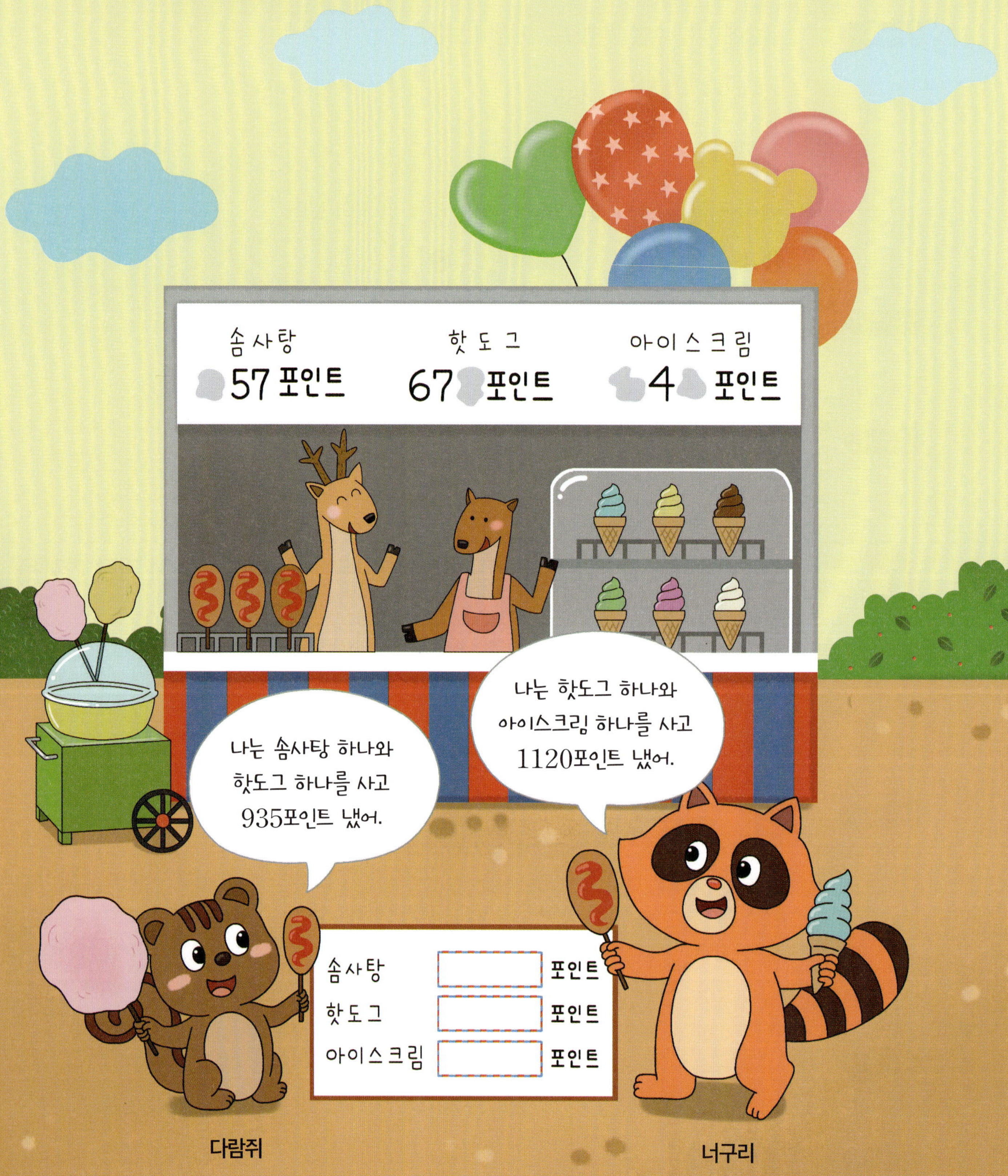

덧셈과 뺄셈

받아내림이 없는
(세 자리 수) − (세 자리 수) ❶

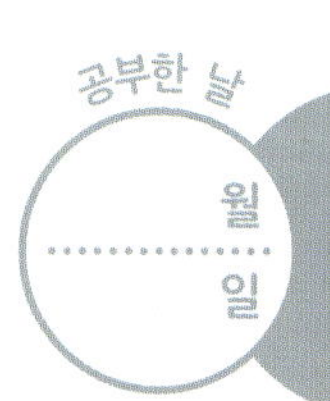

258−132를 계산할 때에는

❶ 각 자리의 숫자를 맞추어 쓴 다음,

❷ 일의 자리부터 뺀 값을 차례대로 씁니다.

	2	5	8
−	1	3	2
	1	2	6

실력 확인하기

계산을 하시오.

1

	2	3	7
−	1	2	5

2

	3	8	9
−	2	1	5

3

	6	8	4
−	3	6	4

4

	7	5	6
−	3	5	2

5 395−154

6 567−117

7 689−347

8 816−411

1

민속촌에 입장한 어른은 469명이고, 어린이는 어른보다 253명 더 적습니다. 민속촌에 입장한 어린이는 몇 명입니까?

문제 이해하기

▶ 어른 수: ☐ 명

▶ 어린이 수: 어른보다 ☐ 명 더 적습니다.

➡ 어른 수를 수 모형으로 나타냈을 때, 수 모형에서 253만큼 빼 보면

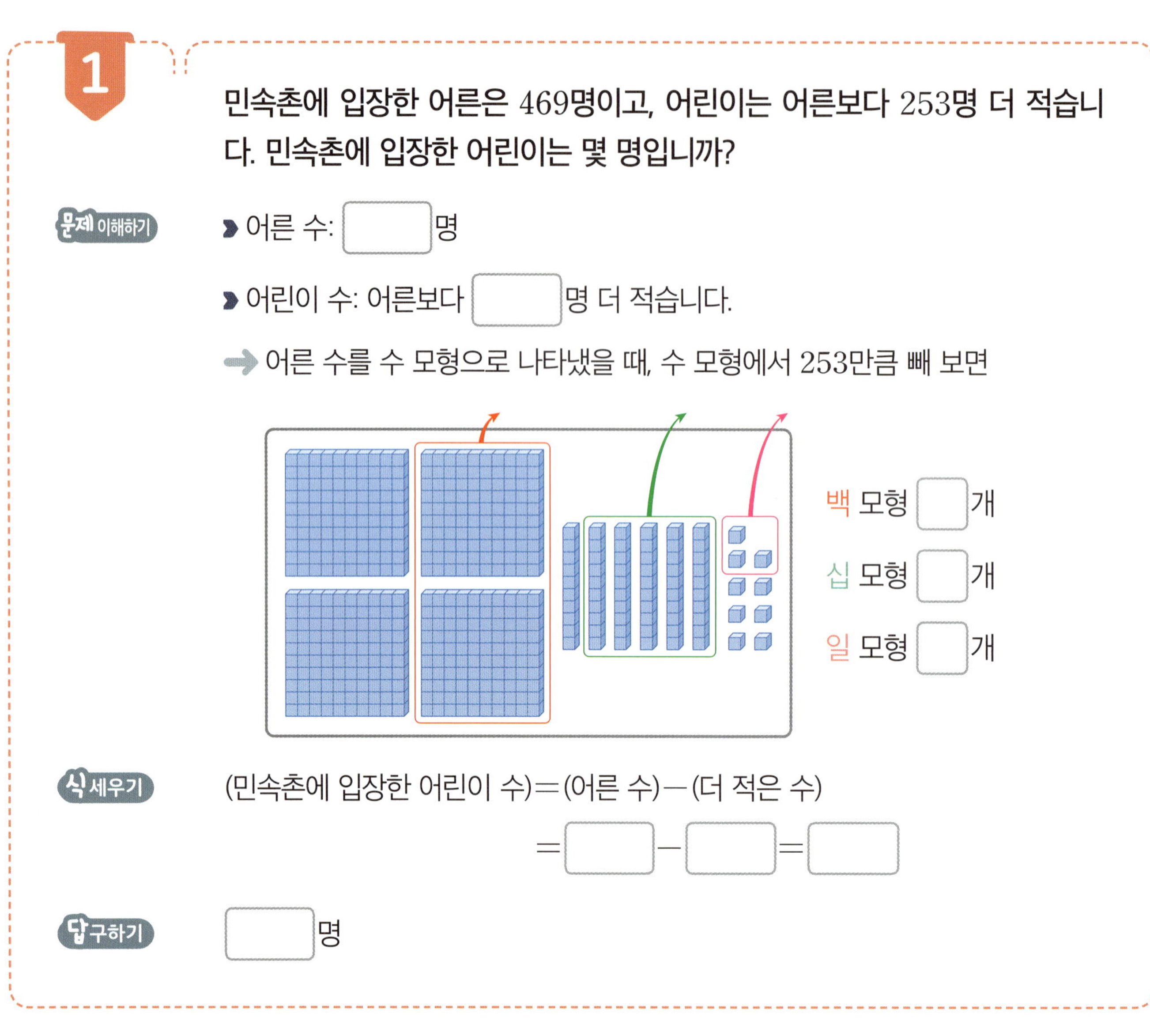

식 세우기

(민속촌에 입장한 어린이 수)＝(어른 수)－(더 적은 수)

＝ ☐ － ☐ ＝ ☐

답 구하기 ☐ 명

2

재성이네 마을에 소나무가 563그루 있고, 버드나무는 소나무보다 432그루 더 적게 있습니다. 재성이네 마을에 있는 버드나무는 몇 그루입니까?

문제 이해하기

▶ 소나무 수: ☐ 그루

▶ 버드나무: 소나무보다 ☐ 그루 더 적게 있습니다.

식 세우기

(재성이네 마을에 있는 버드나무 수)
＝(소나무 수)－(더 적은 수)

＝ ☐ － ☐ ＝ ☐

답 구하기 ☐ 그루

3

기차에 698명이 타고 있었습니다. 다음 역에서 347명이 내렸다면 기차에 남은 사람은 몇 명입니까?

문제 이해하기

▶ 기차에 타고 있던 사람 수: ☐ 명

▶ 다음 역에서 내린 사람 수: ☐ 명

식 세우기

(기차에 남은 사람 수)
＝(기차에 타고 있던 사람 수)
－(다음 역에서 내린 사람 수)

＝ ☐ － ☐ ＝ ☐

답 구하기 ☐ 명

4

준하네 모둠은 줄넘기를 594번 했고, 진서네 모둠은 줄넘기를 351번 했습니다. 준하네 모둠은 진서네 모둠보다 줄넘기를 몇 번 더 했습니까?

문제 이해하기

▶ 준하네 모둠의 줄넘기 횟수: ☐ 번

▶ 진서네 모둠의 줄넘기 횟수: ☐ 번

➡ 준하와 진서네 모둠의 줄넘기 횟수를 그림으로 나타내 보면

☐ 번

준하네 모둠

☐ 번

진서네 모둠

식 세우기

(준하네 모둠의 줄넘기 횟수) ― (진서네 모둠의 줄넘기 횟수)

= ☐ ― ☐ = ☐

답 구하기

☐ 번

5

부산에서 제주도로 가는 배에 남자가 394명, 여자가 252명 탔습니다. 남자는 여자보다 몇 명 더 많이 탔습니까?

문제 이해하기

▶ 남자 수: ☐ 명

▶ 여자 수: ☐ 명

식 세우기

(남자 수) ― (여자 수)

= ☐ ― ☐ = ☐

답 구하기

☐ 명

6

색 테이프를 민주는 613 cm, 선우는 958 cm 가지고 있습니다. 누가 색 테이프를 몇 cm 더 많이 가지고 있습니까?

문제 이해하기

▶ 민주가 가지고 있는 색 테이프 길이:

☐ cm

▶ 선우가 가지고 있는 색 테이프 길이:

☐ cm

식 세우기

(선우가 가지고 있는 색 테이프 길이)

― (민주가 가지고 있는 색 테이프 길이)

= ☐ ― ☐ = ☐

답 구하기

☐ , ☐ cm

정답 확인　　오늘 나의 실력은?　　부모님 확인

밖으로 나가는 문을 찾아라!

놀이공원에 간 누리와 하연이가 괴물의 집에서 길을 잃었어요. 다섯 개의 문 중에서 하나만 밖으로 연결되어 있어요. 뺄셈 계산을 하면 밖으로 나갈 수 있는 문을 알아낼 수 있답니다. 누리와 하연이가 밖으로 나갈 수 있는 문을 찾아 ○표 하세요.

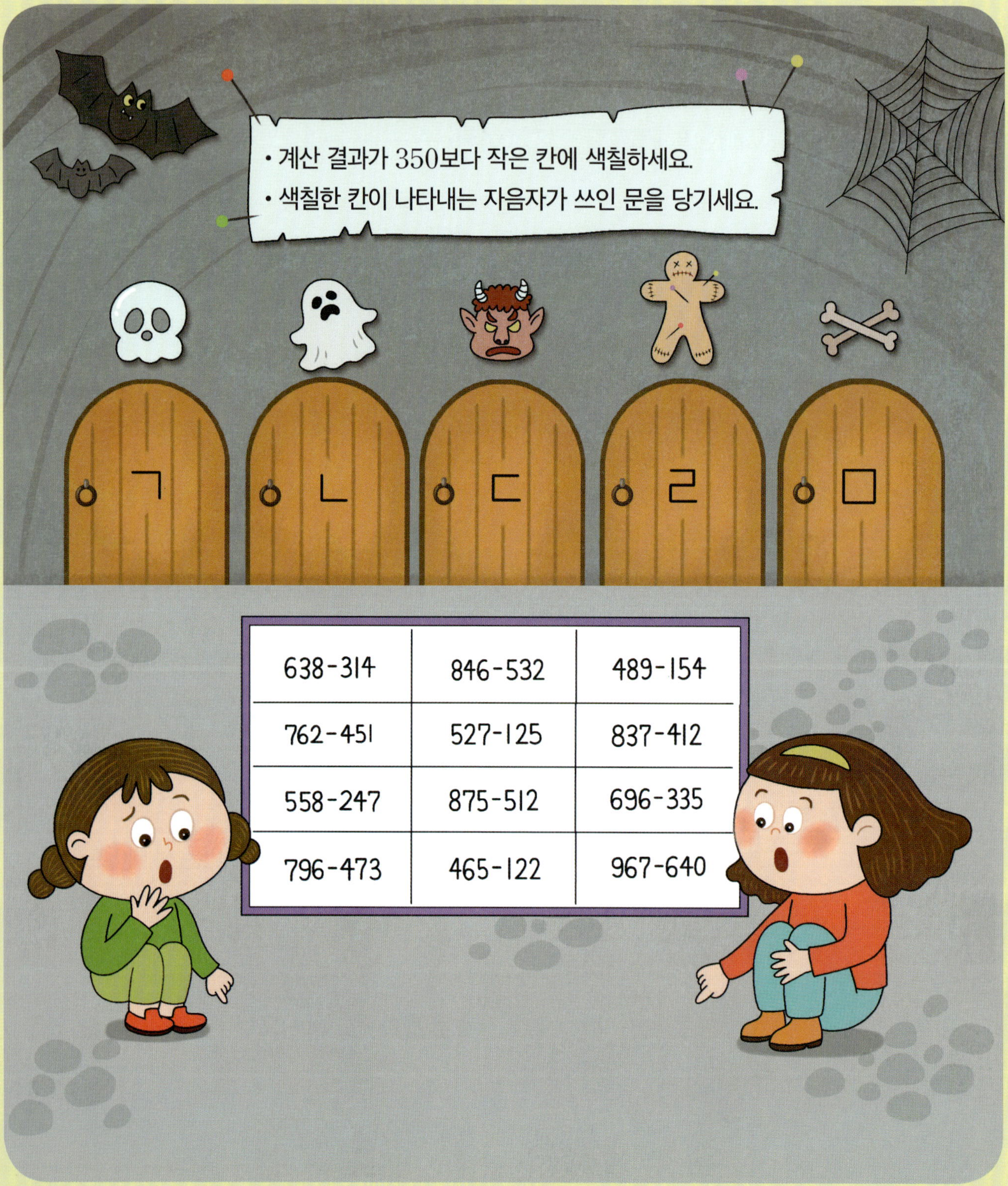

638-314	846-532	489-154
762-451	527-125	837-412
558-247	875-512	696-335
796-473	465-122	967-640

받아내림이 없는
(세 자리 수) − (세 자리 수) ❷

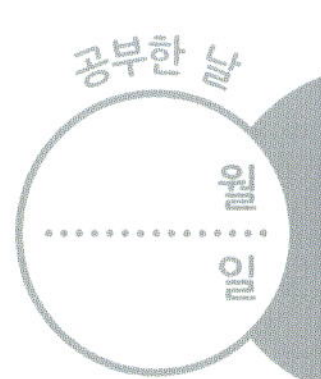

1

536−315를 두 가지 방법으로 계산하려고 합니다. ☐ 안에 알맞은 수를 구하시오.

문제 이해하기

[동욱] 536＝500＋30＋6, 315＝300＋☐＋☐이므로

500−300＝☐, 30−☐＝☐, 6−☐＝☐

➡ 차례대로 더해 보면 ☐＋☐＋☐＝☐

[지수] 536＝36＋500, 315＝15＋☐이므로

36−15＝☐, 500−☐＝☐

➡ 차례대로 더해 보면 ☐＋☐＝☐

답 구하기 ☐, ☐, ☐ / ☐, ☐

2

452−132를 두 가지 방법으로 계산하려고 합니다. ☐ 안에 알맞은 수를 구하시오.

문제 이해하기

답 구하기

1부터 9까지의 수 카드 중 3장을 사용하여 뺄셈식을 완성하려고 합니다. 빈칸에 알맞은 수를 써넣으시오.

$$547 - \square\,\square\,\square = 213$$

문제 이해하기

뺄셈식을 세로 형식으로 나타내 보면

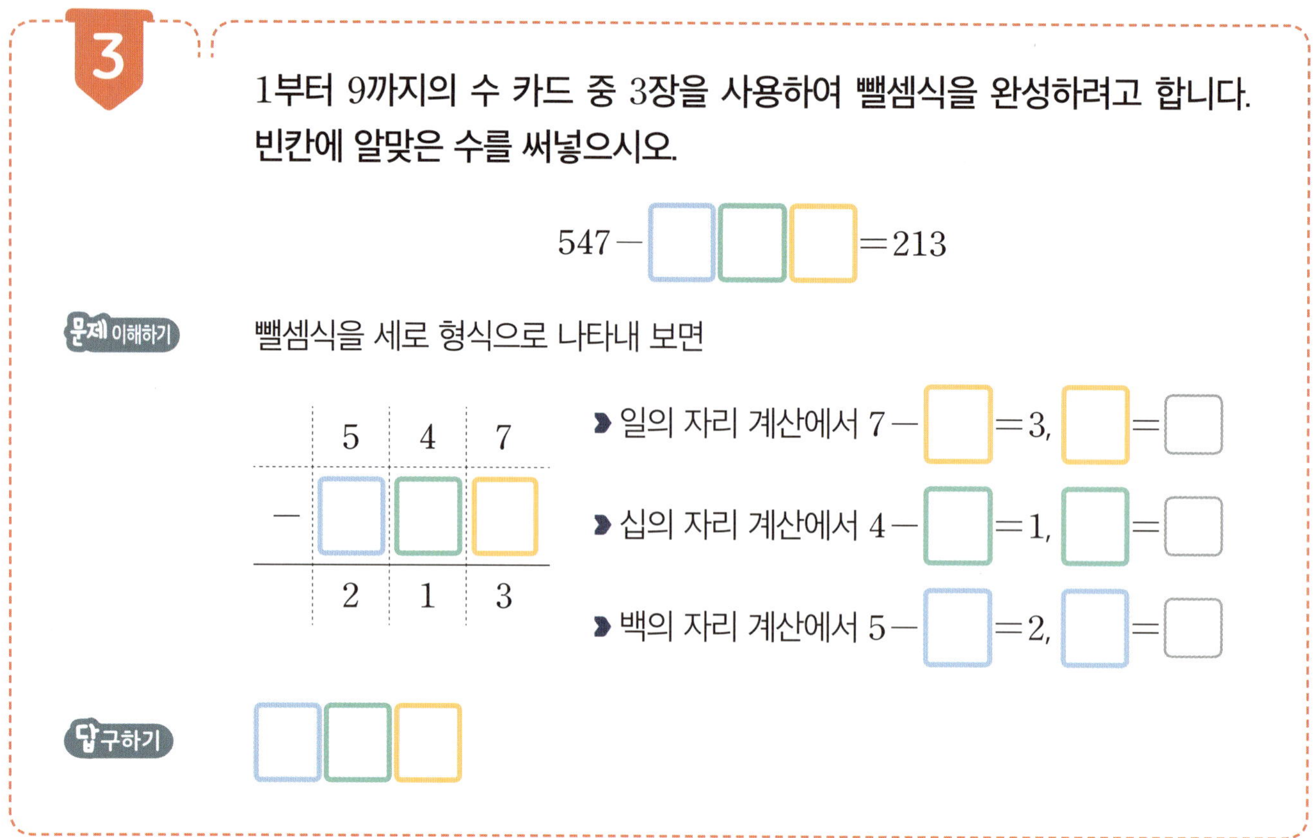

답 구하기 

□ □ □

1부터 9까지의 수 카드 중 3장을 사용하여 뺄셈식을 완성하려고 합니다. 빈칸에 알맞은 수를 써넣으시오.

$$489 - \square\,\square\,\square = 306$$

문제 이해하기

답 구하기 

예지가 계산한 값은 얼마입니까?

문제 이해하기

예지가 계산한 값을 구하려면 어떤 수를 알아야 합니다.

➡ 재윤이의 말을 이용하여 어떤 수를 먼저 구합니다.

식 세우기

재윤이의 말을 식으로 나타내 보면

(어떤 수)+ ☐ = ☐

➡ (어떤 수)= ☐ − ☐ = ☐

예지가 계산한 값은

☐ − 323 = ☐

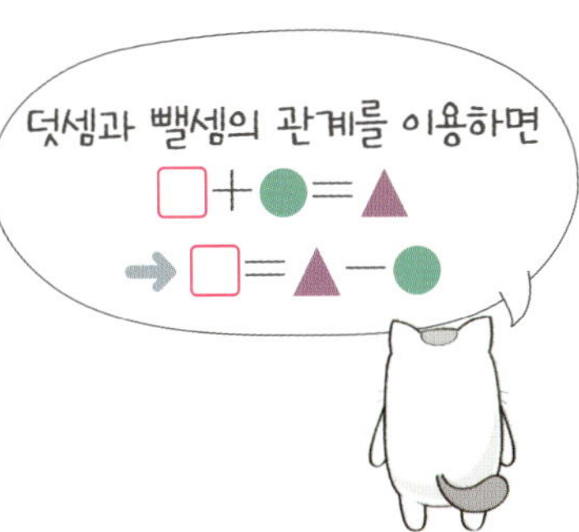

답 구하기

☐

한영이가 계산한 값은 얼마입니까?

문제 이해하기

식 세우기

답 구하기

노란 장미는 몇 송이 남았을까요?

미미네 꽃집에는 노란 장미가 758송이 있었어요. 밤이 되어 가게 주인이 장사를 마치며 꽃이 몇 송이 남아 있는지 세고 있네요. 노란 장미는 몇 송이 남았는지 계산하여 빈칸에 써 보세요.

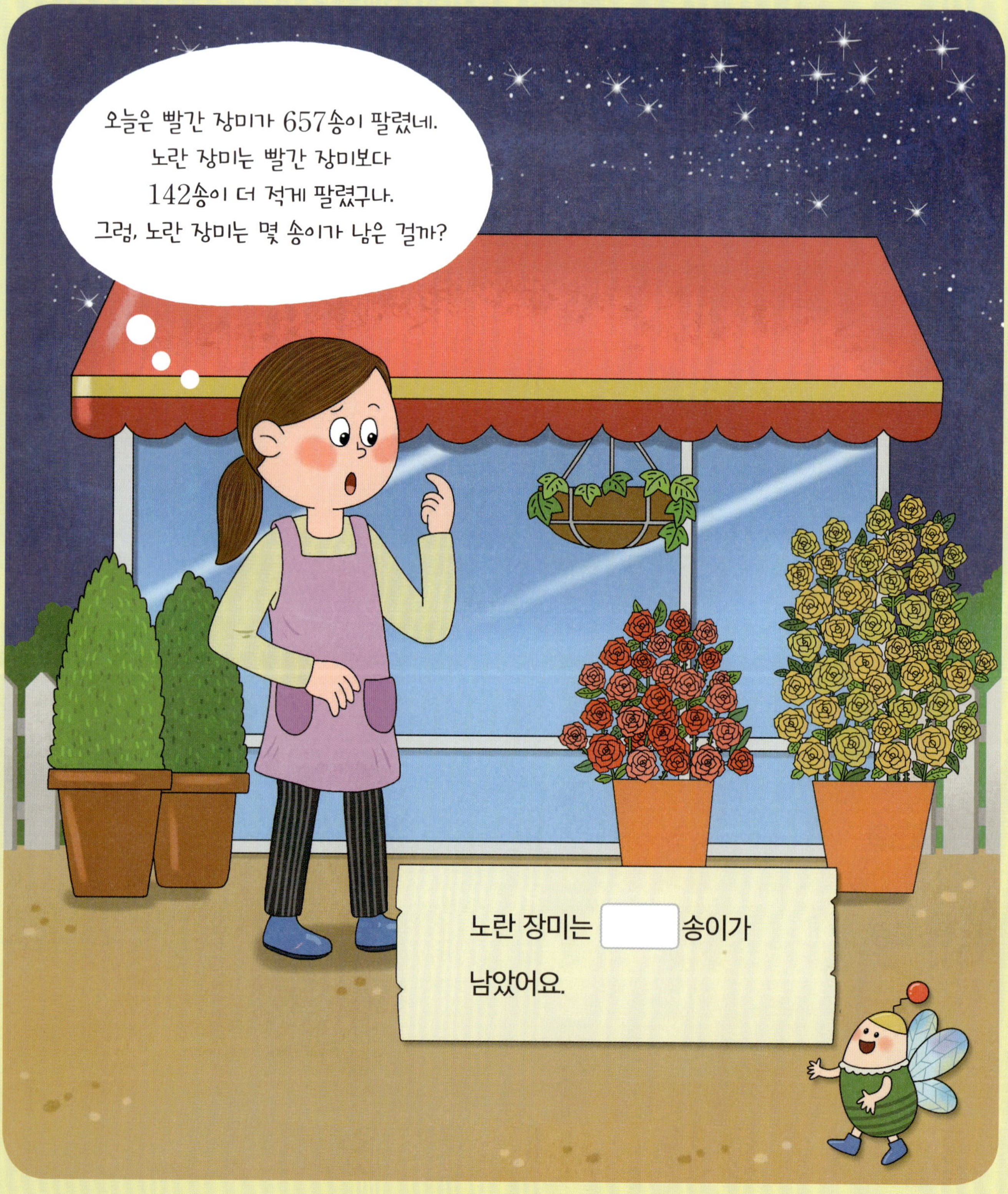

받아내림이 한 번 있는
(세 자리 수) − (세 자리 수) ❶

341−127을 계산할 때에는

❶ 각 자리의 숫자를 맞추어 쓴 다음,

❷ 일의 자리부터 차례대로 뺍니다. 이때 일의 자리의 계산

    1−7은 할 수 없으므로 십의 자리에서 받아내림하여 계산합니다.

$$\begin{array}{ccc} & \overset{3}{\cancel{4}} & \overset{10}{1} \\ 3 & & \\ - \quad 1 & 2 & 7 \\ \hline 2 & 1 & 4 \end{array}$$

계산을 하시오.

1

$$\begin{array}{ccc} 2 & 4 & 2 \\ -\ 1 & 1 & 8 \\ \hline \end{array}$$

2

$$\begin{array}{ccc} 3 & 7 & 4 \\ -\ 2 & 2 & 7 \\ \hline \end{array}$$

3

$$\begin{array}{ccc} 3 & 2 & 9 \\ -\ 1 & 4 & 3 \\ \hline \end{array}$$

4

$$\begin{array}{ccc} 5 & 6 & 5 \\ -\ 3 & 7 & 2 \\ \hline \end{array}$$

5   371−155

6   450−205

7   524−143

8   648−372

장난감 공장에서 만든 비행기는 382대, 기차는 167대입니다. 비행기는 기차보다 몇 대 더 많이 만들었습니까?

문제 이해하기

➡ 비행기 수: ☐ 대

➡ 기차 수: ☐ 대

➡ 비행기 수를 수 모형으로 나타냈을 때, 수 모형에서 기차 수 167만큼 빼 보면

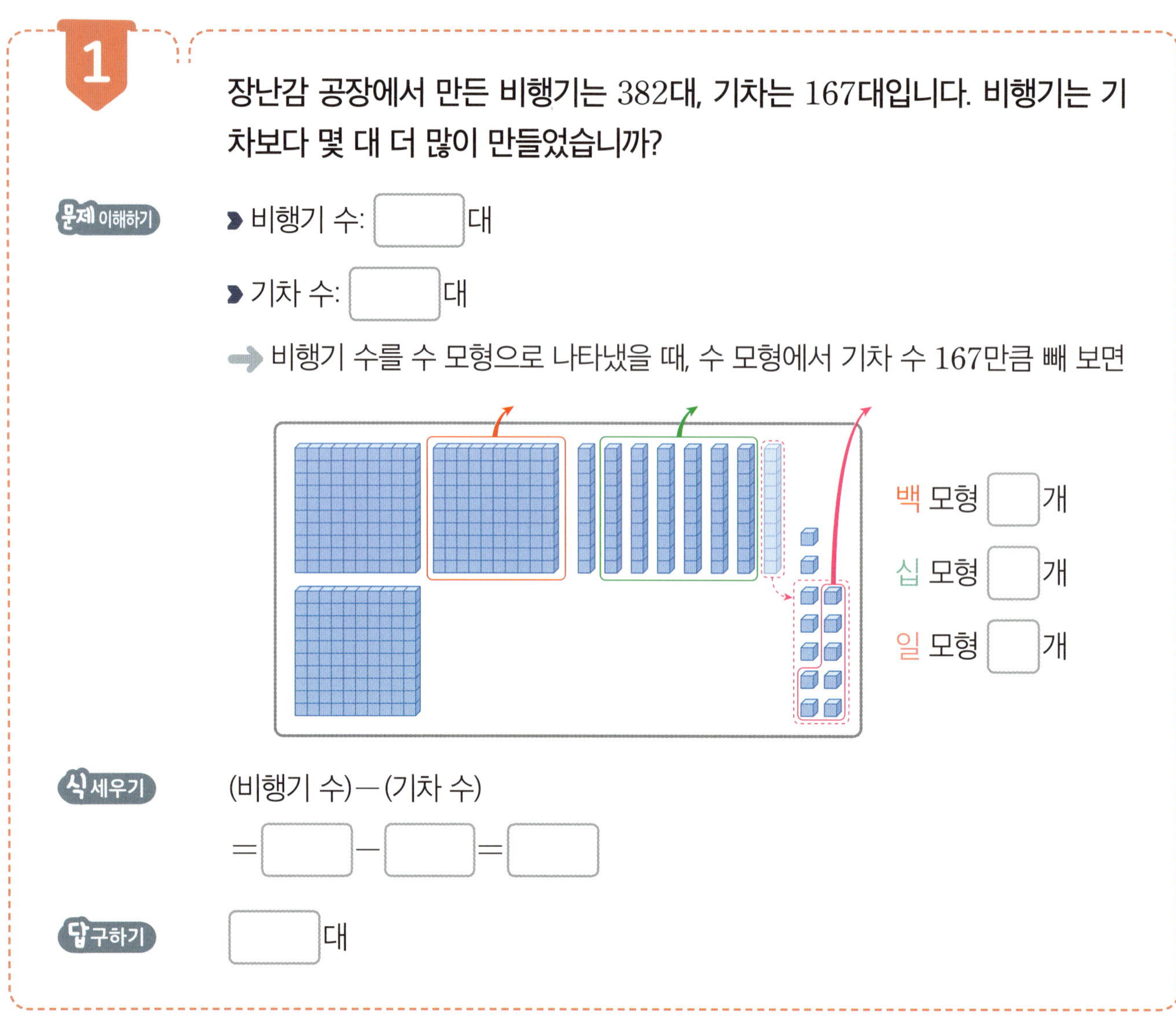

식 세우기

(비행기 수) ─ (기차 수)

= ☐ ─ ☐ = ☐

답 구하기

☐ 대

우진이네 농장에 오리가 434마리, 닭이 661마리 있습니다. 닭은 오리보다 몇 마리 더 많습니까?

문제 이해하기

➡ 오리 수: ☐ 마리

➡ 닭 수: ☐ 마리

식 세우기

(닭 수) ─ (오리 수)

= ☐ ─ ☐ = ☐

답 구하기

☐ 마리

지현이의 키는 129 cm이고, 아버지의 키는 174 cm입니다. 아버지는 지현이보다 몇 cm 더 큽니까?

문제 이해하기

➡ 지현이의 키: ☐ cm

➡ 아버지의 키: ☐ cm

식 세우기

(아버지 키) ─ (지현이 키)

= ☐ ─ ☐ = ☐

답 구하기

☐ cm

4

민주네 학교 도서관에 위인전이 473권 있습니다. 그중에서 291권을 빌려 갔다면 도서관에 남은 위인전은 몇 권입니까?

문제 이해하기

▶ 처음에 있던 위인전 수: ☐ 권

▶ 빌려 간 위인전 수: ☐ 권

➡ 처음에 있던 위인전 수를 수 모형으로 나타냈을 때, 수 모형에서 빌려 간 위인전 수 291만큼 빼 보면

백 모형 ☐ 개

십 모형 ☐ 개

일 모형 ☐ 개

식 세우기

(남은 위인전 수)＝(처음에 있던 위인전 수)－(빌려 간 위인전 수)

＝ ☐ － ☐ ＝ ☐

답 구하기 ☐ 권

---

5 상자 안에 구슬이 728개 있었습니다. 이 상자에서 구슬을 484개 꺼냈다면 남은 구슬은 몇 개입니까?

문제 이해하기

▶ 처음에 있던 구슬 수: ☐ 개

▶ 꺼낸 구슬 수: ☐ 개

식 세우기

(남은 구슬 수)

＝(처음에 있던 구슬 수)

－(꺼낸 구슬 수)

＝ ☐ － ☐ ＝ ☐

답 구하기 ☐ 개

---

6 달콤 농장에 토마토 모종을 심었습니다. 열린 토마토는 845개이고, 그중에서 673개를 땄습니다. 따지 않은 토마토는 몇 개입니까?

문제 이해하기

▶ 열린 토마토 수: ☐ 개

▶ 딴 토마토 수: ☐ 개

식 세우기

(따지 않은 토마토 수)

＝(열린 토마토 수)－(딴 토마토 수)

＝ ☐ － ☐ ＝ ☐

답 구하기 ☐ 개

거스름돈은 얼마일까요?

승빈이가 사탕 1개를 사고 500원을 냈어요. 가게 주인은 실수로 사탕 2개 값으로 계산해서 280원을 거슬러 주었어요. 곧 자신의 실수를 알아채고 사탕 1개 값을 되돌려 주었군요. 승빈이의 지갑 속에 얼마가 들어 있는지 선으로 묶어 보세요. 단, 처음 지갑에는 500원짜리 동전 하나만 있었다고 합니다.

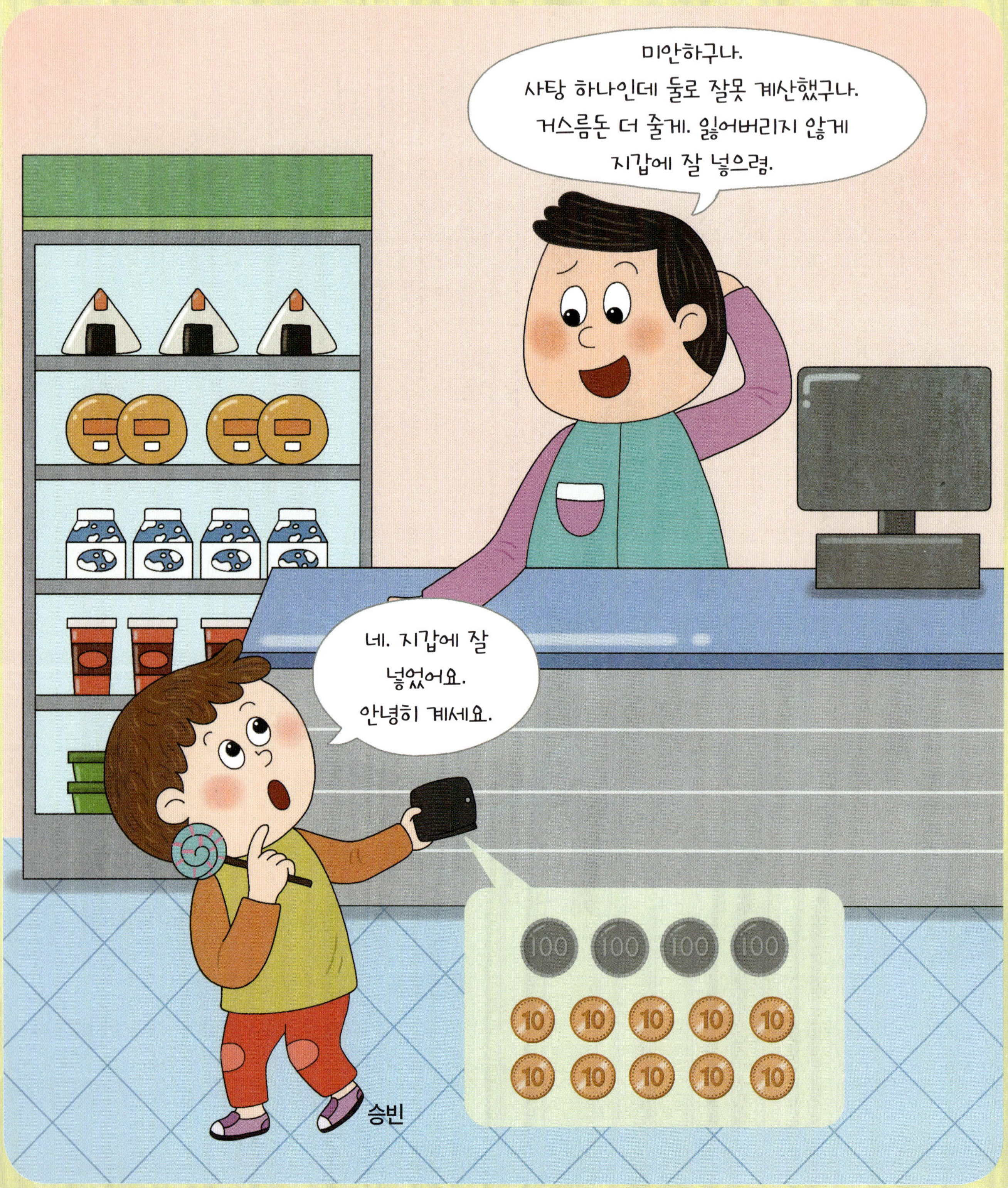

받아내림이 한 번 있는
(세 자리 수) − (세 자리 수) ❷

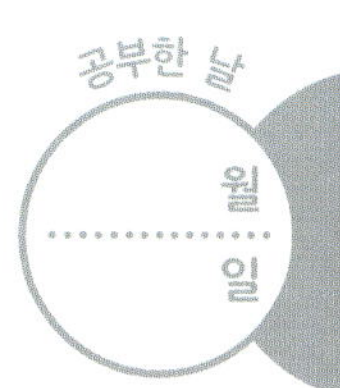

1 두 수를 골라 차가 273이 되도록 뺄셈식을 써 보시오.

| 384 | 107 | 657 |

☐ − ☐ = 273

문제 이해하기 두 수를 골라 뺀 결과는 273

➡ 백의 자리 수의 차가 2 또는 3이 되는 두 수를 짝 지어 보면

❶ 384와 ☐   ❷ ☐ 와 ☐

식 세우기 짝 지은 두 수의 차를 구해 보면

❶ 384 − ☐ = ☐   ❷ ☐ − ☐ = ☐

답 구하기 ☐ − ☐ = 273

2 두 수를 골라 차가 514가 되도록 뺄셈식을 써 보시오.

| 752 | 238 | 854 |

☐ − ☐ = 514

문제 이해하기

식 세우기

답 구하기

3 수 카드 4장 중 3장을 한 번씩만 사용하여 세 자리 수를 만들려고 합니다.
만들 수 있는 가장 큰 수와 가장 작은 수의 차를 구하시오.

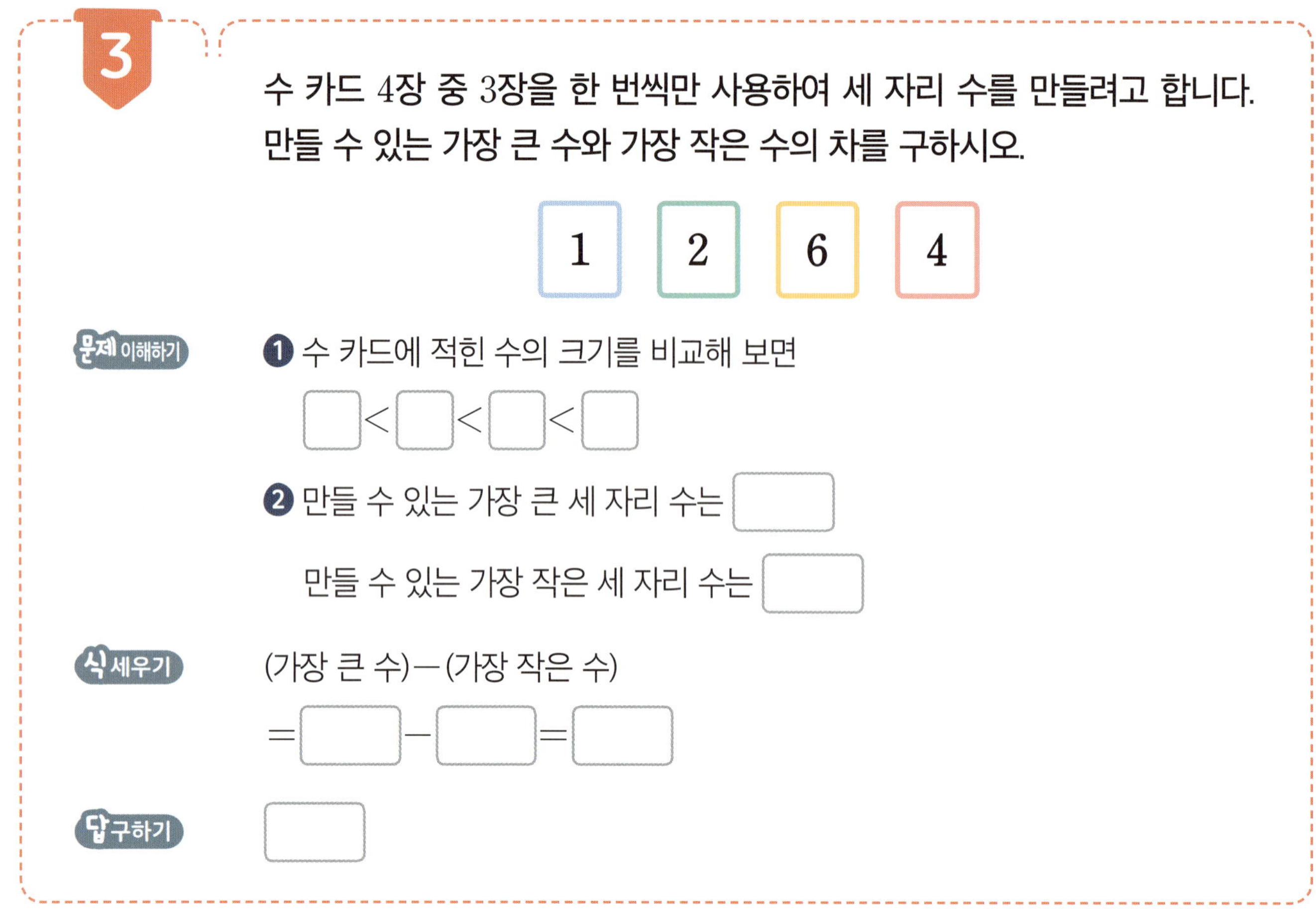

 **문제** 이해하기

❶ 수 카드에 적힌 수의 크기를 비교해 보면

☐ < ☐ < ☐ < ☐

❷ 만들 수 있는 가장 큰 세 자리 수는 ☐

만들 수 있는 가장 작은 세 자리 수는 ☐

 **식** 세우기

(가장 큰 수) − (가장 작은 수)

= ☐ − ☐ = ☐

 **답** 구하기

☐

---

4 수 카드 4장 중 3장을 한 번씩만 사용하여 세 자리 수를 만들려고 합니다. 만들
수 있는 가장 큰 수와 가장 작은 수의 차를 구하시오.

문제 이해하기

식 세우기

 **답** 구하기

종이 2장에 세 자리 수를 각각 써 놓았는데 그중 한 장이 찢어져서 백의 자리 숫자만 보입니다. 두 수의 합이 786일 때 찢어진 종이에 적힌 세 자리 수를 구하시오.

438   3

문제 이해하기 찢어진 종이에 적힌 세 자리 수를 □라 하고 조건을 식으로 나타내 봅니다.

식 세우기 찢어진 종이에 적힌 세 자리 수를 □라고 하면
종이에 적힌 두 수의 합이 786이므로

□ + □ = □

➡ □ = □ - □ = □

답 구하기 □

6

종이 2장에 세 자리 수를 각각 써 놓았는데 그중 한 장이 찢어져서 일의 자리 숫자만 보입니다. 두 수의 합이 927일 때 찢어진 종이에 적힌 세 자리 수를 구하시오.

2   685

문제 이해하기

식 세우기

답 구하기

정답 확인   오늘 나의 실력은?   부모님 확인

가면무도회의 짝을 찾아라

가면무도회에 참석한 사람들이 아직 짝꿍을 정하지 않은 채 춤을 추고 있어요. 각자의 옷에 숨겨져 있는 수의 차가 152가 되는 남자와 여자가 짝꿍이 된다고 해요. 짝꿍이 될 수 있는 사람들끼리 선으로 이어 보세요.

받아내림이 두 번 있는
(세 자리 수) − (세 자리 수) ❶

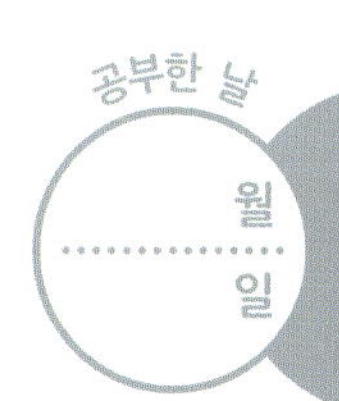

345−178을 계산할 때에는

❶ 각 자리의 숫자를 맞추어 쓴 다음,

❷ 일의 자리부터 차례대로 뺍니다. 이때 각 자리 수끼리

  뺄 수 없으면 바로 윗자리에서 받아내림하여 계산합니다.

$$\begin{array}{ccc} {}^{2} & {}^{13} & {}^{10} \\ \cancel{3} & \cancel{4} & 5 \\ -\ 1 & 7 & 8 \\ \hline 1 & 6 & 7 \end{array}$$

계산을 하시오.

1
$$\begin{array}{ccc} & 4 & 2 & 5 \\ - & 1 & 6 & 7 \\ \hline \end{array}$$

2
$$\begin{array}{ccc} & 5 & 4 & 2 \\ - & 2 & 6 & 9 \\ \hline \end{array}$$

3
$$\begin{array}{ccc} & 6 & 1 & 7 \\ - & 3 & 4 & 8 \\ \hline \end{array}$$

4
$$\begin{array}{ccc} & 9 & 5 & 1 \\ - & 4 & 7 & 3 \\ \hline \end{array}$$

5   465−296

6   524−357

7   642−189

8   817−458

1 어느 고속 도로 휴게소에 관광버스가 396대, 승용차가 725대 다녀갔습니다. 승용차는 관광버스보다 몇 대 더 많이 다녀갔습니까?

문제 이해하기
➤ 관광버스 수: ☐ 대
➤ 승용차 수: ☐ 대
➡ 관광버스와 승용차 수를 그림으로 나타내 보면

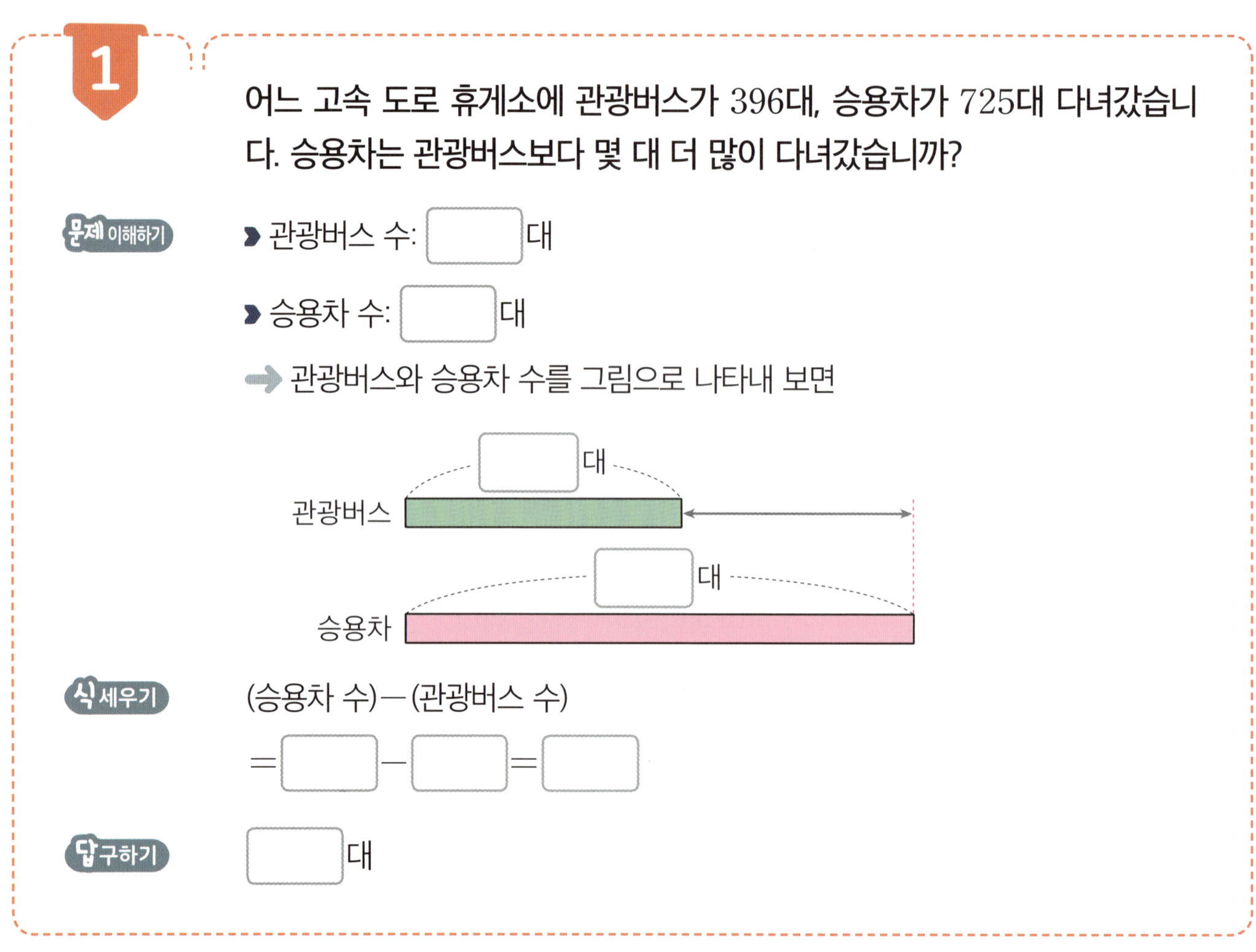

식 세우기
(승용차 수) ─ (관광버스 수)
= ☐ ─ ☐ = ☐

답 구하기 ☐ 대

---

2 상우 아버지께서 모으신 국내 우표 650장과 외국 우표 479장을 상우에게 주셨습니다. 국내 우표는 외국 우표보다 몇 장 더 많습니까?

문제 이해하기
➤ 국내 우표 수: ☐ 장
➤ 외국 우표 수: ☐ 장

식 세우기
(국내 우표 수) ─ (외국 우표 수)
= ☐ ─ ☐ = ☐

답 구하기 ☐ 장

3 충청북도 제천시에 있는 용두산의 높이는 871 m이고, 전라북도 완주군에 있는 운암산의 높이는 597 m입니다. 용두산은 운암산보다 몇 m 더 높습니까?

문제 이해하기
➤ 용두산 높이: ☐ m
➤ 운암산 높이: ☐ m

식 세우기
(용두산 높이) ─ (운암산 높이)
= ☐ ─ ☐ = ☐

답 구하기 ☐ m

4 창민이네 학교 3학년 학생은 312명입니다. 그중에서 동생이 있는 학생이 137명이라면 동생이 없는 학생은 몇 명입니까?

문제 이해하기

▶ 3학년 전체 학생 수: ☐ 명

▶ 동생이 있는 학생 수: ☐ 명

➡ 3학년 학생 수를 수직선에 나타내 보면

3학년 학생 ☐ 명

동생이 없는 학생 ┃ 동생이 있는 학생

☐ 명

식 세우기

(동생이 없는 학생 수)

＝(3학년 전체 학생 수)－(동생이 있는 학생 수)

＝ ☐ － ☐ ＝ ☐

답 구하기 ☐ 명

---

5 주말 동안 미술관에 온 관람객은 704명입니다. 그중에서 안경을 쓴 사람이 236명이라면 안경을 쓰지 않은 사람은 몇 명입니까?

문제 이해하기

▶ 주말 동안 미술관에 온 관람객 수:

☐ 명

▶ 안경을 쓴 사람 수: ☐ 명

식 세우기

(안경을 쓰지 않은 사람 수)

＝(주말 동안 온 관람객 수)

－(안경을 쓴 사람 수)

＝ ☐ － ☐ ＝ ☐

답 구하기 ☐ 명

---

6 미술 시간에 길이가 6 m인 철사 중에서 381 cm를 사용했습니다. 남은 철사는 몇 cm입니까?

문제 이해하기

▶ 처음에 있던 철사 길이:

☐ m＝ ☐ cm

▶ 사용한 철사 길이: ☐ cm

식 세우기

(남은 철사 길이)

＝(처음에 있던 철사 길이)

－(사용한 철사 길이)

＝ ☐ － ☐ ＝ ☐

답 구하기 ☐ cm

김밥 속 햄의 값은?

미래네 학교에서 이웃 돕기 바자회를 열었어요. 미래네 반에서는 김밥을 만들어 팔기로 했어요. 김밥의 가격은 재료값을 모두 더한 값으로 정했어요. 김밥 속에 들어가는 햄의 값을 가격표에 써넣으세요.

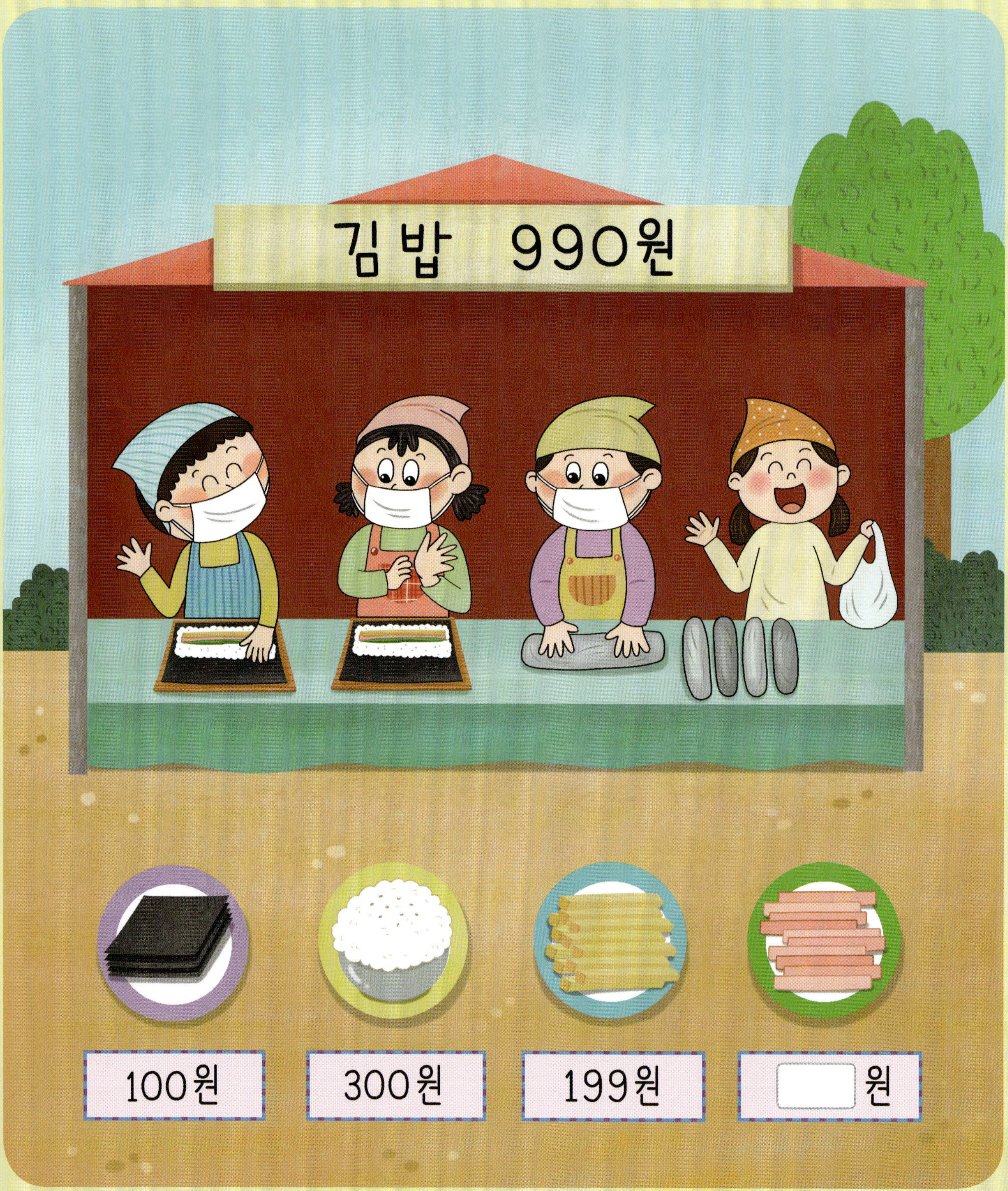

100원	300원	199원	☐원

받아내림이 두 번 있는
(세 자리 수) − (세 자리 수) ❷

1 ㉠, ㉡에 알맞은 수를 각각 구하시오.

$$
\begin{array}{r}
7\ \ 5\ \ 3 \\
-\ \ 2\ \ 8\ \ ㉡ \\
\hline
㉠\ \ 6\ \ 7
\end{array}
$$

문제 이해하기

일의 자리 계산에서 뺀 결과인 **7**이 빼지는 수 **3**보다 크므로
십의 자리에서 받아내림이 있는 식입니다.

식 세우기

$$
\begin{array}{r}
\square\ \ \square\ \ \square \\
7\ \ 5\ \ 3 \\
-\ \ 2\ \ 8\ \ ㉡ \\
\hline
㉠\ \ 6\ \ 7
\end{array}
$$

▶ 일의 자리 계산에서 $3+10-㉡=7$ ➡ $㉡=\square$

▶ 십의 자리 계산에서 $5-1+\square-8=6$

▶ 백의 자리 계산에서 $7-\square-2=㉠$ ➡ $㉠=\square$

답 구하기 $㉠=\square$, $㉡=\square$

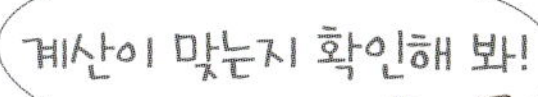

2 ㉠, ㉡에 알맞은 수를 각각 구하시오.

$$
\begin{array}{r}
8\ \ 3\ \ 1 \\
-\ \ 4\ \ ㉡\ \ 2 \\
\hline
㉠\ \ 5\ \ 9
\end{array}
$$

문제 이해하기

식 세우기

답 구하기

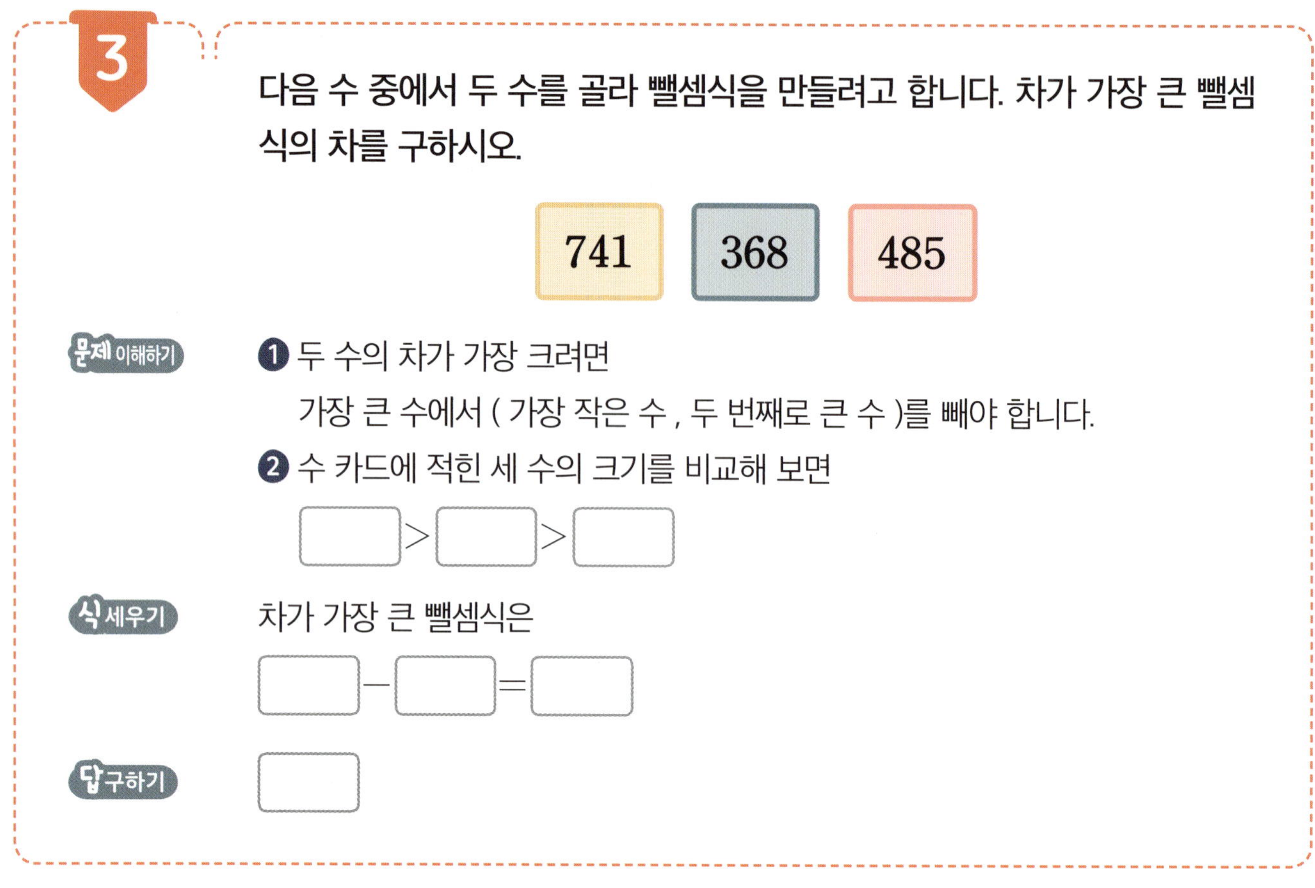

3 다음 수 중에서 두 수를 골라 뺄셈식을 만들려고 합니다. 차가 가장 큰 뺄셈식의 차를 구하시오.

| 741 | 368 | 485 |

❶ 두 수의 차가 가장 크려면

가장 큰 수에서 (가장 작은 수 , 두 번째로 큰 수)를 빼야 합니다.

❷ 수 카드에 적힌 세 수의 크기를 비교해 보면

[ ] > [ ] > [ ]

차가 가장 큰 뺄셈식은

[ ] − [ ] = [ ]

[ ]

4 다음 수 중에서 두 수를 골라 뺄셈식을 만들려고 합니다. 차가 가장 큰 뺄셈식의 차를 구하시오.

| 269 | 835 | 587 |

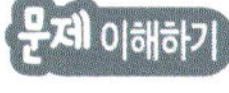

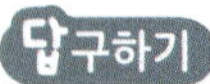

성우는 세계의 건물 높이를 조사했습니다. 높이의 차가 300 m에 가장 가까운 두 건물은 어느 것입니까?

건물 이름	롯데월드 타워	부산 국제 금융 센터	도쿄 스카이트리
높이(m)	555	289	634

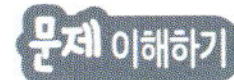
문제 이해하기

건물 높이를 몇백으로 어림해 보면

높이(m)	555	289	634
어림한 값	600		

➡ 어림한 두 수의 차가 300이 되는 것을 짝 지어 보면

❶ 555와 [ ]   ❷ [ ]와 [ ]

식 세우기

짝 지은 두 수의 차를 구해 보면

❶ 555 − [ ] = [ ]   ❷ [ ] − [ ] = [ ]

답 구하기

[ ] , [ ]

윤찬이는 세계의 건물 높이를 조사했습니다. 높이의 차가 200 m에 가장 가까운 두 건물은 어느 것입니까?

건물 이름	핑안 국제 금융 센터	부르즈 할리파	상하이 타워
높이(m)	599	828	632

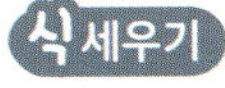
문제 이해하기

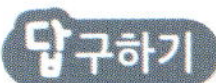
식 세우기

답 구하기

재미있는 수학 놀이터

목표 독서량보다 적게 읽은 사람은?

미래네 집의 거실은 도서관 같아요. 가족들이 모두 책 읽는 것을 좋아해서 책장을 두어 도서관처럼 꾸몄어요. 벽에는 1년 동안 읽어야 하는 목표 독서량이 붙어 있어요. 가족들의 대화를 읽고, 목표량에 도달하지 못한 사람은 누구인지 찾아 ○표 하세요.

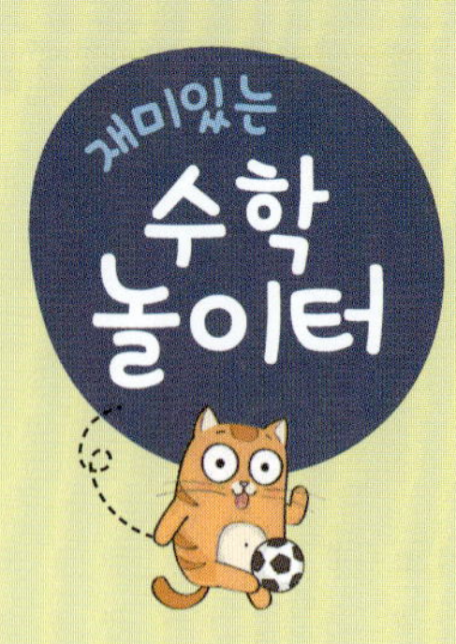

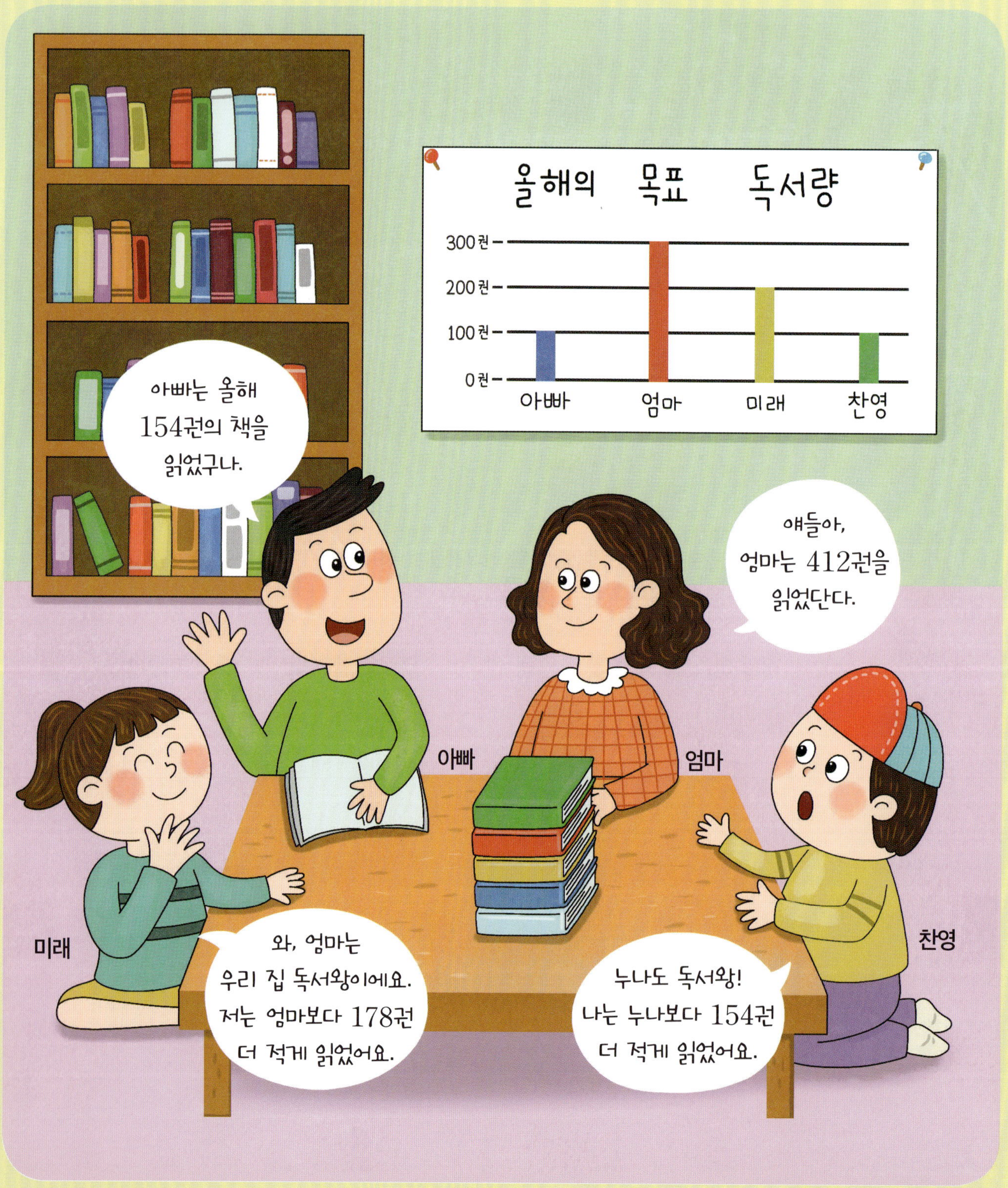

세 수의 덧셈과 뺄셈 ❶

125＋347－234를 계산할 때에는

❶ 앞의 두 수를 먼저 더한 다음,

❷ 그 값에서 나머지 한 수를 뺍니다.

$$125＋347－234＝238$$
$$472$$
$$238$$

실력 확인하기

계산을 하시오.

1 $235＋317－176＝\boxed{}$

2 $128＋465－152＝\boxed{}$

3 $386－154＋210＝\boxed{}$

4 $512－264＋138＝\boxed{}$

5 $124＋585－459＝\boxed{}$

6 $314－179＋271＝\boxed{}$

윤지네 학교 학생은 몇 명입니까?

문제 이해하기 학생 수를 그림으로 나타내 보면

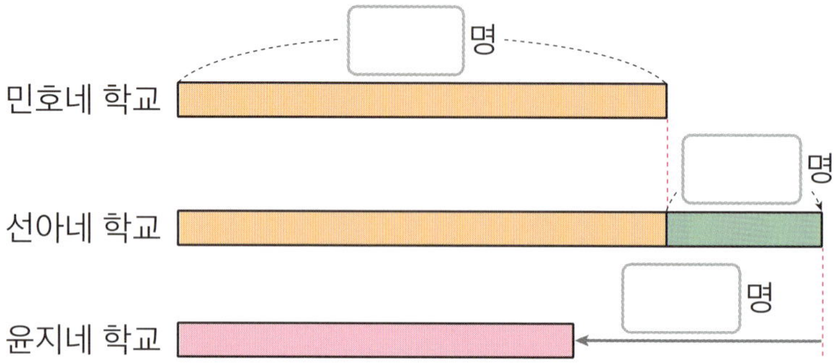

식 세우기 (선아네 학교 학생 수)＝(민호네 학교 학생 수)＋(더 많은 수)

＝□＋□＝□

(윤지네 학교 학생 수)＝(선아네 학교 학생 수)－(더 적은 수)

＝□－□＝□

답 구하기 □ 명

은서가 가진 구슬은 몇 개입니까?

지우: 나는 구슬을 463개 가지고 있어.
현수: 나는 지우보다 182개 더 많아.
은서: 나는 현수보다 366개 더 적어.

문제 이해하기 은서가 가진 구슬 수를 구하려면 현수의 구슬 수를 알아야 합니다.

➡ 지우의 구슬 수를 이용하여 현수의 구슬 수를 먼저 구합니다.

식 세우기 (현수가 가진 구슬 수)

＝(지우가 가진 구슬 수)＋(더 많은 수)

＝□＋□＝□

(은서가 가진 구슬 수)

＝(현수가 가진 구슬 수)－(더 적은 수)

＝□－□＝□

답 구하기 □ 개

선우가 모은 동전은 몇 개입니까?

연지: 나는 동전을 549개 모았어.
승호: 나는 연지보다 178개 더 많아.
선우: 나는 승호보다 259개 더 적어.

문제 이해하기 선우가 모은 동전 수를 구하려면 승호의 동전 수를 알아야 합니다.

➡ 연지의 동전 수를 이용하여 승호의 동전 수를 먼저 구합니다.

식 세우기 (승호가 모은 동전 수)

＝(연지가 모은 동전 수)＋(더 많은 수)

＝□＋□＝□

(선우가 모은 동전 수)

＝(승호가 모은 동전 수)－(더 적은 수)

＝□－□＝□

답 구하기 □ 개

어느 인형 공장에서 어제는 인형을 742개 만들었고, 오늘은 어제보다 359개 더 적게 만들었습니다. 이 공장에서 어제와 오늘 만든 인형은 모두 몇 개입니까?

문제 이해하기 인형 수를 그림으로 나타내 보면

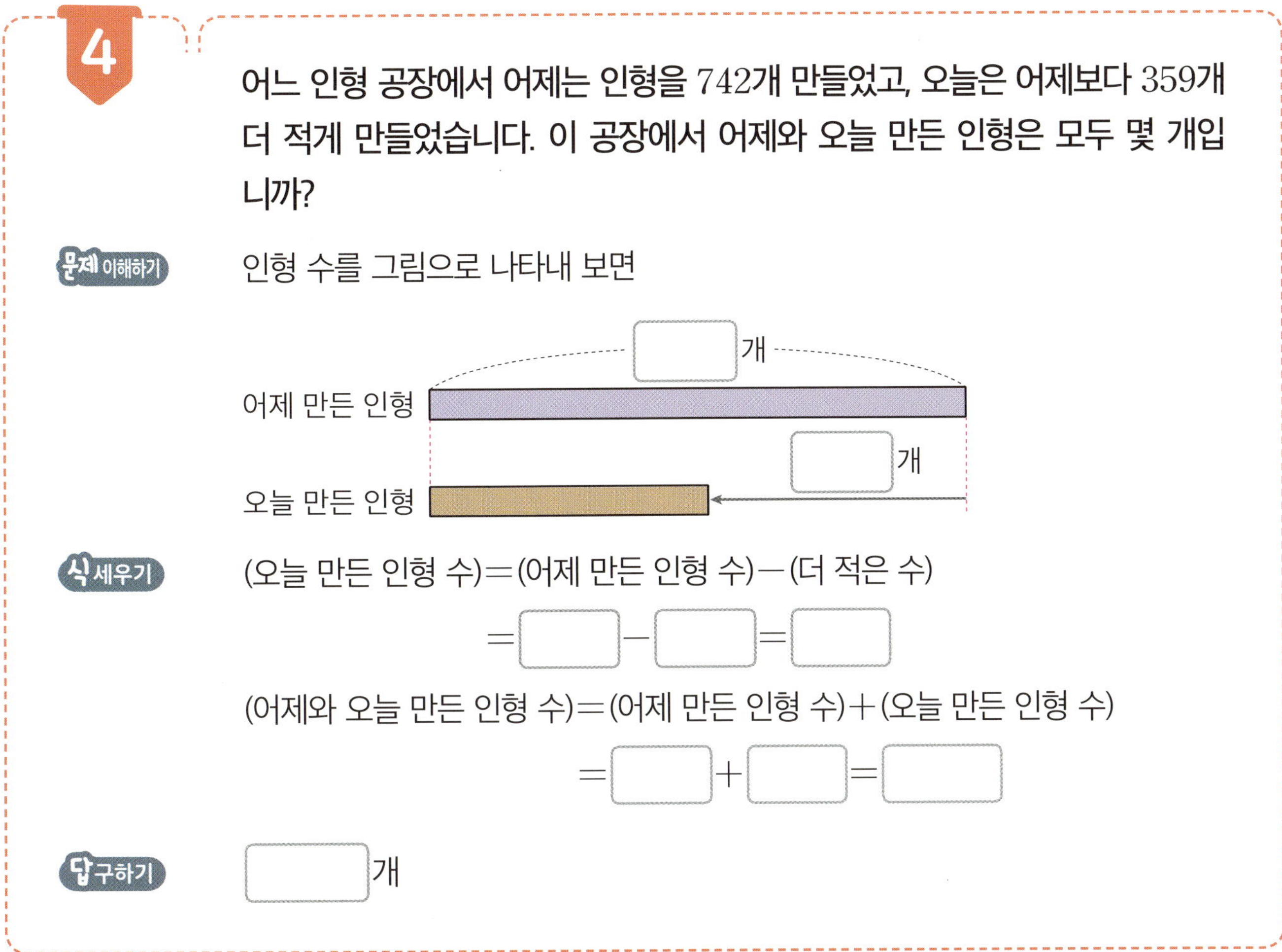

식 세우기 (오늘 만든 인형 수)＝(어제 만든 인형 수)－(더 적은 수)

＝□－□＝□

(어제와 오늘 만든 인형 수)＝(어제 만든 인형 수)＋(오늘 만든 인형 수)

＝□＋□＝□

답 구하기 □ 개

---

5 수족관에 금붕어가 541마리 있고, 비단잉어가 금붕어보다 247마리 더 적게 있습니다. 수족관에 있는 금붕어와 비단잉어는 모두 몇 마리입니까?

문제 이해하기 비단잉어 수를 구한 다음, 금붕어와 비단잉어 수를 구합니다.

식 세우기 (비단잉어 수)

＝(금붕어 수)－(더 적은 수)

＝□－□＝□

(금붕어와 비단잉어 수)

＝(금붕어 수)＋(비단잉어 수)

＝□＋□＝□

답 구하기 □ 마리

---

6 별이네 농장에서 작년에는 귤을 466상자 수확했고, 올해에는 작년보다 198상자 더 적게 수확했습니다. 작년과 올해에 수확한 귤은 모두 몇 상자입니까?

문제 이해하기 올해 수확한 귤 상자 수를 구한 다음, 작년과 올해 수확한 귤 상자 수를 구합니다.

식 세우기 (올해 수확한 귤 상자 수)

＝(작년에 수확한 귤 상자 수)－(더 적은 수)

＝□－□＝□

(작년과 올해에 수확한 귤 상자 수)

＝(작년에 수확한 귤 상자 수)

＋(올해 수확한 귤 상자 수)

＝□＋□＝□

답 구하기 □ 상자

남은 체력은 얼마?

게임 속 왕자 캐릭터는 이동할 때마다 체력이 떨어져요. 하지만 과일을 먹으면 체력이 다시 보충된답니다. 900만큼의 체력을 가지고 출발한 왕자 캐릭터가 목적지에 도착했을 때의 체력은 얼마일까요? 남아 있는 체력을 빈칸에 쓰세요.

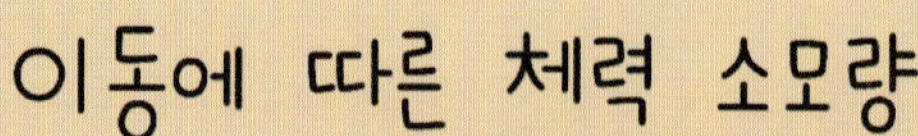

이동에 따른 체력 소모량

↑ : −145   ↓ : −187
← : −234   → : −268

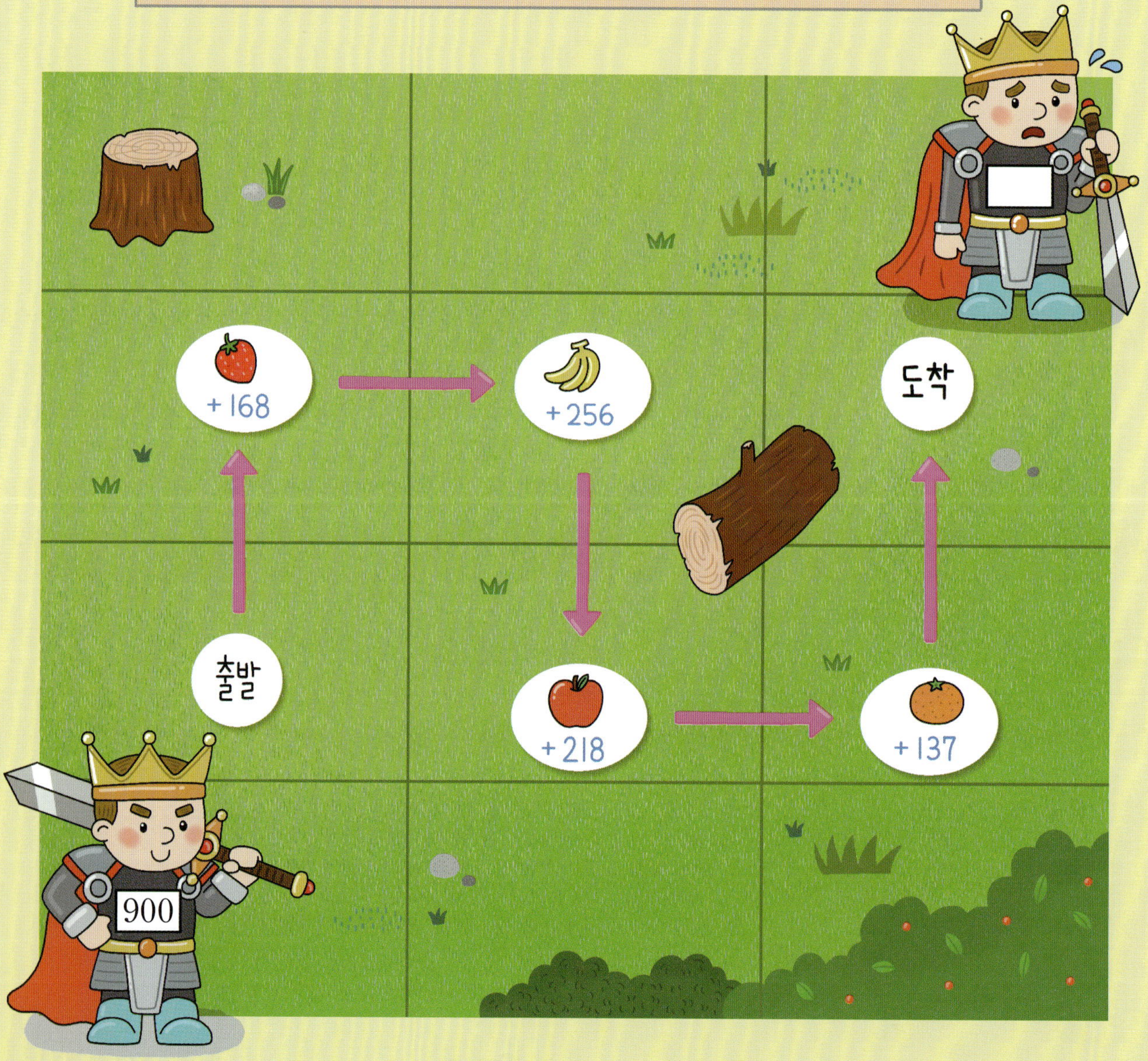

세 수의 덧셈과 뺄셈 2

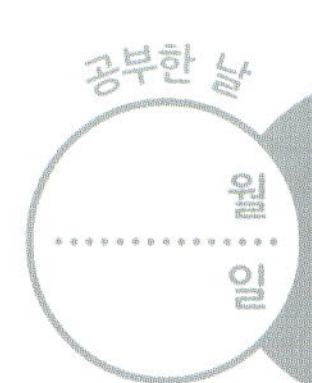

1

어떤 수에서 354를 빼야 할 것을 잘못하여 345를 뺐더니 584가 되었습니다. 바르게 계산한 값을 구하시오.

▶ 바른 계산: 어떤 수에서 354를 빼야 합니다.

▶ 잘못한 계산: 어떤 수에서 345를 뺐더니 584가 되었습니다.

어떤 수를 ☐ 라고 하면

☐ − ⬜ = ⬜

➡ ☐ = ⬜ + ⬜ = ⬜

바르게 계산하면

⬜ − ⬜ = ⬜

답 구하기

⬜

2

어떤 수에 297을 더해야 할 것을 잘못하여 279를 더했더니 454가 되었습니다. 바르게 계산한 값을 구하시오.

문제 이해하기

식 세우기

3

기호 ⊙에 대하여 ㉠⊙㉡＝㉠＋㉡－368이라고 약속할 때 다음을 계산하시오.

$$517 \odot 294$$

문제 이해하기

517⊙294에서 기호 ⊙의 앞의 수는 517, 뒤의 수는 294이므로

㉠＝517, ㉡＝294를 넣어 식을 만든 다음 계산합니다.

➡ ㉠ ⊙ ㉡ ＝ ㉠ ＋ ㉡ － 368
　　↑　　↑　　　↑　　　↑
　 517　294　　517　　294

식 세우기

517 ⊙ 294 ＝ ☐ ＋ ☐ － 368

　　　　　 ＝ ☐ － 368

　　　　　 ＝ ☐

답 구하기 ☐

4

기호 ◆에 대하여 ㉠◆㉡＝㉠－㉡＋165라고 약속할 때 다음을 계산하시오.

$$684 \blacklozenge 359$$

문제 이해하기

식 세우기

답 구하기

채린이네 집에서 학교까지의 거리는 몇 m입니까?

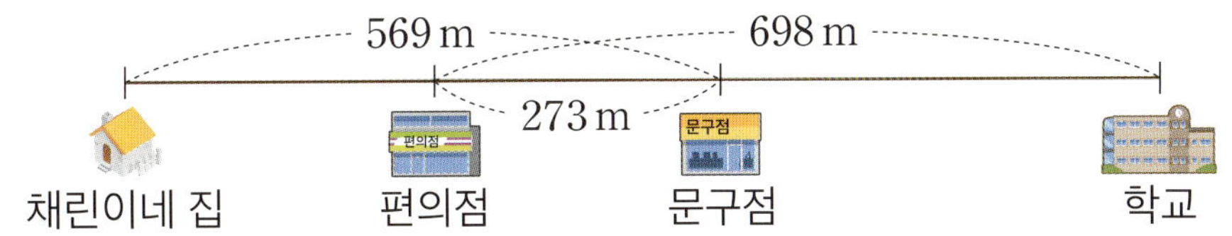

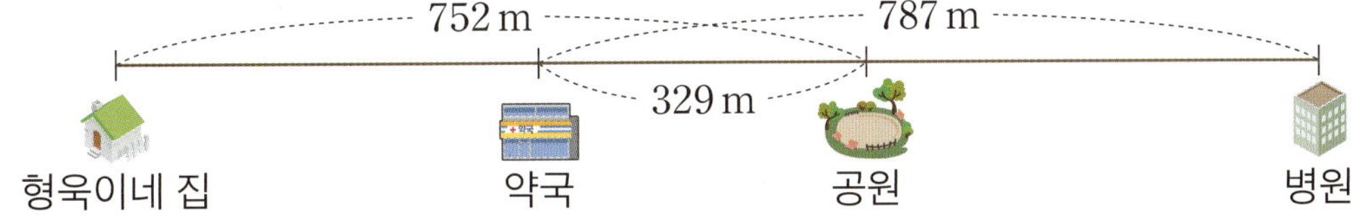

문제 이해하기

채린이네 집에서 학교까지의 거리를 그림으로 나타내 보면

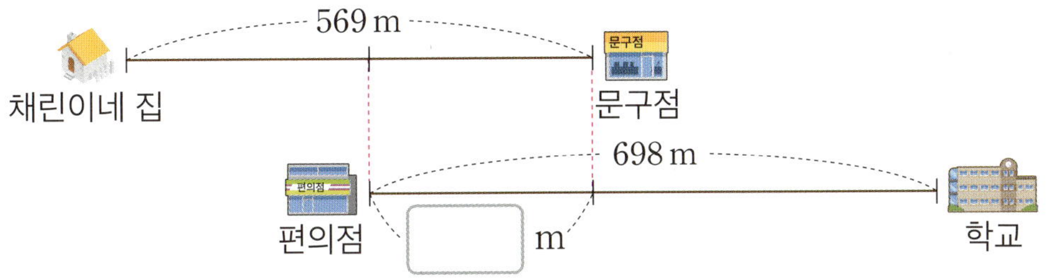

 **식 세우기**

(채린이네 집에서 학교까지의 거리)

＝(집～문구점)＋(편의점～학교)－(편의점～문구점)

＝ ☐ ＋ ☐ － ☐

＝ ☐ － ☐ ＝ ☐

 **답 구하기**

☐ m

형욱이네 집에서 병원까지의 거리는 몇 m입니까?

문제 이해하기

 **식 세우기**

답 구하기

피라미드를 탈출하라!

피라미드 안에 들어간 유빈이와 준영이가 길을 잃었어요. 피라미드 벽돌에 적힌 수들의 규칙을 알고, 빈 벽돌에 들어갈 수를 찾아야 해요. 그러면 밖으로 나가는 길이 환하게 보인다고 합니다. 유빈이와 준영이가 밖으로 나올 수 있도록 벽돌에 알맞은 수를 써 보세요.

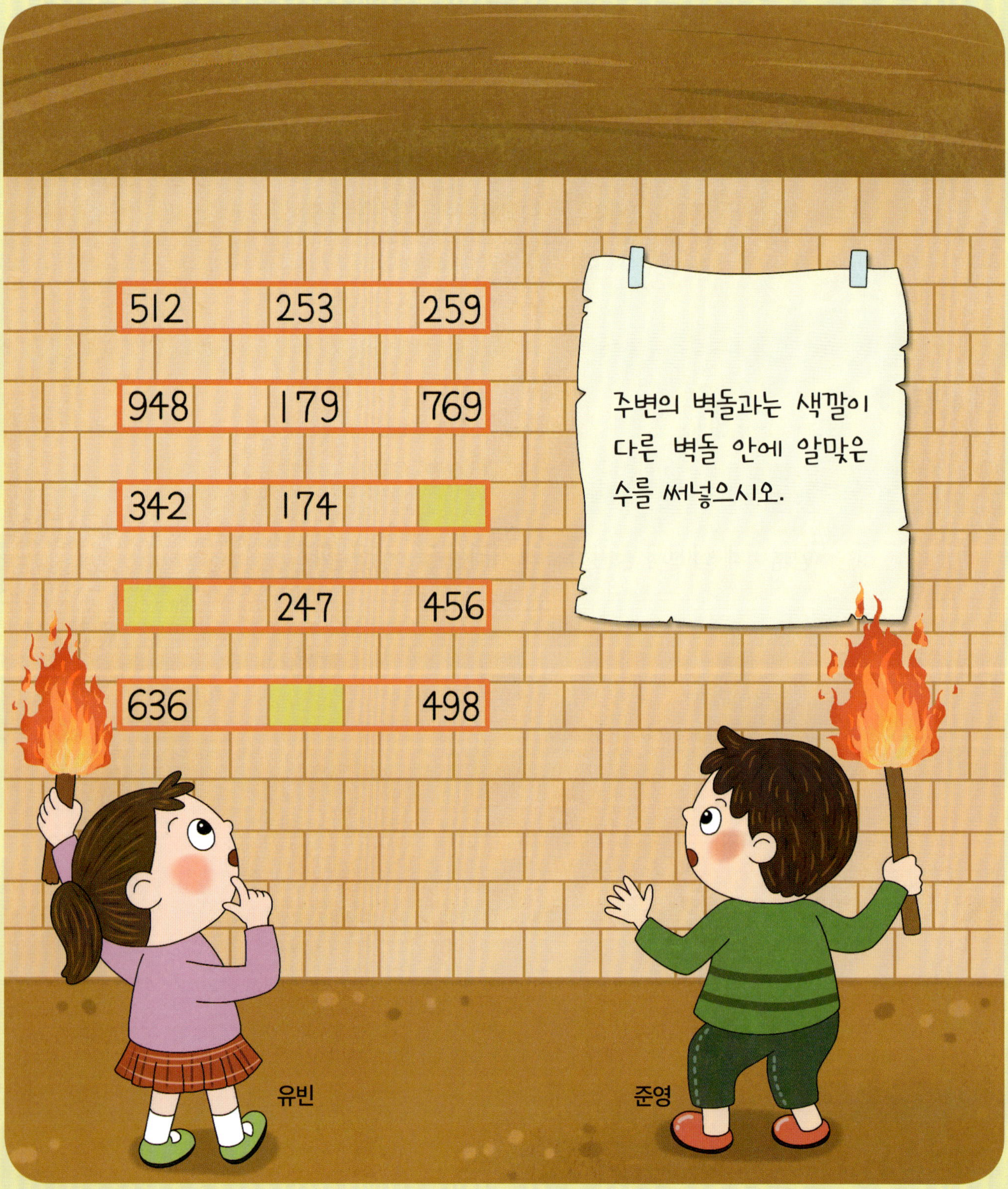

단원 마무리

01 윤진이네 마을에서는 식목일에 은행나무를 481그루, 단풍나무를 264그루 심었습니다. 식목일에 심은 은행나무와 단풍나무는 모두 몇 그루입니까?

02 초록색 리본은 주황색 리본보다 몇 cm 더 깁니까?

03 짝수를 모두 찾아 짝수들의 합을 구하시오.

| 657 | 586 | 139 | 418 |

04 어느 편의점에서 아이스크림을 6월에는 314개 팔았고, 7월에는 6월보다 240개 더 팔았습니다. 6월과 7월에 판 아이스크림은 모두 몇 개입니까?

05 ☐ 안에 알맞은 수를 써넣으시오.

$$
\begin{array}{r}
\square\,7\,\square \\
+\ 5\,\square\,9 \\
\hline
9\,2\,1
\end{array}
$$

06 ㉠과 ㉡의 차를 구하시오.

> ㉠ 100이 6개, 10이 17개, 1이 8개인 수
> ㉡ 100이 3개, 10이 5개, 1이 12개인 수

07 예빈이는 집에서 출발하여 서점에 가려고 합니다. ㉮와 ㉯ 중 어느 길로 가는 것이 몇 m 더 짧겠습니까?

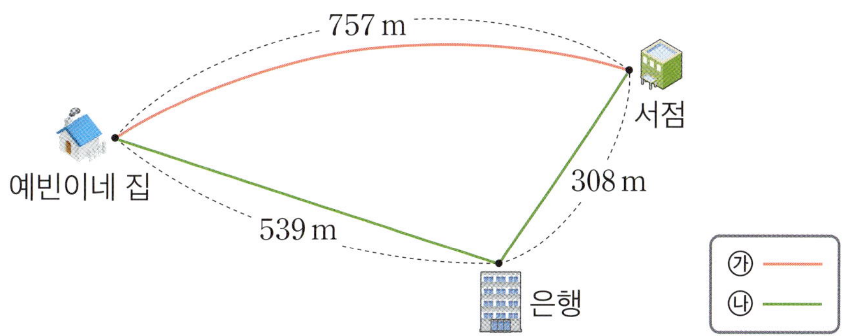

08 종이에 얼룩이 묻어 수가 보이지 않습니다. 얼룩진 부분에 들어갈 수 있는 수 중에서 가장 큰 세 자리 수를 구하시오.

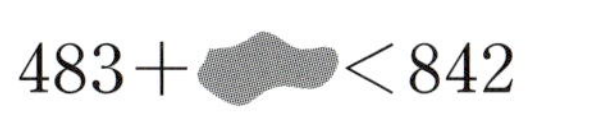
$$483 + \text{●} < 842$$

09 다음 세 수를 이용하여 계산 결과가 가장 크게 나오도록 식을 만들어 보시오.

> 483   397   625

$$\boxed{} - \boxed{} + \boxed{} = \boxed{}$$

10 문구점에서 학용품을 팔고 받은 돈입니다. 풀, 가위, 자의 가격을 각각 구하시오.

730원

450원

920원

정답 확인  오늘 나의 실력은? 부모님 확인

나눗셈

- 똑같이 나누기
- 곱셈과 나눗셈의 관계
- 나눗셈의 몫을 곱셈식으로 구하기
- 나눗셈의 몫을 곱셈구구로 구하기

학습 계획 세우기

		학습 계획일	
4주 1일	똑같이 나누어 주는 나눗셈 ❶	월	일
4주 2일	똑같이 나누어 주는 나눗셈 ❷	월	일
4주 3일	같은 양이 몇 번 들어 있는 나눗셈 ❶	월	일
4주 4일	같은 양이 몇 번 들어 있는 나눗셈 ❷	월	일
4주 5일	곱셈과 나눗셈의 관계	월	일
5주 1일	곱셈식을 보고 나눗셈의 몫 알기	월	일
5주 2일	곱셈구구로 나눗셈의 몫 구하기 ❶	월	일
5주 3일	곱셈구구로 나눗셈의 몫 구하기 ❷	월	일
5주 4일	단원 마무리	월	일

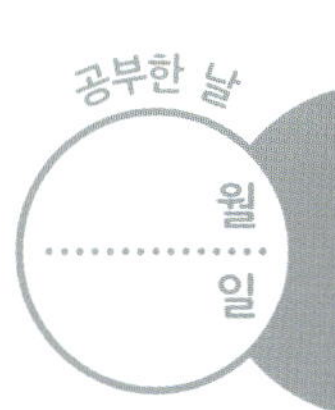

(나눗셈)

똑같이 나누어 주는 나눗셈 ❶

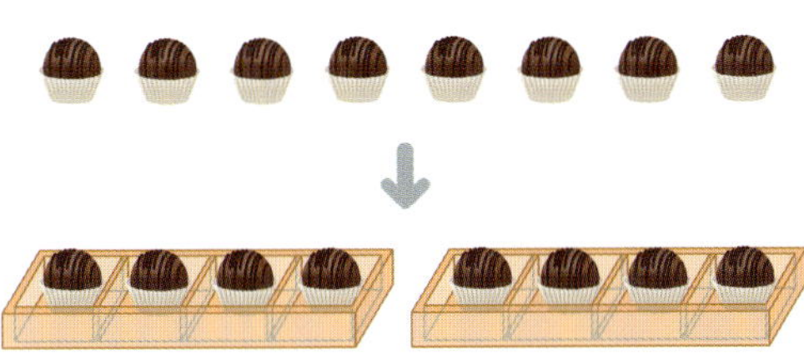

초콜릿 8개를 2명에게 똑같이 나누어 주면
한 명이 4개씩 가지게 됩니다.

$$8 \div 2 = 4$$

실력 확인하기

그림을 보고 □ 안에 알맞은 수를 써넣으시오.

1

$\rightarrow 6 \div 2 = \boxed{}$

2

$\rightarrow 8 \div 4 = \boxed{}$

3

$\rightarrow 10 \div 2 = \boxed{}$

4

$\rightarrow 15 \div 5 = \boxed{}$

5

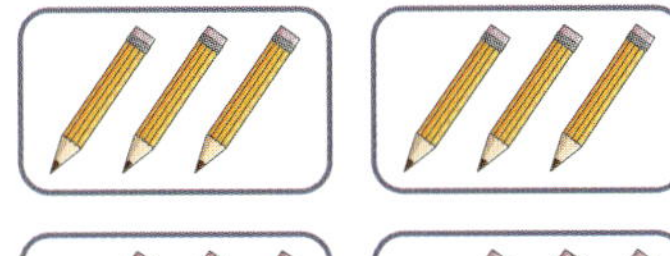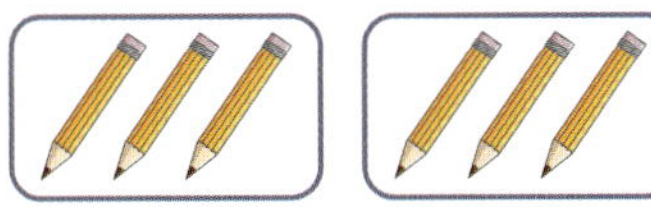

$\rightarrow 12 \div 4 = \boxed{}$

6

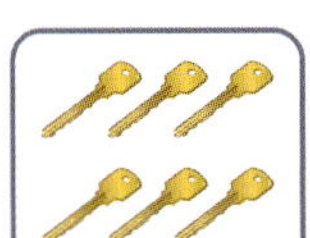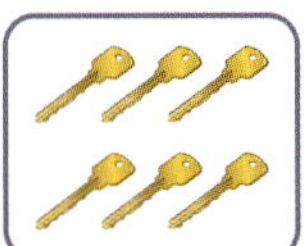

$\rightarrow 18 \div 3 = \boxed{}$

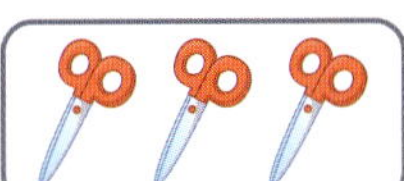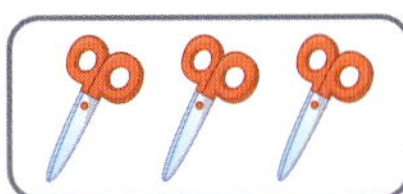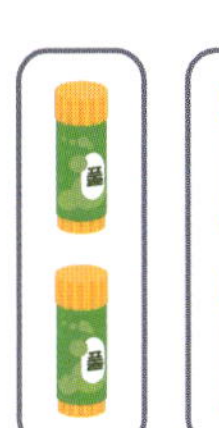

1 쿠키 16개를 접시 4개에 똑같이 나누어 담으려고 합니다. 접시 한 개에 쿠키를 몇 개씩 담을 수 있습니까?

문제 이해하기

▶ 전체 쿠키 수: ☐ 개

▶ 쿠키를 나누어 담을 접시 수: ☐ 개

→ 쿠키를 ○로 바꿔서 접시 4개에 똑같이 나누어 그려 보면

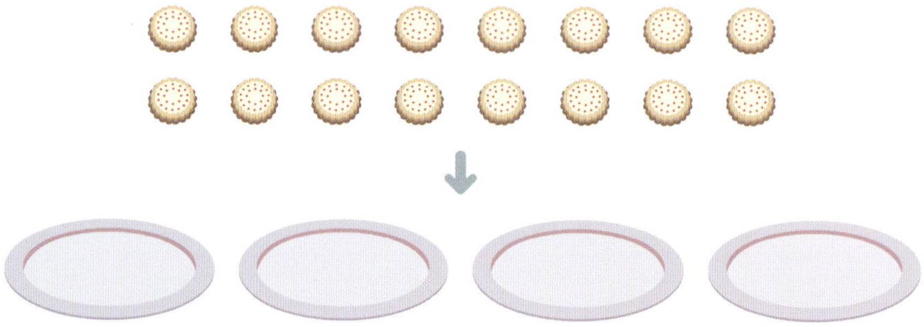

식 세우기

(전체 쿠키 수)÷(접시 수)

= ☐ ÷ ☐ = ☐

답 구하기

☐ 개

---

2 물고기 10마리를 어항 5개에 똑같이 나누어 넣으려고 합니다. 어항 한 개에 물고기를 몇 마리씩 넣을 수 있습니까?

문제 이해하기

▶ 전체 물고기 수: ☐ 마리

▶ 물고기를 나누어 넣을 어항 수: ☐ 개

식 세우기

(전체 물고기 수)÷(어항 수)

= ☐ ÷ ☐ = ☐

답 구하기

☐ 마리

---

3 색종이 21장을 3명이 똑같이 나누어 가지려고 합니다. 한 사람이 색종이를 몇 장씩 가질 수 있습니까?

문제 이해하기

▶ 전체 색종이 수: ☐ 장

▶ 색종이를 나누어 가지는 사람 수: ☐ 명

식 세우기

(전체 색종이 수)÷(사람 수)

= ☐ ÷ ☐ = ☐

답 구하기

☐ 장

그림을 보고 ☐ 안에 알맞은 수를 써넣으시오.

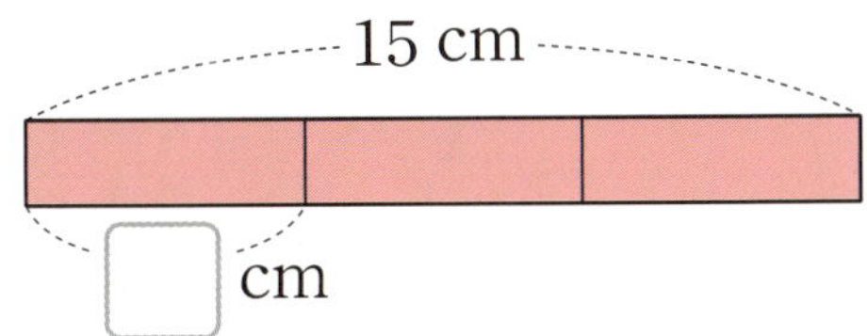

문제 이해하기 24 cm를 똑같이 ☐ 칸으로 나눕니다.

식 세우기 ☐ ÷ ☐ = ☐

답 구하기 ☐

그림을 보고 ☐ 안에 알맞은 수를 써넣으시오.

문제 이해하기 15 cm를 똑같이 ☐ 칸으로 나눕니다.

식 세우기 ☐ ÷ ☐ = ☐

답 구하기 ☐

그림을 보고 ☐ 안에 알맞은 수를 써넣으시오.

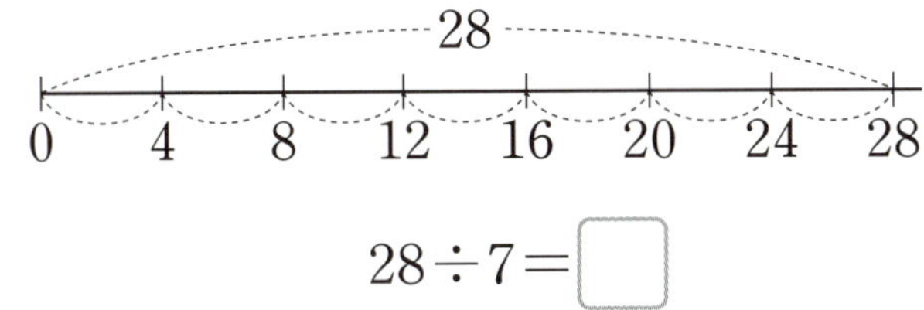

$28 \div 7 = ☐$

문제 이해하기 28을 똑같이 ☐ 칸으로 나누면

한 칸에 ☐ 씩입니다.

식 세우기 ☐ ÷ ☐ = ☐

답 구하기 ☐

선물하기

미래가 이번 달에 생일인 친구 네 명에게 선물하려고 연필 20자루와 지우개 8개를 샀어요. 그런데 엄마께서 지우개 8개와 색연필 12자루를 더 사 오셨어요. 미래와 엄마가 사 온 학용품을 네 명에게 남김없이 똑같이 나누어 주려고 해요. 한 상자에는 무엇을, 몇 개씩 넣어야 할까요? 한 상자 안에 들어갈 학용품을 그려 보세요.

(나눗셈)

똑같이 나누어 주는 나눗셈 ②

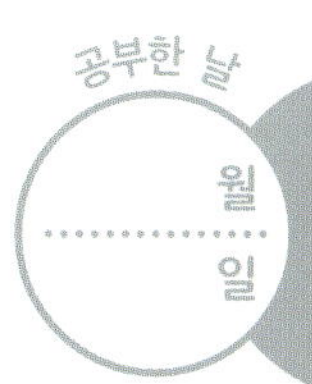

1

로봇을 색깔이 같은 상자에 남김없이 똑같이 나누어 담으려고 합니다. 상자의 색깔에 따라 한 상자에 담을 수 있는 로봇의 수를 구하시오.

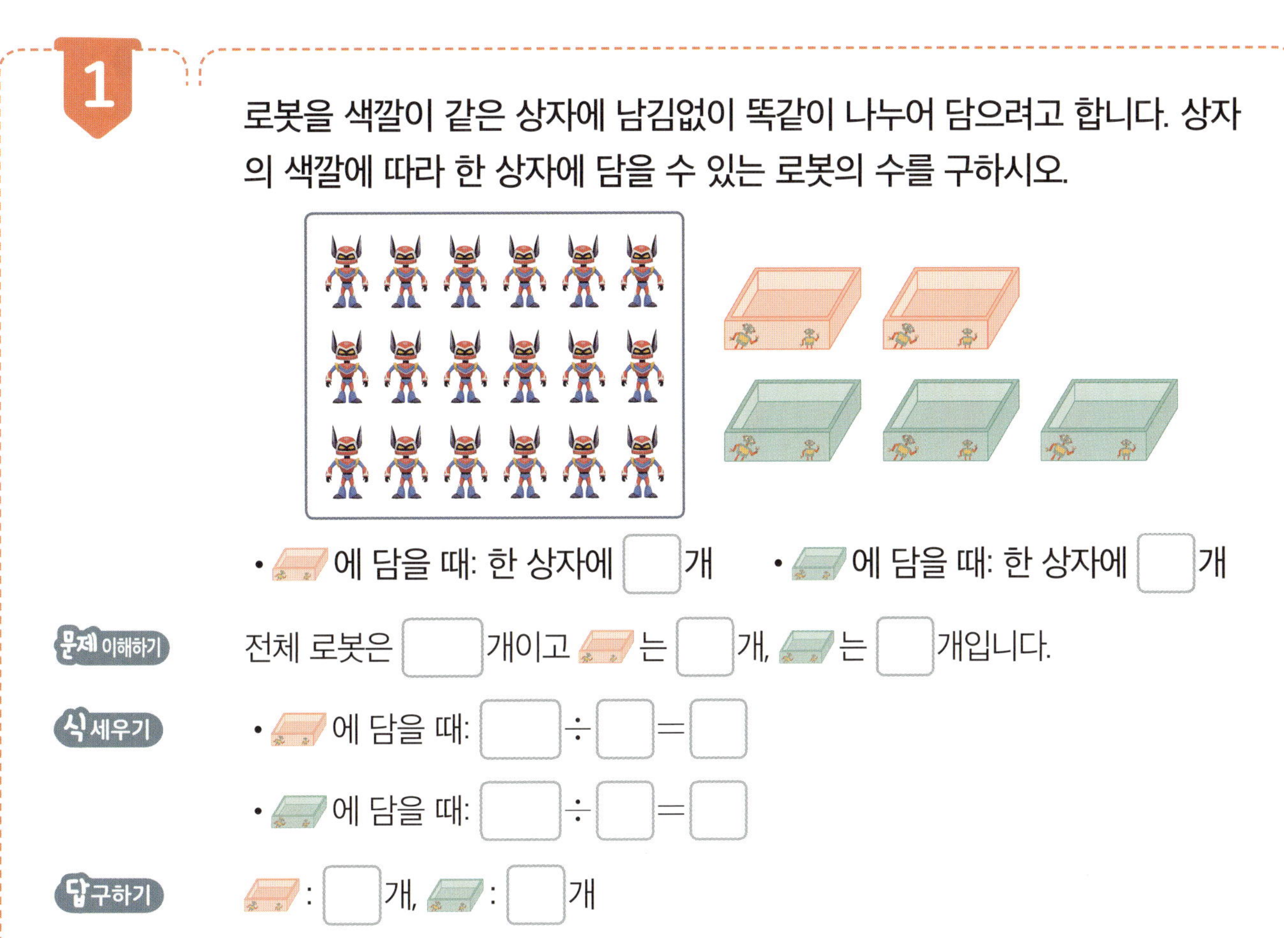

- 📦 에 담을 때: 한 상자에 ☐ 개
- 📦 에 담을 때: 한 상자에 ☐ 개

문제 이해하기 전체 로봇은 ☐ 개이고 📦 는 ☐ 개, 📦 는 ☐ 개입니다.

식 세우기
- 📦 에 담을 때: ☐ ÷ ☐ = ☐
- 📦 에 담을 때: ☐ ÷ ☐ = ☐

답 구하기 📦 : ☐ 개, 📦 : ☐ 개

2

곰 인형을 색깔이 같은 바구니에 남김없이 똑같이 나누어 담으려고 합니다. 바구니의 색깔에 따라 한 바구니에 담을 수 있는 곰 인형의 수를 구하시오.

- 🧺 에 담을 때: 한 바구니에 ☐ 개
- 🧺 에 담을 때: 한 바구니에 ☐ 개

문제 이해하기

식 세우기

답 구하기

3

남김없이 똑같이 나누어 가질 수 있는 경우를 말한 친구는 누구입니까?

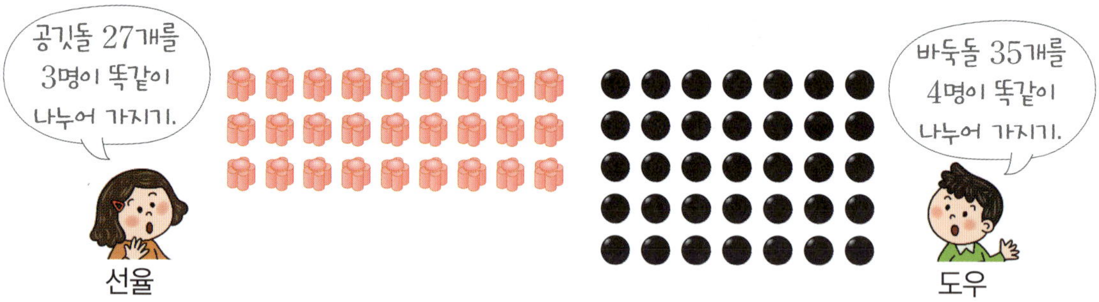

문제 이해하기

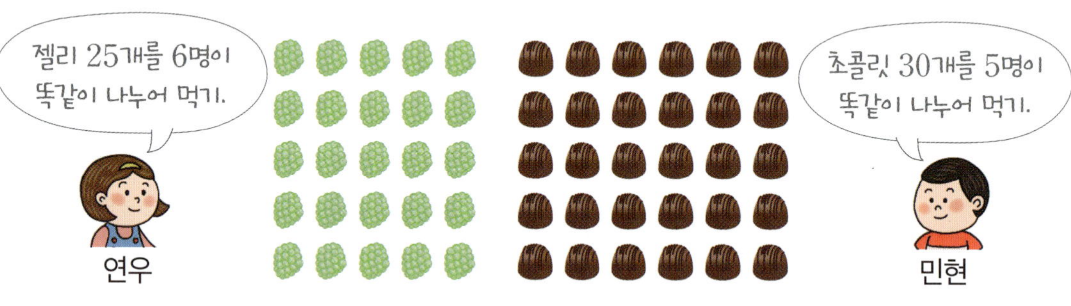

[선율] 공깃돌을 ○로 바꿔서 빈 곳에 똑같이 나누어 그려 보면

[도우] 바둑돌을 ○로 바꿔서 빈 곳에 똑같이 나누어 그려 보면

답 구하기

4

남김없이 똑같이 나누어 먹을 수 있는 경우를 말한 친구는 누구입니까?

문제 이해하기

답 구하기

주말농장에서 오전에 캔 고구마 11개와 오후에 캔 고구마 14개를 똑같이 나누어 봉지에 담았더니 5봉지였습니다. 한 봉지에 고구마를 몇 개씩 담았습니까?

문제 이해하기

오늘 캔 고구마 수를 그림으로 나타냈을 때, ☐ 묶음으로 똑같이 나누어 보면

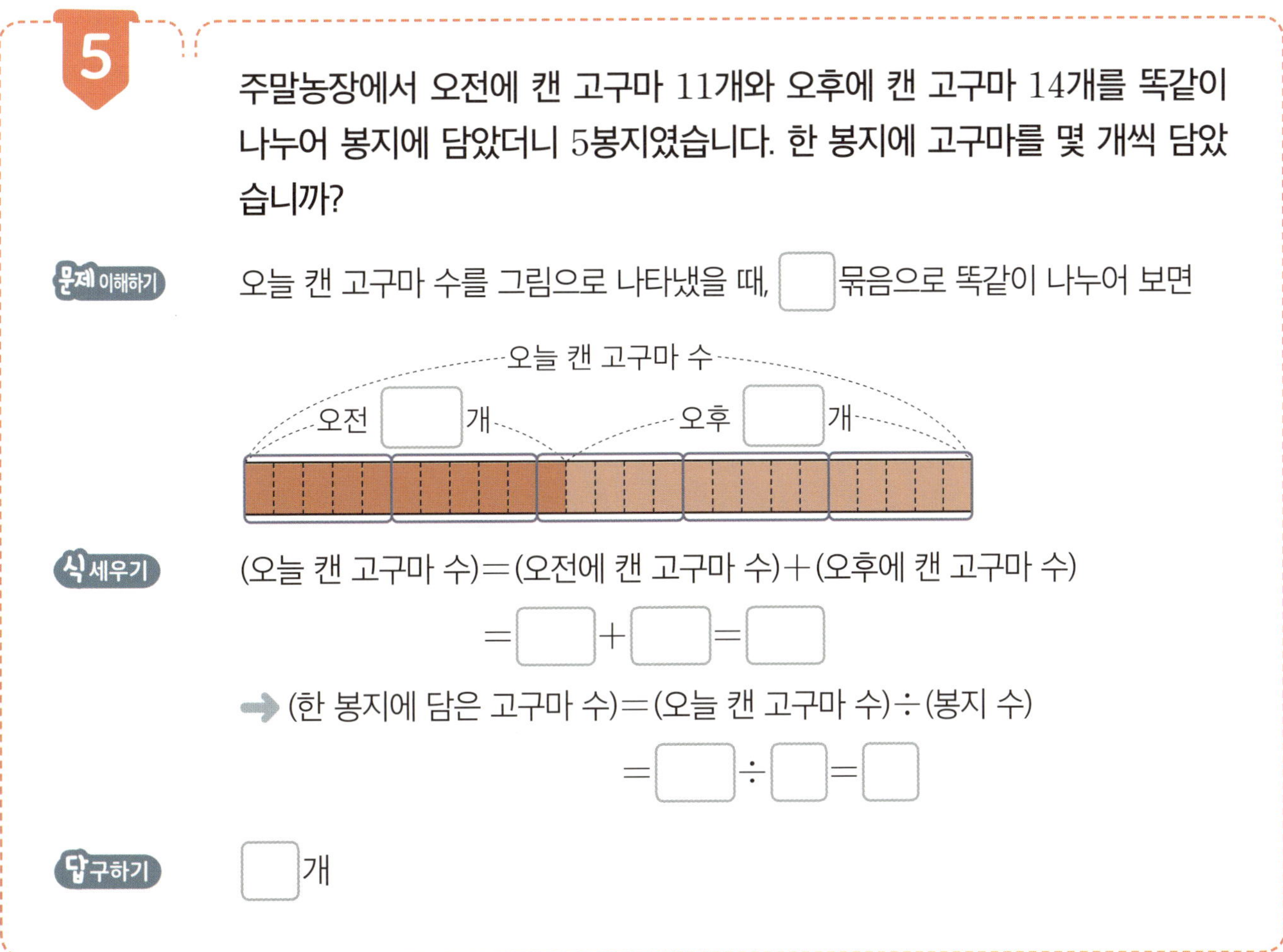

식 세우기

(오늘 캔 고구마 수)＝(오전에 캔 고구마 수)＋(오후에 캔 고구마 수)

$$= \boxed{} + \boxed{} = \boxed{}$$

➡ (한 봉지에 담은 고구마 수)＝(오늘 캔 고구마 수)÷(봉지 수)

$$= \boxed{} \div \boxed{} = \boxed{}$$

답 구하기

☐ 개

과수원에서 오전에 딴 귤 13개와 오후에 딴 귤 15개를 똑같이 나누어 봉지에 담았더니 7봉지였습니다. 한 봉지에 귤을 몇 개씩 담았습니까?

문제 이해하기

식 세우기

답 구하기

1등이 가질 황금은?

왕이 기사들의 지혜를 시험하기 위해 여러 가지 문제를 냈어요. 문제를 풀지 못한 기사는 집으로 돌아갔고, 문제를 지혜롭게 해결한 세 명의 기사가 1, 2, 3등을 차지했어요. 왕은 세 명에게 황금을 나누어 주려고 합니다. 각각 몇 개의 황금덩이를 받을 수 있을지 써 보세요.

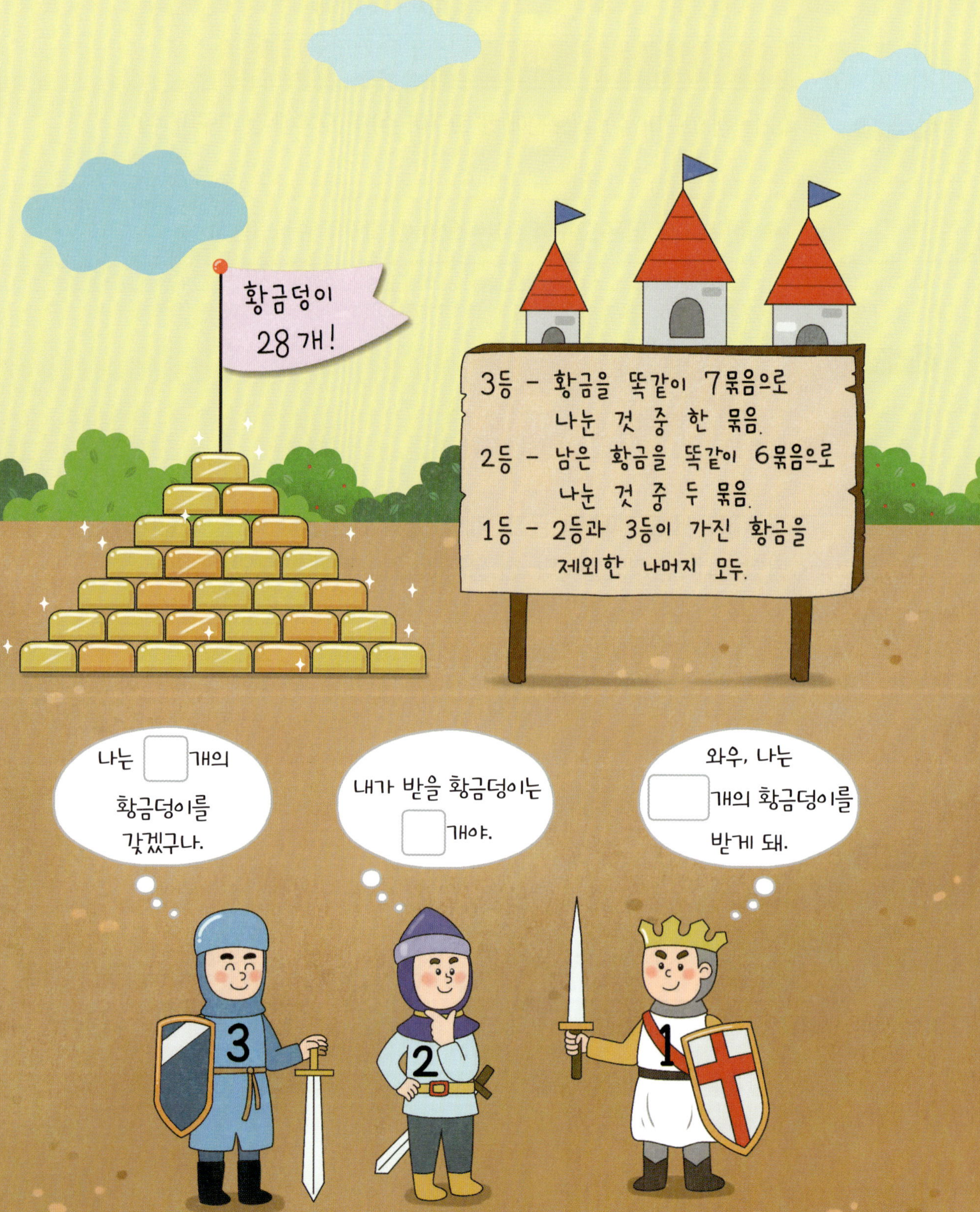

(나눗셈)

같은 양이 몇 번 들어 있는 나눗셈 ①

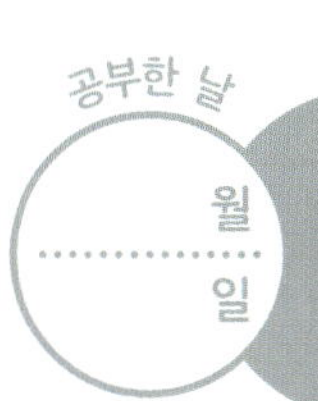

공 6개를 2개씩 묶으면 3묶음이 됩니다.

$$6-2-2-2=0 \ \Rightarrow \ 6 \div 2 = 3$$

└→ 2개씩 3번 덜어 낼 수 있습니다.

실력 확인하기

그림을 보고 □ 안에 알맞은 수를 써넣으시오.

1

$$10-2-2-2-2-\boxed{}=0$$

$$\Rightarrow \ 10 \div 2 = \boxed{}$$

2

$$12-3-3-3-\boxed{}=0$$

$$\Rightarrow \ 12 \div 3 = \boxed{}$$

 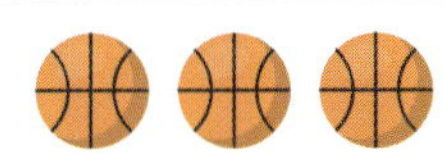

3

$$20-4-4-4-4-\boxed{}=0$$

$$\Rightarrow \ 20 \div 4 = \boxed{}$$

1 도넛 15개를 한 상자에 5개씩 담으면 몇 상자가 됩니까?

문제 이해하기
- 전체 도넛 수: ☐ 개
- 한 상자에 담는 도넛 수: ☐ 개
→ 도넛 15개를 5개씩 묶어 보면

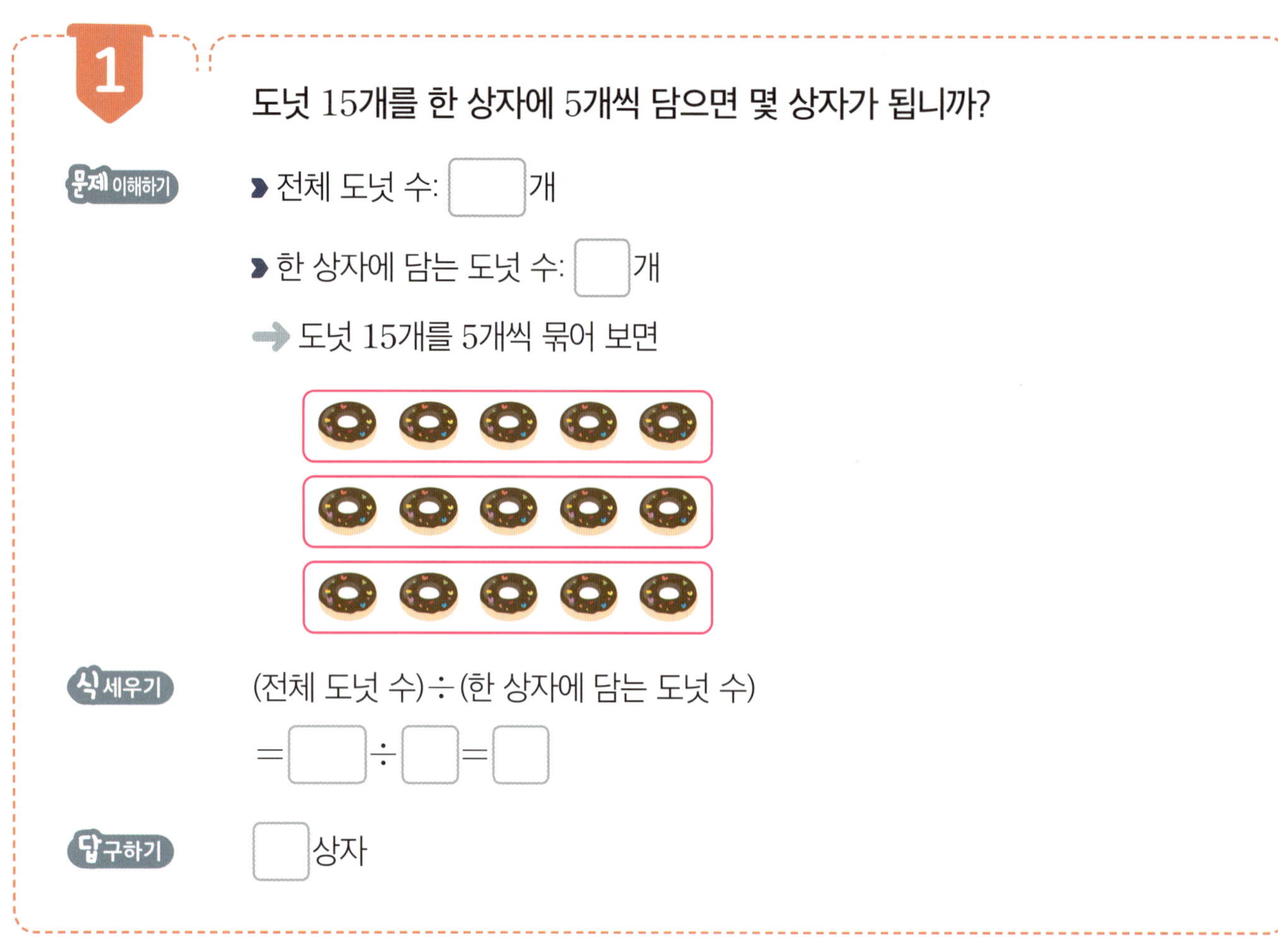

식 세우기
(전체 도넛 수) ÷ (한 상자에 담는 도넛 수)
= ☐ ÷ ☐ = ☐

답 구하기
☐ 상자

---

2 양파 16개를 한 봉지에 8개씩 담으면 몇 봉지가 됩니까?

문제 이해하기
- 전체 양파 수: ☐ 개
- 한 봉지에 담는 양파 수: ☐ 개

식 세우기
(전체 양파 수) ÷ (한 봉지에 담는 양파 수)
= ☐ ÷ ☐ = ☐

답 구하기
☐ 봉지

---

3 사탕 21개를 한 사람에게 3개씩 주면 몇 명에게 나누어 줄 수 있습니까?

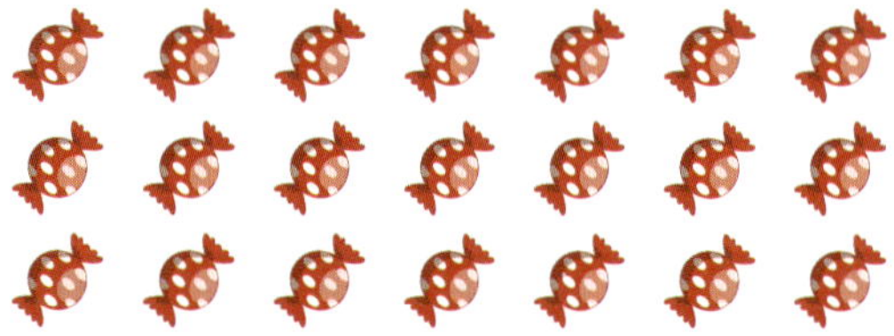

문제 이해하기
- 전체 사탕 수: ☐ 개
- 한 사람에게 나누어 줄 사탕 수: ☐ 개

식 세우기
(전체 사탕 수)
÷ (한 사람에게 나누어 줄 사탕 수)
= ☐ ÷ ☐ = ☐

답 구하기
☐ 명

그림을 보고 □ 안에 알맞은 수를 써넣으시오.

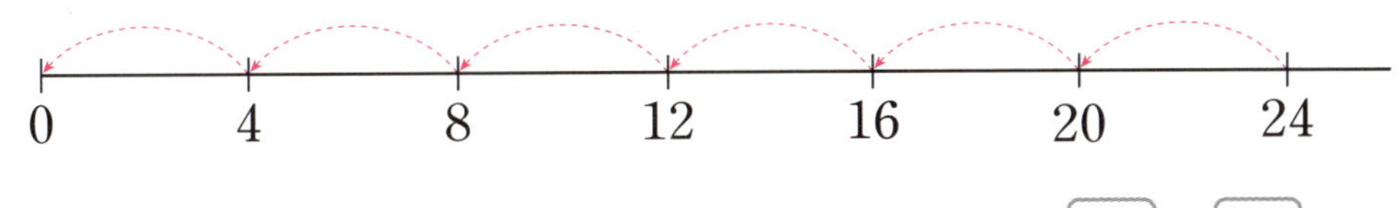

$$24-4-4-4-4-4-4=0 \quad \Rightarrow \quad 24 \div \square = \square$$

문제 이해하기   24에서 4를 □번 덜어 내면 0이 됩니다.

식 세우기 $24 \div \square = \square$

답 구하기   □ , □

그림을 보고 □ 안에 알맞은 수를 써넣으시오.

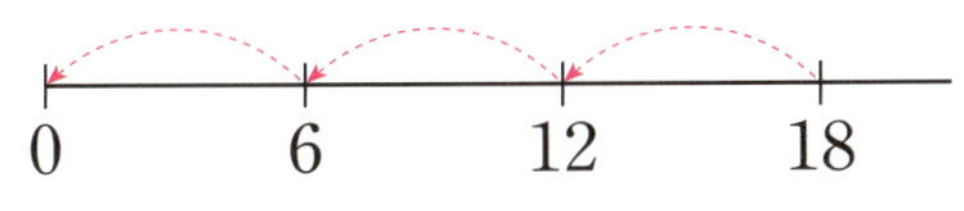

$$18-6-6-6=0$$
$$\Rightarrow 18 \div \square = \square$$

문제 이해하기   18에서 6을 □번 덜어 내면 0이 됩니다.

식 세우기 $18 \div \square = \square$

답 구하기   □ , □

다음에서 같은 모양은 같은 수를 나타낼 때, □ 안에 알맞은 수를 써넣으시오.

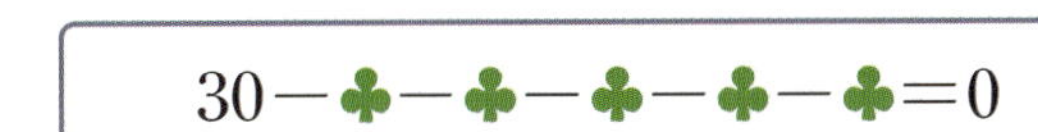

$$\square \div ♣ = \square$$

문제 이해하기   30에서 ♣를 □번 덜어 내면 0이 됩니다.

식 세우기 $\square \div ♣ = \square$

답 구하기   □ , □

선물은 모두 몇 사람에게 줄 수 있을까?

짱짱 문구점은 다른 동네로 이사를 가게 되었어요. 문구점 주인은 그동안 이용해 준 학생들에게 감사의 의미로 선물을 나누어 주려고 해요. 3일 동안 선물을 받는 학생은 총 몇 명인지 구하여 써 보세요. 단, 한 번 선물을 받은 학생은 다시 받을 수 없다고 합니다.

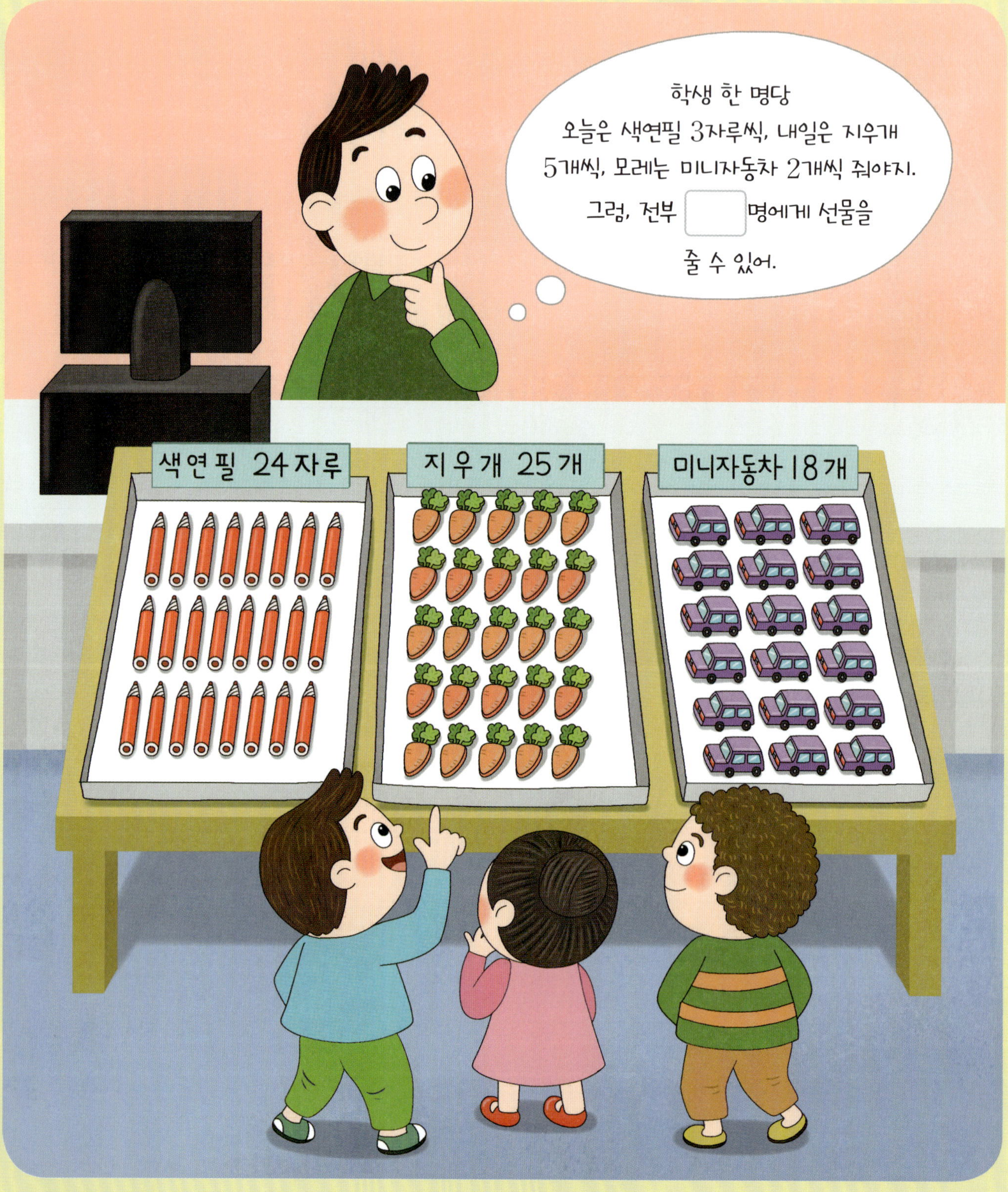

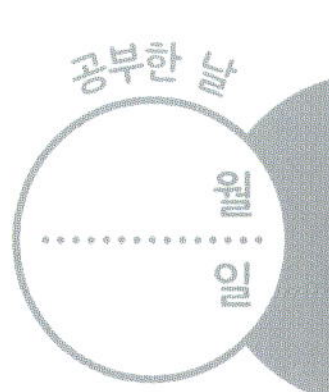

(나눗셈)

같은 양이 몇 번 들어 있는 나눗셈 ❷

1

나눗셈식으로 나타내었을 때 몫이 더 큰 것의 기호를 쓰시오.

> ㉠ 21에서 7을 3번 빼면 0이 됩니다.
> ㉡ 16에서 4를 4번 빼면 0이 됩니다.

문제 이해하기

㉠과 ㉡을 식으로 나타내 보면

㉠: $21-7-7-7=0$

→ $\boxed{} \div \boxed{} = \boxed{}$

㉡: $16-4-4-4-4=0$

→ $\boxed{} \div \boxed{} = \boxed{}$

답 구하기

$\boxed{}$

2

나눗셈식으로 나타내었을 때 몫이 더 작은 것의 기호를 쓰시오.

> ㉠ 35에서 5를 7번 빼면 0이 됩니다.
> ㉡ 27에서 9를 3번 빼면 0이 됩니다.

문제 이해하기

답 구하기

3

지우개 20개를 한 사람에게 4개씩 주려고 합니다. 몇 명에게 나누어 줄 수 있는지 뺄셈과 나눗셈의 두 가지 방법으로 구하시오.

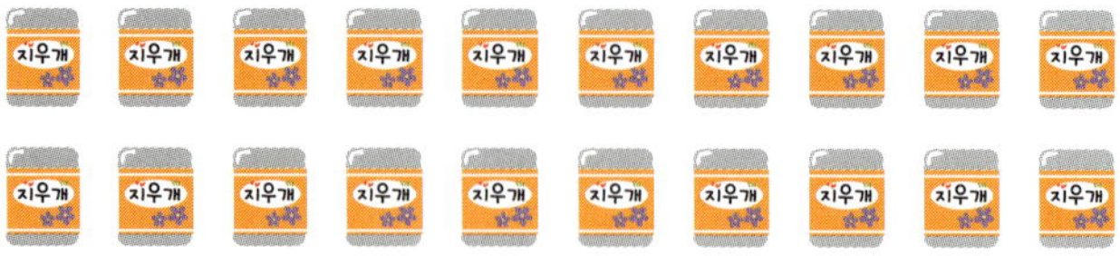

문제 이해하기

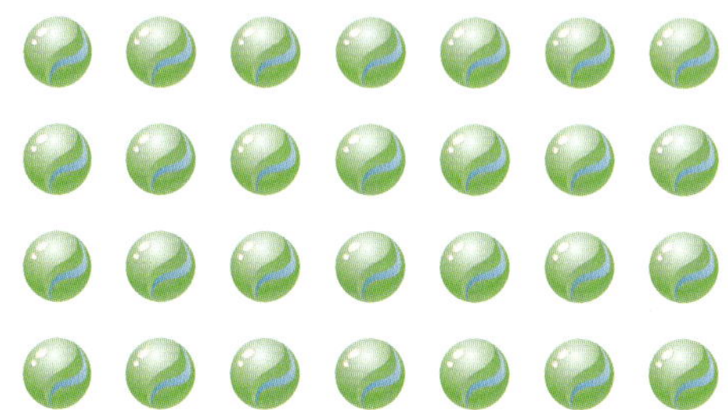

- 전체 지우개 수: □개
- 한 사람에게 주는 지우개 수: □개

➡ 지우개 20개를 4개씩 묶어 보면

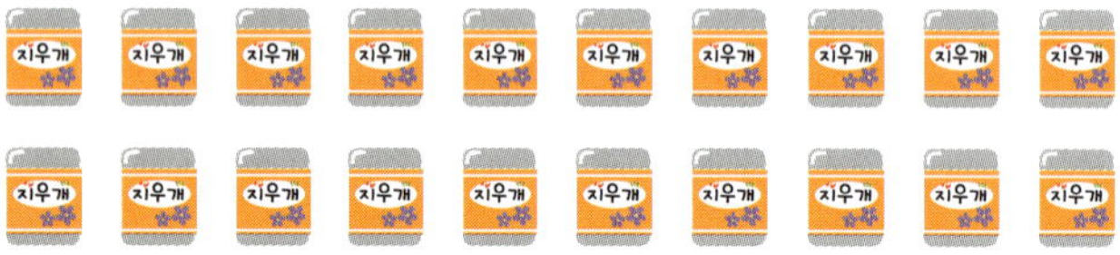

답 구하기

• 뺄셈으로 해결하기: □

• 나눗셈으로 해결하기: □

➡ □명에게 나누어 줄 수 있습니다.

4

구슬 28개를 한 사람에게 7개씩 주려고 합니다. 몇 명에게 나누어 줄 수 있는지 뺄셈과 나눗셈의 두 가지 방법으로 구하시오.

문제 이해하기

답 구하기

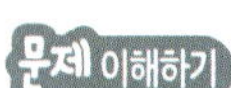

성윤이는 초콜릿 32개를 사서 2개를 먹고 남은 초콜릿을 한 상자에 5개씩 담아 포장하려고 합니다. 필요한 상자는 몇 개입니까?

문제 이해하기

먹은 초콜릿 수만큼 **/**으로 지운 다음, 남은 초콜릿을 5개씩 묶어 보면

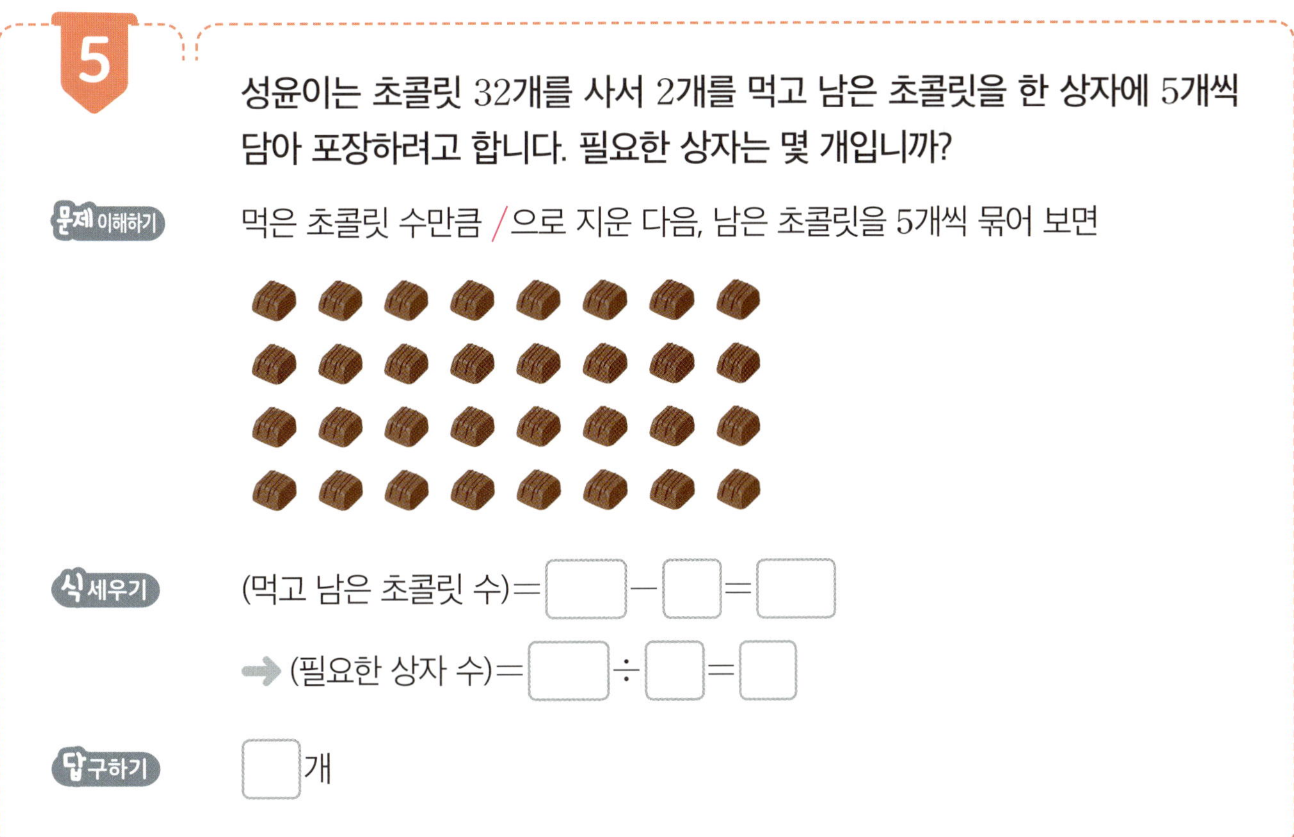

식 세우기

(먹고 남은 초콜릿 수)= ☐ − ☐ = ☐

➡ (필요한 상자 수)= ☐ ÷ ☐ = ☐

답 구하기

☐ 개

수민이는 젤리 25개를 사서 1개를 먹고 남은 젤리를 한 봉지에 6개씩 담아 포장하려고 합니다. 필요한 봉지는 몇 봉지입니까?

문제 이해하기

식 세우기

답 구하기

초콜릿 나누기

어린이 요리 교실에서 커다란 초콜릿을 똑같은 크기로 나누는 놀이를 했어요. 놀이를 마쳤을 때 자르다가 부서진 초콜릿도 생겼어요. 똑같은 크기의 정사각형 모양의 초콜릿을 가장 많이 가진 사람은 누구일까요? 이 놀이에서 이긴 사람을 찾아 ○표 하세요.

〈놀이 방법〉

큰 초콜릿을 한 변이 5 cm인 정사각형 모양의 초콜릿으로 나누어 주세요. 정사각형 모양의 초콜릿 개수가 많은 사람이 이깁니다. 단, 자르다가 부서진 초콜릿은 개수에 포함되지 않습니다.

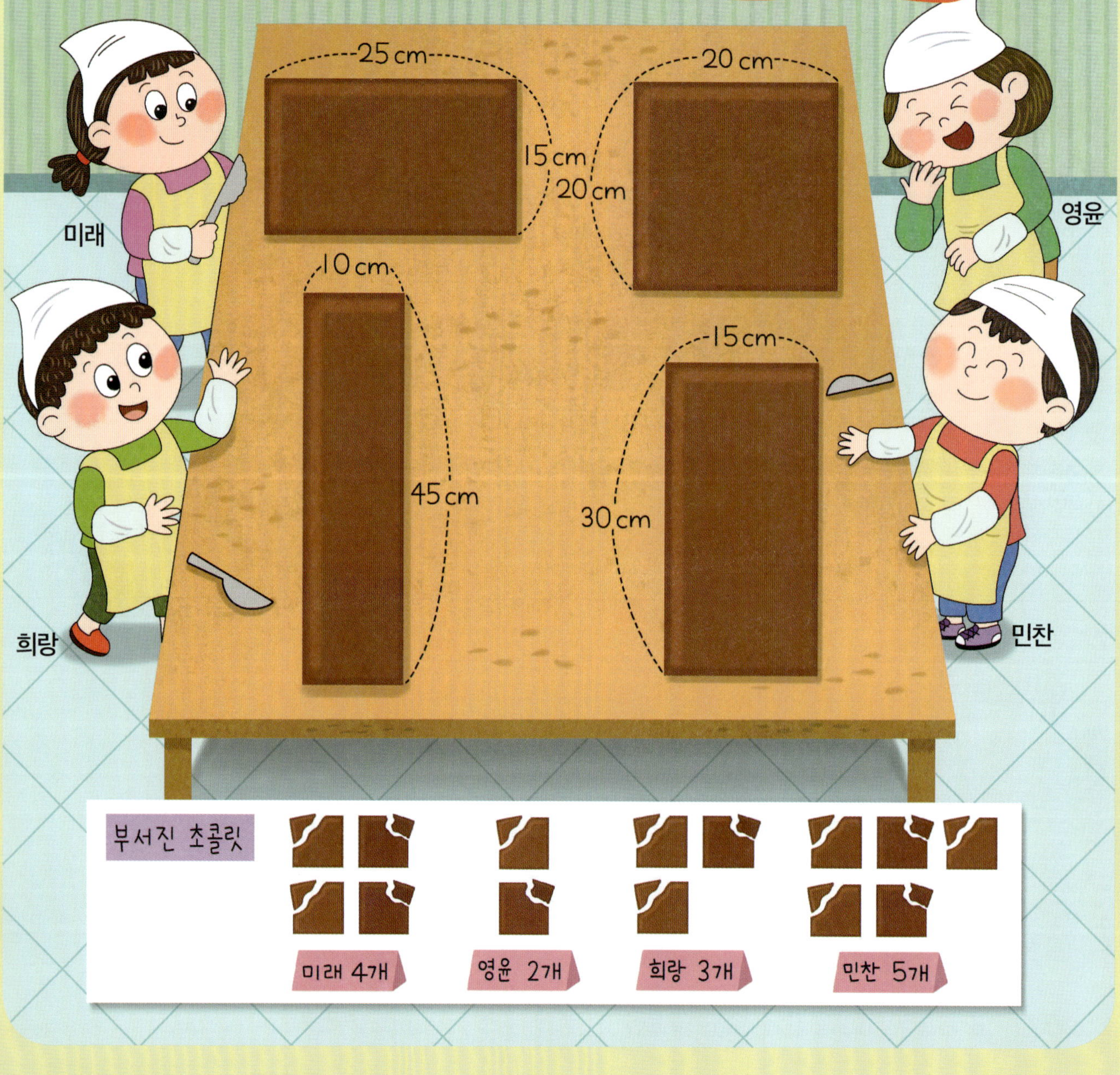

(나눗셈)

곱셈과 나눗셈의 관계

▶ 팽이 6개를 2개씩 묶으면 3묶음입니다.

▶ 팽이 6개를 3개씩 묶으면 2묶음입니다.

➡ $2 \times 3 = 6$

$6 \div 2 = 3$

$6 \div 3 = 2$

실력 확인하기

곱셈식은 나눗셈식으로, 나눗셈식은 곱셈식으로 나타내려고 합니다. □ 안에 알맞은 수를 써넣으시오.

1 $3 \times 4 = 12$

$12 \div 3 = \square$

$12 \div 4 = \square$

2 $6 \times 4 = 24$

$\square \div 6 = \square$

$\square \div 4 = \square$

3 $7 \times 5 = 35$

$\square \div \square = \square$

$\square \div \square = \square$

4 $9 \times 6 = 54$

$\square \div \square = \square$

$\square \div \square = \square$

5 $48 \div 8 = 6$

$\square \times 6 = \square$

$\square \times 8 = \square$

6 $63 \div 7 = 9$

$\square \times \square = \square$

$\square \times \square = \square$

머리핀 24개를 한 사람에게 8개씩 주면 몇 명에게 나누어 줄 수 있습니까?

$$8 \times 3 = 24$$

문제 이해하기 8개씩 3줄로 놓인 머리핀 24개를 한 사람에게 8개씩 주면

◻ 명에게 나누어 줄 수 있습니다.

$8 \times 3 = 24 \Rightarrow 24 \div 8 = $ ◻

답 구하기 ◻ 명

사과 12개를 한 봉지에 6개씩 담으면 몇 봉지에 나누어 담을 수 있습니까?

$$6 \times 2 = 12$$

문제 이해하기 6개씩 2줄로 놓인 사과 12개를 한 봉지에 6개씩 담으면 ◻ 봉지에 담을 수 있습니다.

$6 \times 2 = 12 \Rightarrow 12 \div 6 = $ ◻

답 구하기 ◻ 봉지

귤 36개를 4봉지에 똑같이 나누어 담으면 한 봉지에 몇 개씩 담을 수 있습니까?

$$9 \times 4 = 36$$

문제 이해하기 9개씩 4줄로 놓인 귤 36개를 4봉지에 똑같이 나누어 담으면 한 봉지에 ◻ 개씩 담을 수 있습니다.

$9 \times 4 = 36 \Rightarrow 36 \div 4 = $ ◻

답 구하기 ◻ 개

4 □ 안에 알맞은 수를 써넣으시오.

빵 28개를 7명에게 똑같이 나누어 주면 한 명에게 □개씩 줄 수 있습니다.

$$28 \div 7 = \boxed{}$$

문제 이해하기　전체 빵 수: 7개씩 □줄 ➡ $7 \times \boxed{} = 28$

➡ 곱셈식을 나눗셈식으로 나타내 보면

$$7 \times \boxed{} = 28$$

$$28 \div 7 = \boxed{}$$

답 구하기　(위에서부터) □, □

---

5 □ 안에 알맞은 수를 써넣으시오.

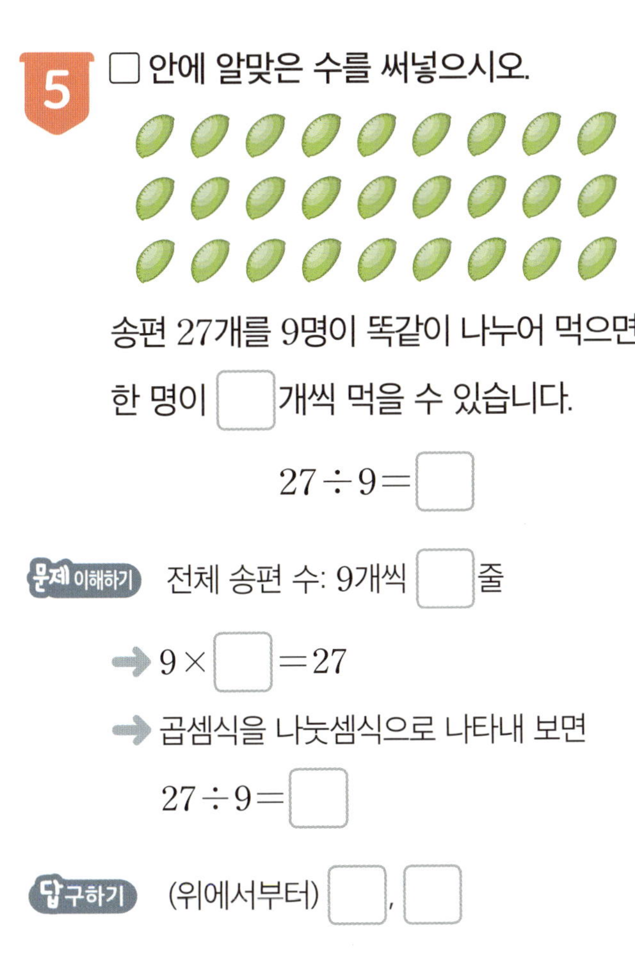

송편 27개를 9명이 똑같이 나누어 먹으면 한 명이 □개씩 먹을 수 있습니다.

$$27 \div 9 = \boxed{}$$

문제 이해하기　전체 송편 수: 9개씩 □줄

➡ $9 \times \boxed{} = 27$

➡ 곱셈식을 나눗셈식으로 나타내 보면

$$27 \div 9 = \boxed{}$$

답 구하기　(위에서부터) □, □

---

6 □ 안에 알맞은 수를 써넣으시오.

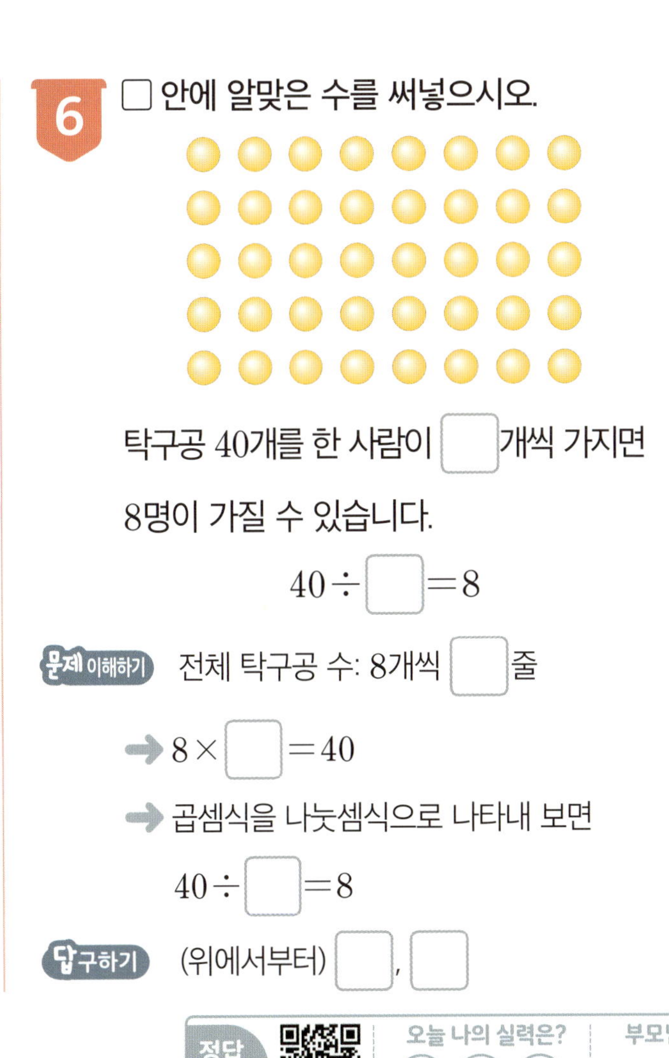

탁구공 40개를 한 사람이 □개씩 가지면 8명이 가질 수 있습니다.

$$40 \div \boxed{} = 8$$

문제 이해하기　전체 탁구공 수: 8개씩 □줄

➡ $8 \times \boxed{} = 40$

➡ 곱셈식을 나눗셈식으로 나타내 보면

$$40 \div \boxed{} = 8$$

답 구하기　(위에서부터) □, □

정답 확인　오늘 나의 실력은?　부모님 확인

어느 팀이 우승했을까?

미래네 반 친구들이 두 팀으로 나누어 수학 골든벨 게임을 하고 있어요. 마지막 문제를 남겨 놓고 양 팀 모두 네 명씩 남아 있어요. 마지막 문제를 보고, 답을 적어 머리 위로 올렸습니다. 정답을 맞힌 친구들이 많은 팀이 우승한 팀일 때, 우승한 팀의 깃발에 ○표 하세요.

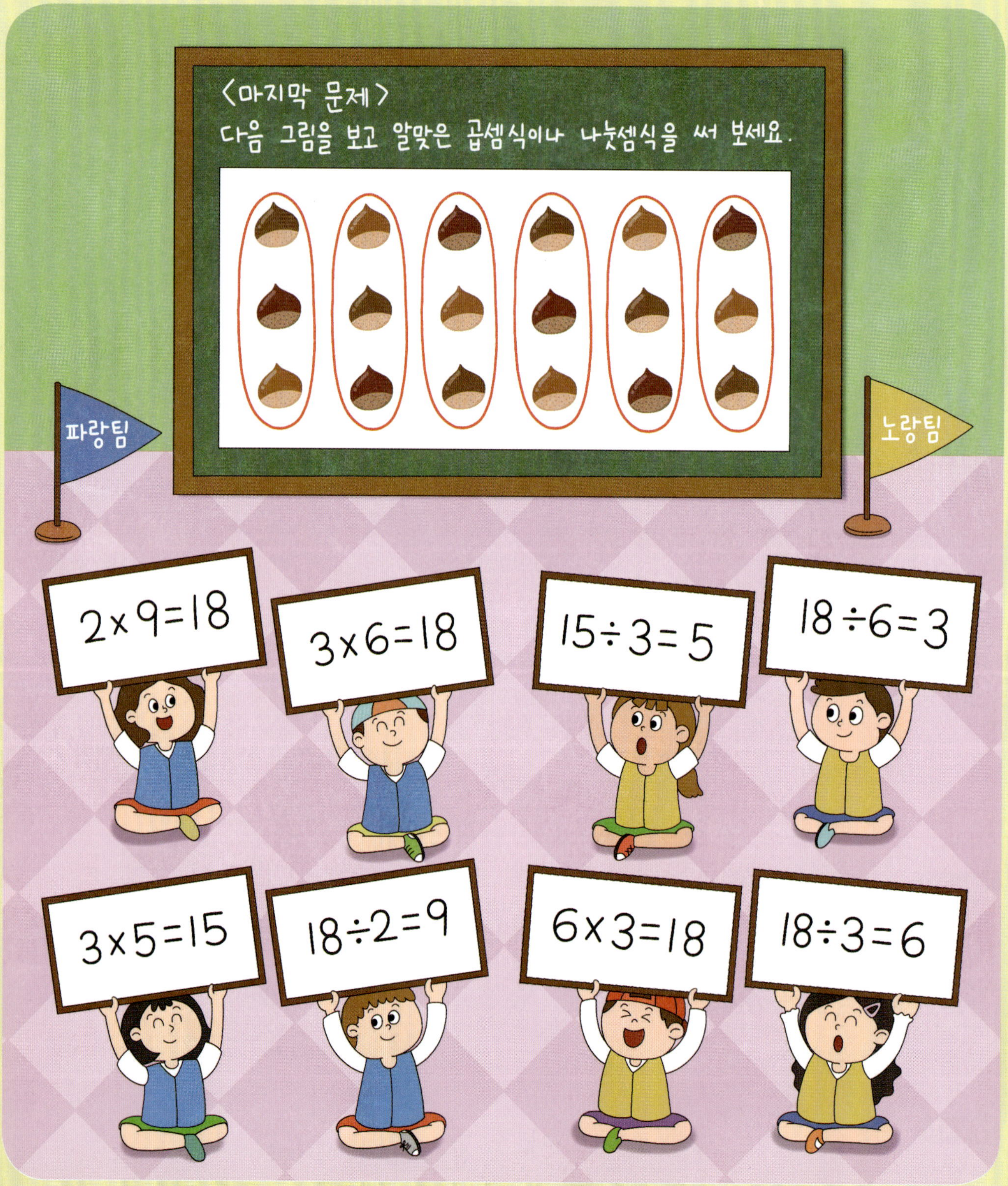

곱셈식을 보고 나눗셈의 몫 알기

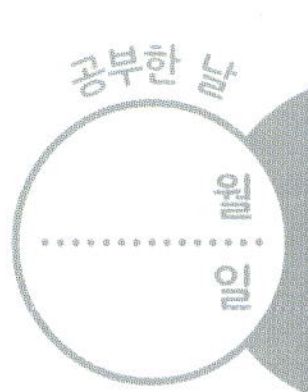

곱셈과 나눗셈의 관계를 이용하여 곱셈식에서 나눗셈의 몫을 구할 수 있습니다.

$$4 \times \boxed{3} = 12 \ \rightarrow \ 12 \div 4 = \boxed{3}$$

**실력
확인하기**

□ 안에 알맞은 수를 써넣으시오.

1 $3 \times 5 = 15$
$\rightarrow 15 \div 3 = \boxed{}$

2 $7 \times \boxed{} = 28$
$\rightarrow 28 \div 7 = \boxed{}$

3 $8 \times \boxed{} = 24$
$\rightarrow 24 \div 8 = \boxed{}$

4 $9 \times \boxed{} = 63$
$\rightarrow 63 \div 9 = \boxed{}$

5 $\boxed{} \times 3 = 18$
$\rightarrow 18 \div 3 = \boxed{}$

6 $\boxed{} \times 5 = 20$
$\rightarrow 20 \div 5 = \boxed{}$

7 $\boxed{} \times 7 = 35$
$\rightarrow 35 \div 7 = \boxed{}$

8 $\boxed{} \times 8 = 64$
$\rightarrow 64 \div 8 = \boxed{}$

1

딱지 24장을 한 사람에게 6장씩 나누어 주려고 합니다. 몇 명에게 나누어 줄 수 있습니까?

▶ 전체 딱지 수: ☐ 장

▶ 한 사람에게 나누어 줄 딱지 수: ☐ 장

➡ 딱지 24장을 6장씩 묶어 보면

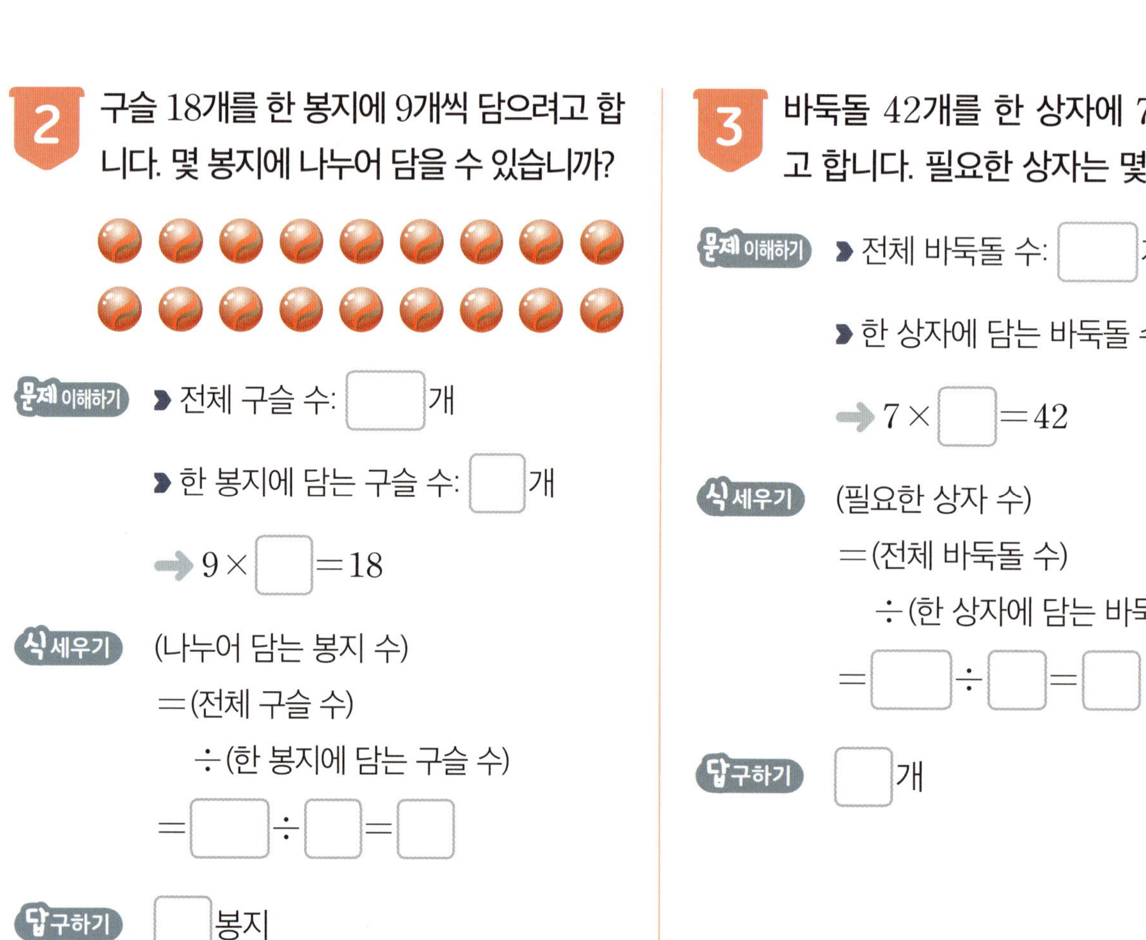

➡ $6 \times$ ☐ $= 24$

(나누어 줄 수 있는 사람 수) = (전체 딱지 수) ÷ (한 사람에게 나누어 줄 딱지 수)

= ☐ ÷ ☐ = ☐

☐ 명

2

구슬 18개를 한 봉지에 9개씩 담으려고 합니다. 몇 봉지에 나누어 담을 수 있습니까?

▶ 전체 구슬 수: ☐ 개

▶ 한 봉지에 담는 구슬 수: ☐ 개

➡ $9 \times$ ☐ $= 18$

(나누어 담는 봉지 수)

= (전체 구슬 수)

÷ (한 봉지에 담는 구슬 수)

= ☐ ÷ ☐ = ☐

☐ 봉지

3

바둑돌 42개를 한 상자에 7개씩 담으려고 합니다. 필요한 상자는 몇 개입니까?

▶ 전체 바둑돌 수: ☐ 개

▶ 한 상자에 담는 바둑돌 수: ☐ 개

➡ $7 \times$ ☐ $= 42$

(필요한 상자 수)

= (전체 바둑돌 수)

÷ (한 상자에 담는 바둑돌 수)

= ☐ ÷ ☐ = ☐

☐ 개

4 윤지는 스케치북 6묶음을 샀습니다. 윤지가 산 스케치북이 모두 30권일 때 한 묶음에 스케치북이 몇 권 있습니까?

문제 이해하기

▶ 스케치북 묶음 수: ☐ 묶음

▶ 전체 스케치북 수: ☐ 권

➡ 한 묶음에 스케치북이 몇 권씩 있는지 ⃝를 그려 보면

➡ ☐ × 6 ＝ 30

식 세우기

(한 묶음에 있는 스케치북 수) ＝ (전체 스케치북 수) ÷ (묶음 수)

＝ ☐ ÷ ☐ ＝ ☐

답 구하기 ☐ 권

---

5 성우는 색연필 4묶음을 샀습니다. 성우가 산 색연필이 모두 32자루일 때 한 묶음에 색연필이 몇 자루 있습니까?

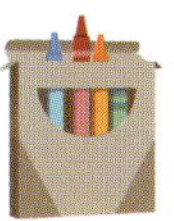

문제 이해하기

▶ 색연필 묶음 수: ☐ 묶음

▶ 전체 색연필 수: ☐ 자루

➡ ☐ × 4 ＝ 32

식 세우기

(한 묶음에 있는 색연필 수)

＝ (전체 색연필 수) ÷ (묶음 수)

＝ ☐ ÷ ☐ ＝ ☐

답 구하기 ☐ 자루

---

6 어느 꽃 가게에서 장미를 5묶음 팔았습니다. 판 장미가 모두 45송이일 때 한 묶음에 장미는 몇 송이 있습니까?

문제 이해하기

▶ 장미 묶음 수: ☐ 묶음

▶ 전체 장미 수: ☐ 송이

➡ ☐ × 5 ＝ 45

식 세우기

(한 묶음에 있는 장미 수)

＝ (전체 장미 수) ÷ (묶음 수)

＝ ☐ ÷ ☐ ＝ ☐

답 구하기 ☐ 송이

정답 확인  오늘 나의 실력은? 부모님 확인

강아지를 찾아줘!

애견 카페에서 강아지들이 재미있게 놀다가 집에 돌아갈 시간이 되었어요. 한 사람이 두 마리씩 강아지를 데리고 왔어요. 강아지 이름표의 □ 안에 들어갈 숫자가 적힌 옷을 입은 사람이 강아지 주인이에요. 같은 주인에게 가야 하는 강아지들을 선으로 연결한 후, 주인과도 연결해 보세요.

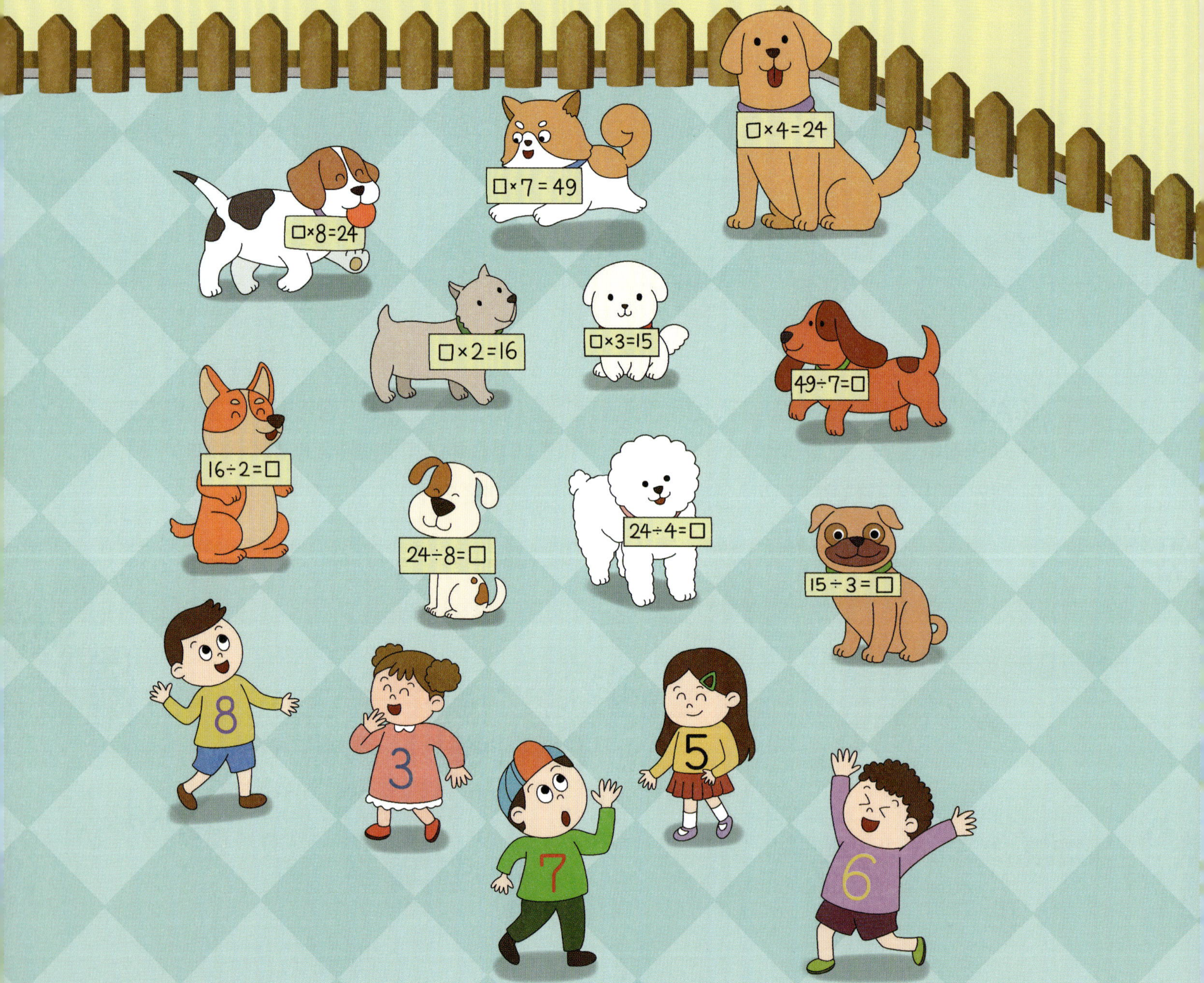

[나눗셈]

곱셈구구로 나눗셈의 몫 구하기 ❶

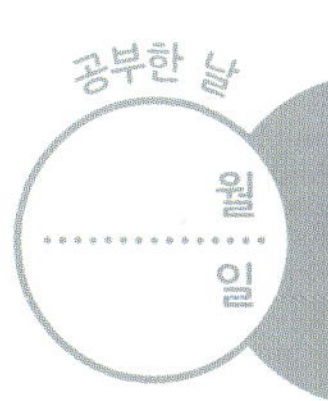

32÷8의 몫을 구할 때에는 8단 곱셈구구에서 곱이 32인 곱셈식을 찾습니다.

$$8 \times 4 = 32 \implies 32 \div 8 = 4$$

실력 확인하기

곱셈표를 이용하여 나눗셈의 몫을 □ 안에 써넣으시오.

×	1	2	3	4	5	6	7	8	9
5	5	10	15	20	25	30	35	40	45
6	6	12	18	24	30	36	42	48	54
7	7	14	21	28	35	42	49	56	63
8	8	16	24	32	40	48	56	64	72

1 $15 \div 3 = \square$

2 $32 \div 4 = \square$

3 $30 \div 6 = \square$

4 $49 \div 7 = \square$

5 $48 \div 8 = \square$

6 $72 \div 9 = \square$

1 복숭아 24개를 4명이 똑같이 나누어 먹으면 한 사람이 몇 개씩 먹을 수 있습니까?

문제 이해하기 한 사람이 먹는 복숭아 수를 구하는 나눗셈은 24÷☐

➡ ☐단 곱셈구구에서 곱이 24인 곳을 찾아보면

×	1	2	3	4	5	6	7	8	9
1	1	2	3	4	5	6	7	8	9
2	2	4	6	8	10	12	14	16	18
3	3	6	9	12	15	18	21	24	27
4	4	8	12	16	20	24	28	32	36
5	5	10	15	20	25	30	35	40	45

답 구하기 ☐개

---

2 책 40권을 책꽂이 5칸에 똑같이 나누어 꽂으려면 한 칸에 몇 권씩 꽂아야 합니까?

문제 이해하기 한 칸에 꽂을 책 수를 구하는 나눗셈은

40÷☐

➡ ☐단 곱셈구구에서 곱이 40인 곳을 찾아보면

×	1	2	3	4	5	6	7	8	9
1	1	2	3	4	5	6	7	8	9
2	2	4	6	8	10	12	14	16	18
3	3	6	9	12	15	18	21	24	27
4	4	8	12	16	20	24	28	32	36
5	5	10	15	20	25	30	35	40	45

답 구하기 ☐권

---

3 땅콩 21개를 일주일 동안 똑같이 나누어 먹으려면 하루에 몇 개씩 먹어야 합니까?

문제 이해하기 ➤ 일주일은 ☐일

➤ 하루에 먹을 땅콩 수를 구하는 나눗셈은

21÷☐

➡ ☐단 곱셈구구에서 곱이 21인 곳을 찾아보면

×	1	2	3	4	5	6	7	8	9
1	1	2	3	4	5	6	7	8	9
2	2	4	6	8	10	12	14	16	18
3	3	6	9	12	15	18	21	24	27
4	4	8	12	16	20	24	28	32	36
5	5	10	15	20	25	30	35	40	45
6	6	12	18	24	30	36	42	48	54
7	7	14	21	28	35	42	49	56	63

답 구하기 ☐개

4

36쪽짜리 책을 하루에 9쪽씩 읽으려고 합니다. 이 책을 모두 읽으려면 며칠이 걸리겠습니까?

문제 이해하기 책을 모두 읽는 데 걸리는 날수를 구하는 나눗셈은 36÷□

→ □단 곱셈구구에서 곱이 36인 곱셈식을 찾아보면

$9 \times □ = 36$

답 구하기 □일

5 쌓기나무 27개를 한 사람에게 3개씩 주려고 합니다. 몇 명에게 나누어 줄 수 있습니까?

문제 이해하기 쌓기나무를 나누어 줄 수 있는 사람 수를 구하는 나눗셈은 27÷□

→ □단 곱셈구구에서 곱이 27인 곱셈식을 찾아보면

$3 \times □ = 27$

답 구하기 □명

6 서주네 농장에 있는 염소의 다리를 세어 보았더니 모두 28개였습니다. 서주네 농장에 있는 염소는 모두 몇 마리입니까?

문제 이해하기 ▶ 염소 한 마리의 다리는 □개

▶ 농장에 있는 염소 수를 구하는 나눗셈은

28÷□

→ □단 곱셈구구에서 곱이 28인 곱셈식을 찾아보면

$4 \times □ = 28$

답 구하기 □마리

의뢰인은 누구?

명탐정이 의뢰인과 비밀리에 만나기로 했어요. 그러나 의뢰인을 본 적이 없기 때문에 찾을 수가 없었어요. 이때 누군가가 명탐정 손에 쪽지를 쥐어 주고 재빨리 사라졌어요. 쪽지의 암호를 풀면 의뢰인이 누구인지 알 수 있답니다. 의뢰인을 찾아 ○표 하세요.

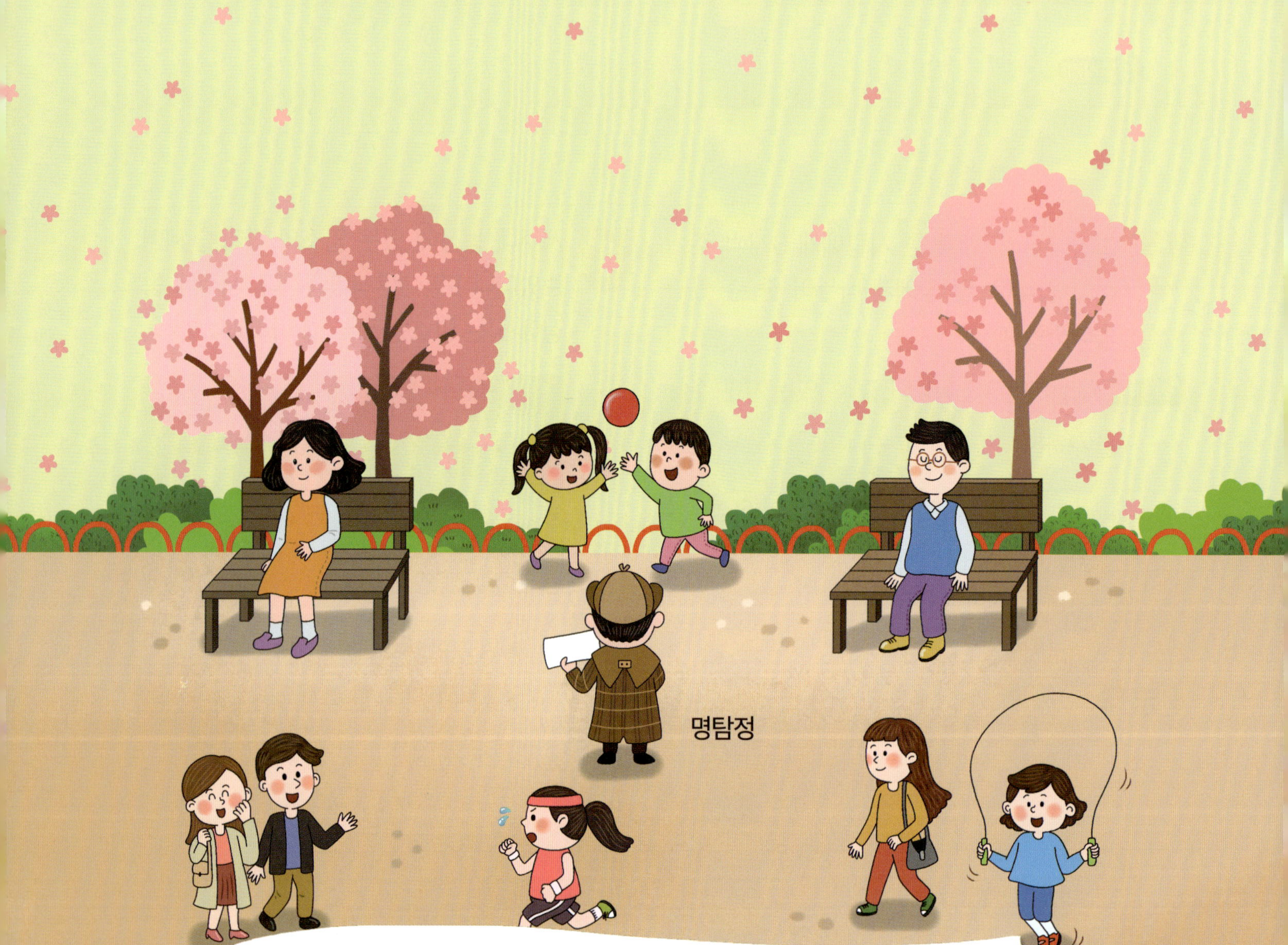

명탐정

다음을 계산하여 나온 수에 해당하는 암호 글자를 연결하여 읽어 보시오.

27÷3	42÷7	24÷6	12÷4	40÷5

〈암호〉

1	2	3	4	5	6	7	8	9
치	달	넘	줄	벤	쪽	리	기	뒤

곱셈구구로 나눗셈의 몫 구하기 ❷

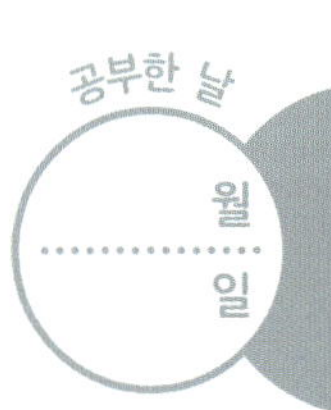

1

1부터 9까지의 수 중에서 □ 안에 들어갈 수 있는 수는 모두 몇 개입니까?

$$54 \div 9 > \square$$

문제 이해하기

$54 \div 9$의 몫을 □단 곱셈구구에서 찾아보면

$9 \times \square = 54 \Rightarrow 54 \div 9 = \square$

$\Rightarrow 54 \div 9 > \square$ 에서 $\square > \square$

$\Rightarrow \square = \square, \square, \square, \square, \square$

답 구하기

□ 개

2

1부터 9까지의 수 중에서 □ 안에 들어갈 수 있는 수는 모두 몇 개입니까?

$$49 \div 7 < \square$$

문제 이해하기

답 구하기

 **3**

색종이 42장을 친구들에게 똑같이 나누어 주려고 합니다. 6명에게 줄 때와 7명에게 줄 때 각각 한 사람에게 색종이를 몇 장씩 주어야 합니까?

[6명에게 줄 때]

한 사람에게 주는 색종이 수를 구하는 나눗셈은 42÷☐

➡ 나눗셈의 몫을 ☐단 곱셈구구에서 찾아보면

$$6 \times \boxed{} = 42 \;\blacktriangleright\; 42 \div 6 = \boxed{}$$

[7명에게 줄 때]

한 사람에게 주는 색종이 수를 구하는 나눗셈은 42÷☐

➡ 나눗셈의 몫을 ☐단 곱셈구구에서 찾아보면

$$7 \times \boxed{} = 42 \;\blacktriangleright\; 42 \div 7 = \boxed{}$$

6명에게 줄 때: ☐장, 7명에게 줄 때: ☐장

 **4**

호두과자 72개를 상자에 똑같이 나누어 담으려고 합니다. 8상자에 담을 때와 9상자에 담을 때 각각 한 상자에 호두과자를 몇 개씩 담아야 합니까?

수 카드 중에서 두 장을 골라 가장 작은 두 자리 수를 만들었습니다. 만든 두 자리 수를 남은 수 카드의 수로 나누었을 때의 몫을 구하시오.

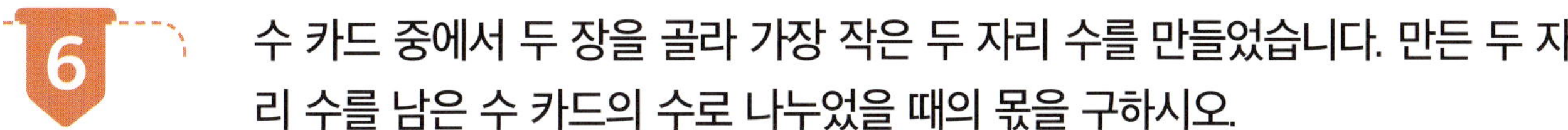

문제 이해하기

❶ 수 카드에 적힌 세 수의 크기를 비교해 보면

$\square < \square < \square$

❷ 만들 수 있는 가장 작은 두 자리 수는 $\square$

두 자리 수를 만들고 남은 수 카드의 수는 $\square$

식 세우기

(가장 작은 두 자리 수) ÷ (남은 수 카드의 수)

$= \square ÷ \square = \square$

답 구하기 $\square$

6

수 카드 중에서 두 장을 골라 가장 작은 두 자리 수를 만들었습니다. 만든 두 자리 수를 남은 수 카드의 수로 나누었을 때의 몫을 구하시오.

문제 이해하기

식 세우기

답 구하기

언제 만나게 될까?

나무늘보와 거북이가 일정한 빠르기로 느릿느릿 걷고 있어요. 거북이가 나무늘보보다 24 m 앞에서 출발한다고 했을 때 둘은 몇 분 후에 만나게 될까요? 만나기까지 걸린 시간만큼 색칠하세요.

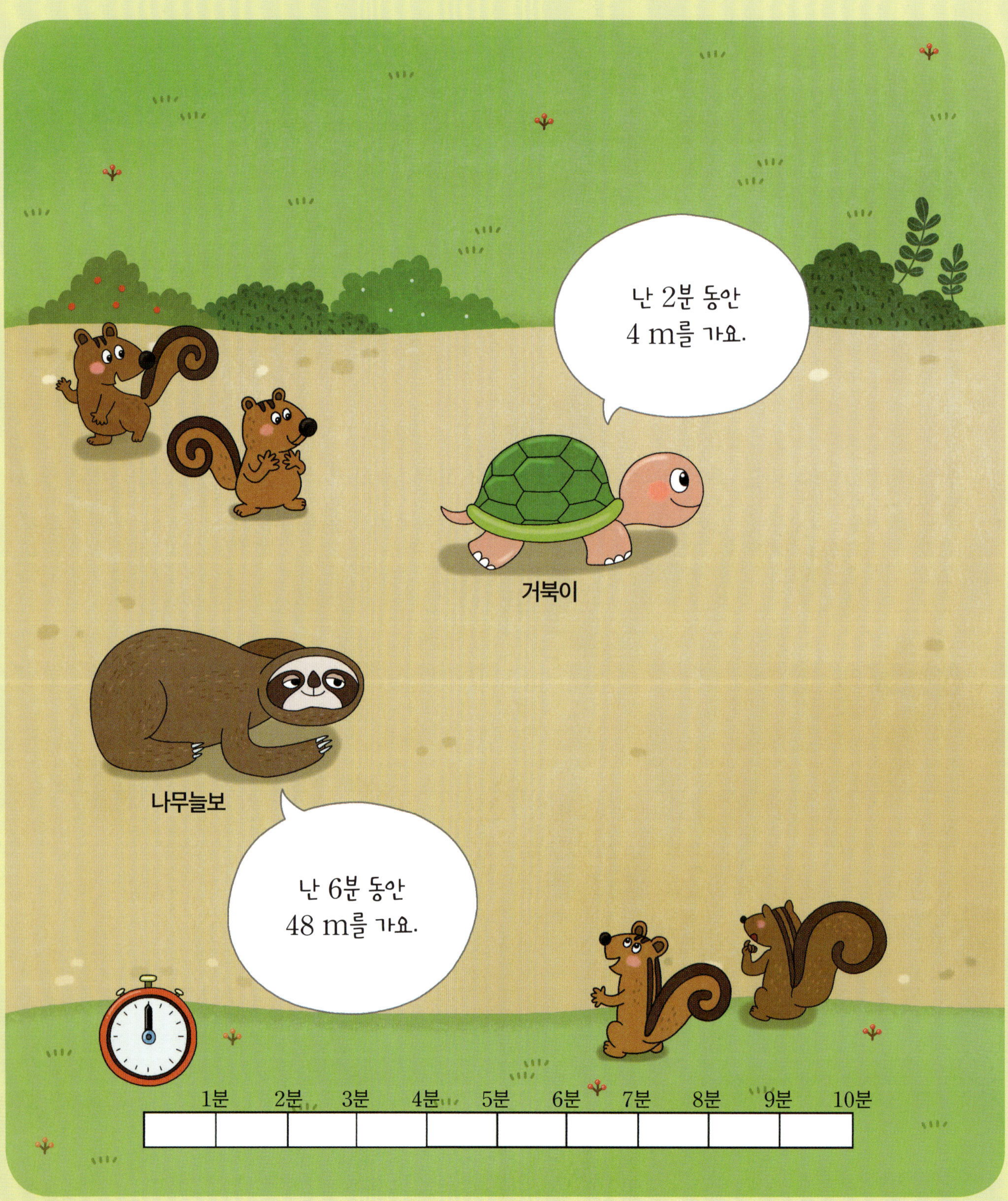

(나눗셈)

단원 마무리

01 승혁이는 잡은 잠자리 16마리를 2통에 똑같이 나누어 넣으려고 합니다. 한 통에 잠자리를 몇 마리씩 넣을 수 있습니까?

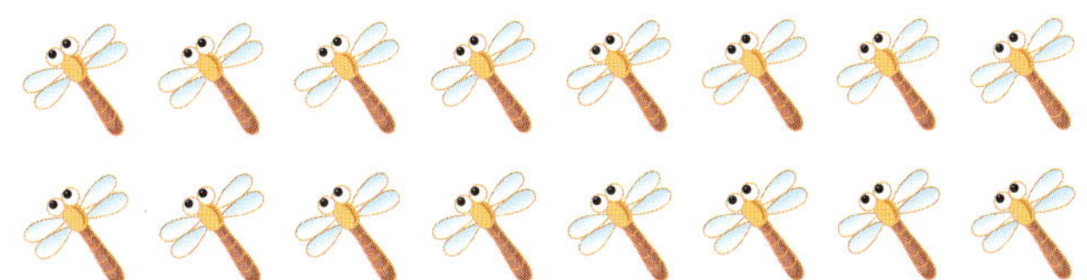

02 곱셈표에서 $54 \div 6$의 몫을 구하는 데 필요한 곱을 찾아 색칠하고, □ 안에 알맞은 수를 써넣으시오.

×	2	3	4	5	6	7	8	9
2	4	6	8	10	12	14	16	18
3	6	9	12	15	18	21	24	27
4	8	12	16	20	24	28	32	36
5	10	15	20	25	30	35	40	45
6	12	18	24	30	36	42	48	54

$$54 \div 6 = \boxed{}$$

03 길이가 32 cm인 철사를 남김없이 사용하여 가장 큰 정사각형 한 개를 만들었습니다. 이 정사각형의 한 변은 몇 cm입니까?

04 고구마를 색깔이 같은 바구니에 남김없이 똑같이 나누어 담으려고 합니다. 어느 바구니에 담아야 하는지 기호를 써 보시오.

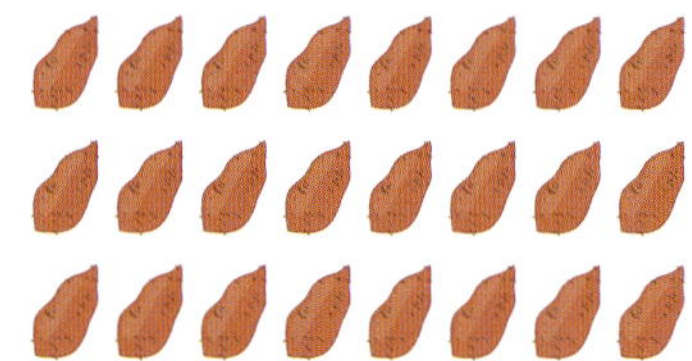

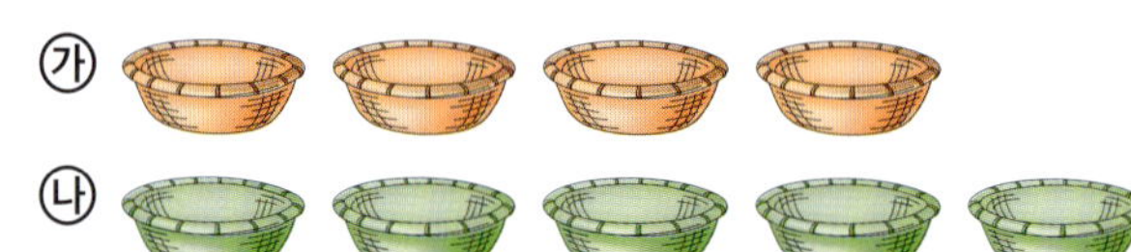

05 세 장의 수 카드를 한 번씩만 사용하여 곱셈식과 나눗셈식을 각각 만들어 보시오.

06

다음에서 같은 모양은 같은 수를 나타낼 때, ★에 알맞은 수를 구하시오.

$$32 - \heartsuit - \heartsuit - \heartsuit - \heartsuit - \heartsuit - \heartsuit - \heartsuit - \heartsuit = 0 \qquad \heartsuit \div 2 = \bigstar$$

07

1부터 9까지의 수 중에서 □ 안에 공통으로 들어갈 수 있는 수를 모두 구하시오.

$$\text{㉠ } 20 \div 4 < \square \qquad\qquad \text{㉡ } 48 \div 6 > \square$$

08

수형이는 초콜릿을 한 봉지에 몇 개씩 담을 수 있습니까?

09 다음 조건에 알맞은 두 수를 구하시오.

> • 두 수의 합은 21입니다.
> • 큰 수를 작은 수로 나누면 몫이 2입니다.

10 길이가 64 m인 도로의 한쪽에 처음부터 끝까지 8 m 간격으로 나무를 심으려고 합니다. 나무는 모두 몇 그루 필요합니까? (단, 나무의 두께는 생각하지 않습니다.)

곱셈

📖 **이것을 배울 거예요!**

- (몇십)×(몇)
- 올림이 없는 (몇십몇)×(몇)
- 올림이 있는 (몇십몇)×(몇)

		학습 계획일	
5주 5일	(몇십)×(몇) ❶	월	일
6주 1일	(몇십)×(몇) ❷	월	일
6주 2일	올림이 없는 (몇십몇)×(몇) ❶	월	일
6주 3일	올림이 없는 (몇십몇)×(몇) ❷	월	일
6주 4일	십의 자리에서 올림이 있는 (몇십몇)×(몇) ❶	월	일
6주 5일	십의 자리에서 올림이 있는 (몇십몇)×(몇) ❷	월	일
7주 1일	일의 자리에서 올림이 있는 (몇십몇)×(몇) ❶	월	일
7주 2일	일의 자리에서 올림이 있는 (몇십몇)×(몇) ❷	월	일
7주 3일	십의 자리와 일의 자리에서 올림이 있는 (몇십몇)×(몇) ❶	월	일
7주 4일	십의 자리와 일의 자리에서 올림이 있는 (몇십몇)×(몇) ❷	월	일
7주 5일	단원 마무리	월	일

곱셈

(몇십) × (몇) ❶

40×2를 계산할 때에는 $4 \times 2 = 8$에서 8을 십의 자리에 쓰고, 일의 자리에 **0**을 씁니다.

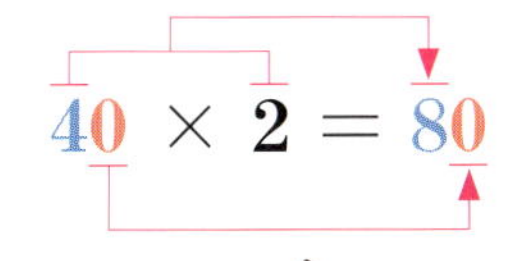

실력 확인하기

□ 안에 알맞은 수를 써넣으시오.

1 $10 + 10 + 10 = 30$
→ $10 \times 3 = \boxed{}$

2 $30 + 30 = 60$
→ $30 \times 2 = \boxed{}$

3 $10 \times 2 = \boxed{}$

4 $10 \times 7 = \boxed{}$

5 $10 \times 9 = \boxed{}$

6 $20 \times 2 = \boxed{}$

7 $20 \times 4 = \boxed{}$

8 $30 \times 3 = \boxed{}$

1

과자가 한 상자에 20개씩 3상자 있습니다. 과자는 모두 몇 개입니까?

▶ 한 상자에 들어 있는 과자 수: ☐ 개

▶ 과자 상자 수: ☐ 상자

➡ 전체 과자 수를 수 모형으로 나타내 보면

(전체 과자 수)＝(한 상자에 들어 있는 과자 수)×(상자 수)

＝☐×☐＝☐

  ☐ 개

2

귤이 한 봉지에 10개씩 5봉지 있습니다. 귤은 모두 몇 개입니까?

▶ 한 봉지에 들어 있는 귤 수: ☐ 개

▶ 귤 봉지 수: ☐ 봉지

(전체 귤 수)
＝(한 봉지에 들어 있는 귤 수)
　　×(봉지 수)

＝☐×☐＝☐

  ☐ 개

3

달걀 한 판은 30개입니다. 달걀 2판은 모두 몇 개입니까?

▶ 한 판에 들어 있는 달걀 수: ☐ 개

▶ 달걀 판 수: ☐ 판

(전체 달걀 수)
＝(한 판에 들어 있는 달걀 수)
　　×(판 수)

＝☐×☐＝☐

  ☐ 개

4

진아는 수수깡을 30개 가지고 있고, 선재는 진아의 3배만큼 가지고 있습니다. 선재가 가지고 있는 수수깡은 모두 몇 개입니까?

문제 이해하기

▶ 진아가 가지고 있는 수수깡 수: ☐개

▶ 선재가 가지고 있는 수수깡 수: 진아의 ☐배

➡ 진아와 선재의 수수깡 수를 수 모형으로 나타내 보면

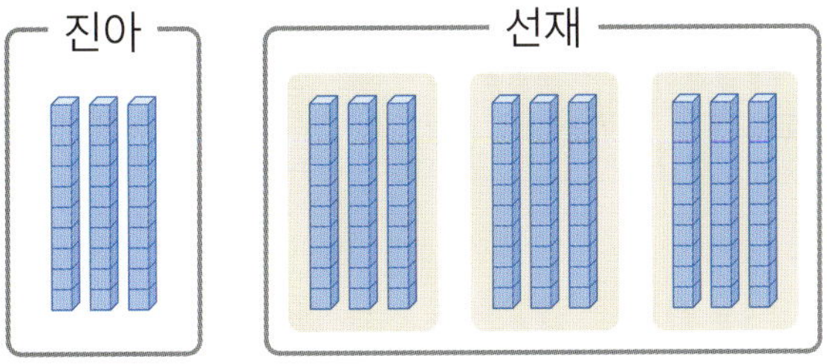

진아   선재

식 세우기

(선재가 가지고 있는 수수깡 수)＝(진아가 가지고 있는 수수깡 수)×☐

＝☐×☐＝☐

답 구하기 ☐개

---

5 연수는 색종이를 10장 가지고 있고, 민주는 연수의 4배만큼 가지고 있습니다. 민주가 가지고 있는 색종이는 모두 몇 장입니까?

문제 이해하기

▶ 연수가 가지고 있는 색종이 수:

☐장

▶ 민주가 가지고 있는 색종이 수:

연수의 ☐배

식 세우기 (민주가 가지고 있는 색종이 수)

＝(연수가 가지고 있는 색종이 수)

×☐

＝☐×☐＝☐

답 구하기 ☐장

---

6 길이가 40 cm인 초록색 테이프가 있습니다. 빨간색 테이프의 길이가 초록색 테이프의 길이의 2배일 때 빨간색 테이프의 길이는 몇 cm입니까?

문제 이해하기

▶ 초록색 테이프 길이: ☐cm

▶ 빨간색 테이프 길이:

초록색 테이프 길이의 ☐배

식 세우기 (빨간색 테이프 길이)

＝(초록색 테이프 길이)×☐

＝☐×☐＝☐

답 구하기 ☐cm

정답 확인  오늘 나의 실력은?  부모님 확인

재미있는 수학 놀이터

도끼를 팔아 번 돈은?

생활이 어려워진 나무꾼이 산신령에게 받은 도끼를 팔아 보려고 시장에 왔어요. 나무꾼은 산신령에게 금도끼 3개, 은도끼 5개, 쇠도끼 1개를 받았답니다. 나무꾼이 도끼를 모두 판다면 얼마의 돈을 벌 수 있는지 써 보세요.

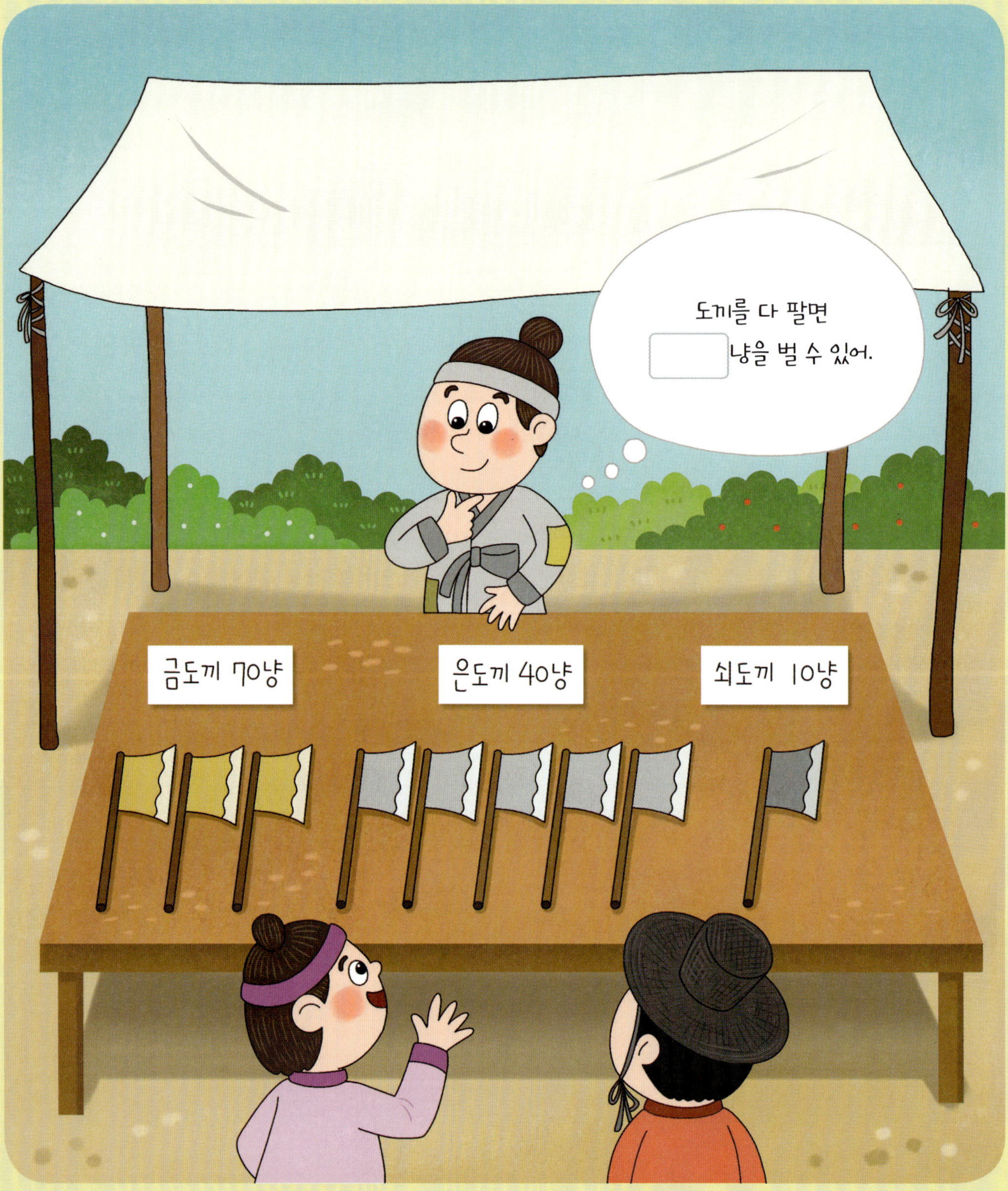

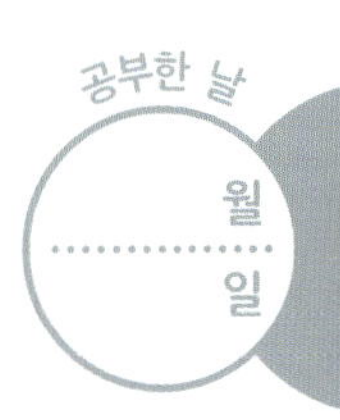

6주 1일

(몇십) × (몇) ❷

1

보기 와 같이 곱셈식을 쓰시오.

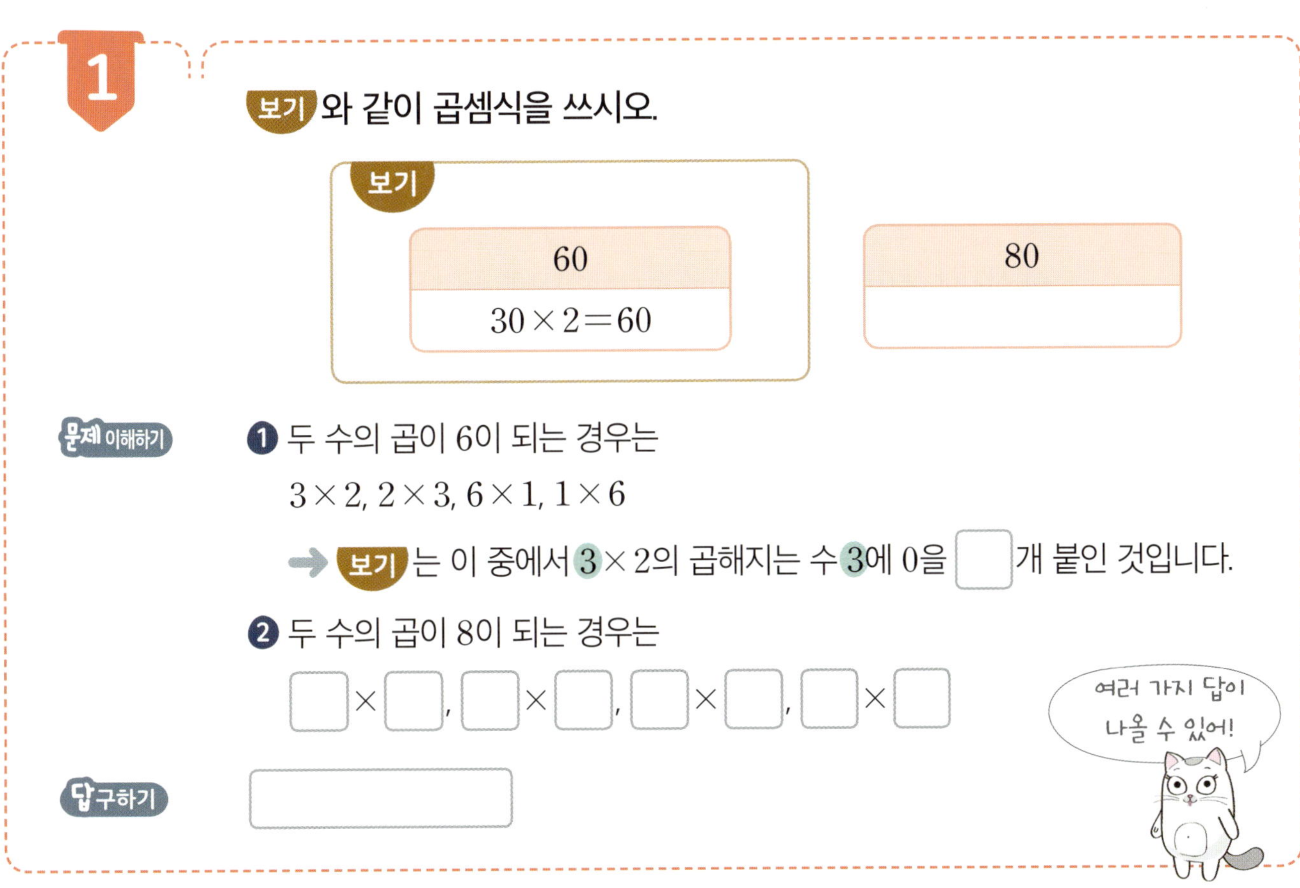

보기

60
$30 \times 2 = 60$

80

문제 이해하기

❶ 두 수의 곱이 6이 되는 경우는

$3 \times 2, 2 \times 3, 6 \times 1, 1 \times 6$

➡ 보기 는 이 중에서 3×2의 곱해지는 수 3에 0을 ☐ 개 붙인 것입니다.

❷ 두 수의 곱이 8이 되는 경우는

☐ × ☐, ☐ × ☐, ☐ × ☐, ☐ × ☐

답 구하기

☐

2

1 번의 보기 와 같이 곱셈식을 쓰시오.

90

문제 이해하기

답 구하기

가 상자와 나 상자 중에서 어느 상자에 고구마가 더 많습니까?

> • **가** 상자: 고구마가 20개씩 2상자   • **나** 상자: 고구마가 10개씩 5상자

가 상자와 **나** 상자에 들어 있는 고구마 수를 각각 구한 다음, 계산 결과의 크기를 비교해 봅니다.

(**가** 상자에 들어 있는 고구마 수)=(한 상자에 들어 있는 고구마 수)×(상자 수)

$$=\boxed{}\times\boxed{}=\boxed{}$$

(**나** 상자에 들어 있는 고구마 수)=(한 상자에 들어 있는 고구마 수)×(상자 수)

$$=\boxed{}\times\boxed{}=\boxed{}$$

$\boxed{}$ 상자

월요일과 화요일 중에서 양파를 더 적게 사용한 요일은 무슨 요일입니까?

> • 월요일: 양파가 10개씩 9봉지   • 화요일: 양파가 20개씩 4봉지

태린이는 윗몸 일으키기를 몇 번 했습니까?

문제 이해하기

윗몸 일으키기 횟수를 수직선에 나타내 보면

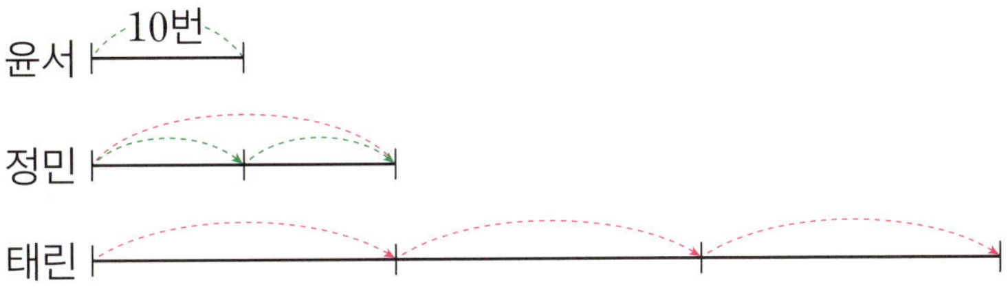

식 세우기

(정민이가 한 윗몸 일으키기 횟수)＝(윤서가 한 윗몸 일으키기 횟수)×☐

＝☐×☐＝☐

(태린이가 한 윗몸 일으키기 횟수)＝(정민이가 한 윗몸 일으키기 횟수)×☐

＝☐×☐＝☐

답 구하기

☐ 번

다연이는 초콜릿을 몇 개 가지고 있습니까?

문제 이해하기

식 세우기

답 구하기

재미있는 수학 놀이터

도토리를 모아요

다람쥐와 너구리는 기린의 생일 선물을 사기 위해 3일 동안 도토리를 모으기로 했어요. 둘은 매일매일 같은 양의 도토리를 모았어요. 다람쥐가 하루에 80개씩의 도토리를 모았다면, 너구리는 하루에 몇 개씩의 도토리를 모았을까요?

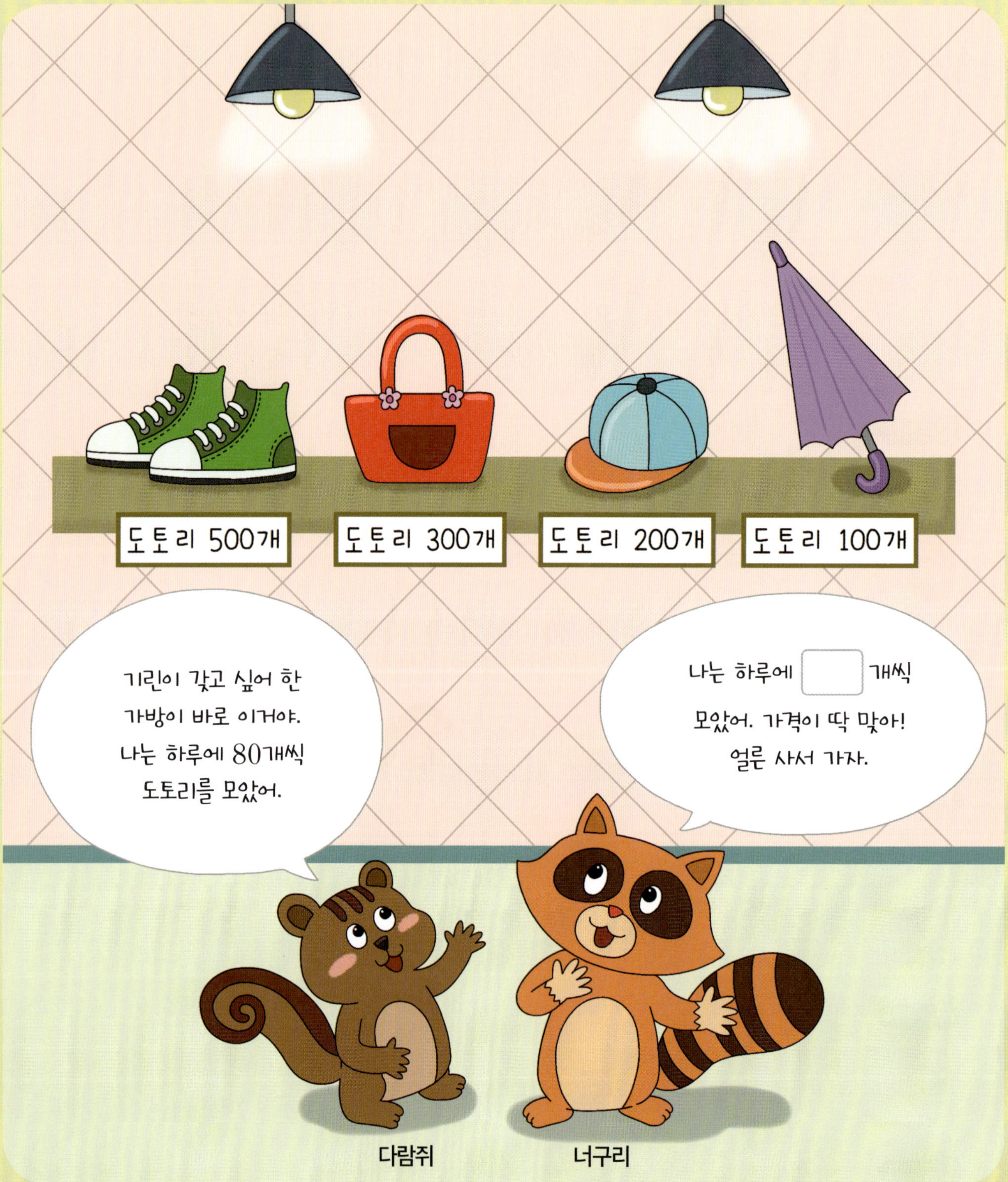

곡셈

올림이 없는
(몇십몇) × (몇) ❶

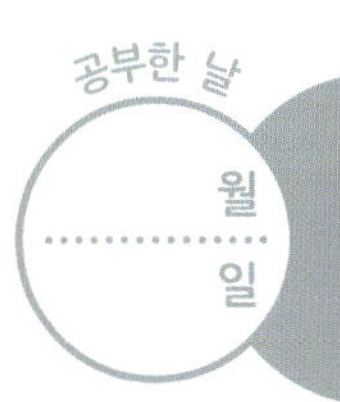

12×3을 계산할 때에는 2×3=6에서 6을 일의 자리에 쓰고,
1×3=3에서 3을 십의 자리에 씁니다.

	1	2
×		3
3	6	

**실력
확인하기**

계산을 하시오.

1

	1	4
×		2

2

	1	3
×		3

3

	1	1
×		6

4

	2	1
×		2

5

	2	4
×		2

6

	3	2
×		2

7

	4	1
×		2

8

	4	3
×		2

한과가 한 봉지에 21개씩 4봉지 있습니다. 한과는 모두 몇 개입니까?

문제 이해하기

▶ 한 봉지에 들어 있는 한과 수: ☐ 개

▶ 한과 봉지 수: ☐ 봉지

➡ 전체 한과 수를 수 모형으로 나타내 보면

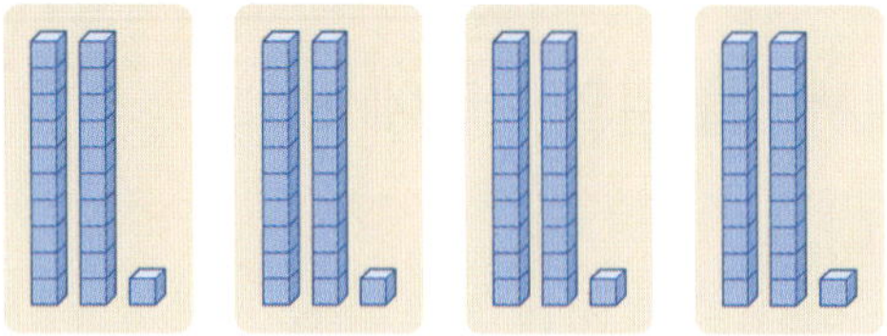

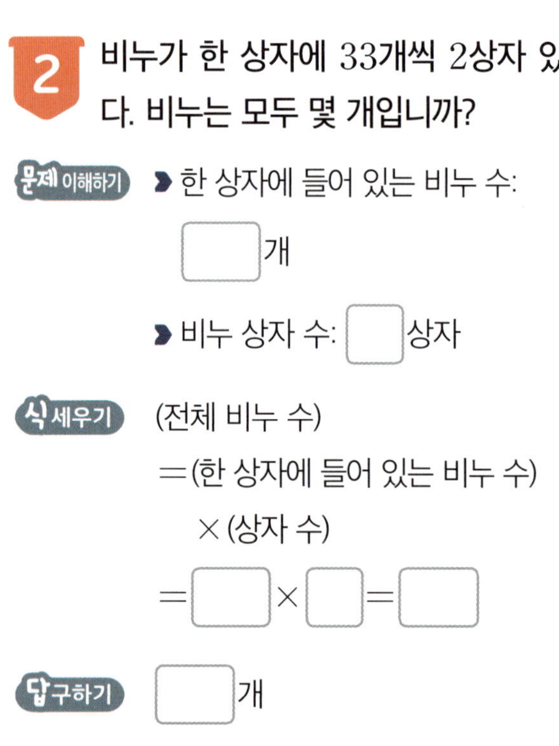

식 세우기

(전체 한과 수)＝(한 봉지에 들어 있는 한과 수)×(봉지 수)

＝☐×☐＝☐

답 구하기 ☐ 개

비누가 한 상자에 33개씩 2상자 있습니다. 비누는 모두 몇 개입니까?

문제 이해하기 ▶ 한 상자에 들어 있는 비누 수:

☐ 개

▶ 비누 상자 수: ☐ 상자

식 세우기 (전체 비누 수)

＝(한 상자에 들어 있는 비누 수)

×(상자 수)

＝☐×☐＝☐

답 구하기 ☐ 개

연필 한 타는 12자루입니다. 연필 3타는 모두 몇 자루입니까?

문제 이해하기 ▶ 한 타의 연필 수: ☐ 자루

▶ 연필 타 수: ☐ 타

식 세우기 (전체 연필 수)

＝(한 타의 연필 수)×(타 수)

＝☐×☐＝☐

답 구하기 ☐ 자루

4

태민이는 종이학을 하루에 32개씩 접었습니다. 태민이가 3일 동안 접은 종이학은 모두 몇 개입니까?

문제 이해하기

▶ 하루에 접은 종이학 수: ☐ 개

▶ 종이학을 접은 날수: ☐ 일

➡ 3일 동안 접은 종이학 수를 수 모형으로 나타내 보면

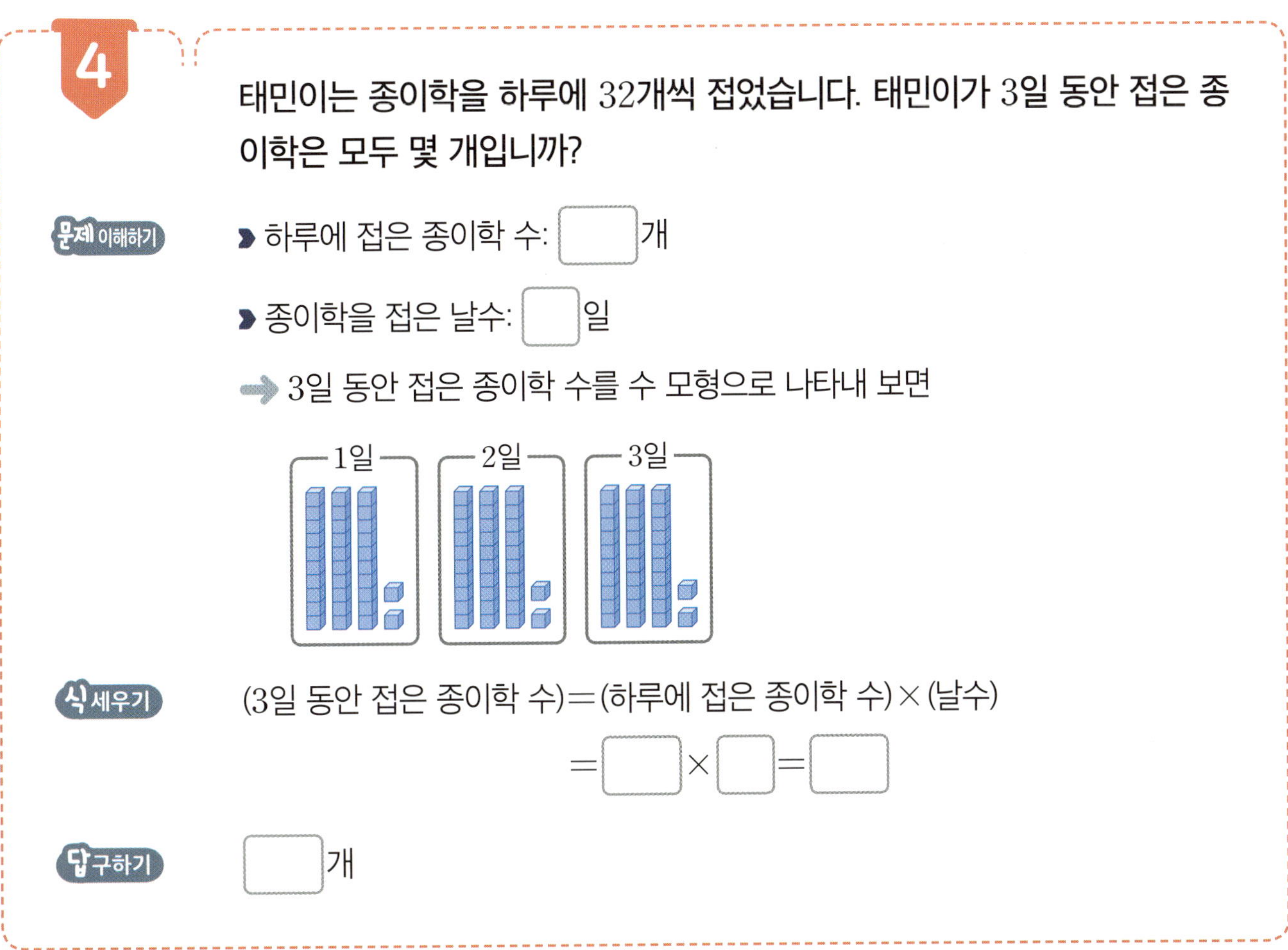

식 세우기

(3일 동안 접은 종이학 수)＝(하루에 접은 종이학 수)×(날수)

＝☐×☐＝☐

답 구하기 ☐ 개

---

5 현지는 딸기를 하루에 22개씩 먹었습니다. 현지가 4일 동안 먹은 딸기는 모두 몇 개입니까?

문제 이해하기 ▶ 하루에 먹은 딸기 수: ☐ 개

▶ 딸기를 먹은 날수: ☐ 일

식 세우기 (4일 동안 먹은 딸기 수)

＝(하루에 먹은 딸기 수)×(날수)

＝☐×☐＝☐

답 구하기 ☐ 개

---

6 상윤이는 동화책을 하루에 11쪽씩 읽었습니다. 상윤이가 일주일 동안 읽은 동화책은 모두 몇 쪽입니까?

문제 이해하기 ▶ 하루에 읽은 동화책 쪽수: ☐ 쪽

▶ 동화책을 읽은 날수: 일주일＝☐ 일

식 세우기 (일주일 동안 읽은 동화책 쪽수)

＝(하루에 읽은 동화책 쪽수)×(날수)

＝☐×☐＝☐

답 구하기 ☐ 쪽

정답 확인
오늘 나의 실력은?
부모님 확인

클로버 잎의 총 개수는?

미래와 대한이가 잔디밭에서 클로버 찾기 놀이를 하고 있어요. 한 시간 동안 각자 찾은 클로버를 펼쳐 놓고 있어요. 클로버 잎의 총 개수를 셀 때, 클로버 잎이 더 많은 사람에게 ○표 하세요.

(곱셈)

올림이 없는
(몇십몇) × (몇) ❷

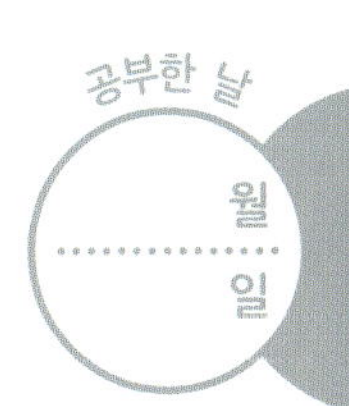

1

코끼리 나이는 곰 나이의 3배입니다. 이처럼 어떤 동물 나이가 다른 동물 나이의 3배가 되는 경우를 찾아보시오.

동물	곰	코끼리	기린	사자	앵무새
나이(살)	10	30	11	13	39

문제 이해하기

기린, 사자, 앵무새 중에서 앵무새 나이가 가장 많습니다.

➡ 기린과 사자 나이에 각각 3을 곱하여 앵무새 나이가 되는 동물이 있는지 찾아봅니다.

식 세우기

(기린 나이의 3배)＝(기린 나이)×3

＝ ☐ ×3＝ ☐

(사자 나이의 3배)＝(사자 나이)×3

＝ ☐ ×3＝ ☐

답 구하기

☐ 나이는 ☐ 나이의 3배입니다.

2

우럭 수는 숭어 수의 2배입니다. 이처럼 어떤 물고기 수가 다른 물고기 수의 2배가 되는 경우를 찾아보시오.

물고기	숭어	우럭	농어	민어	광어
수(마리)	24	48	22	23	46

민하 할아버지의 나이를 구하시오.

문제 이해하기

사람의 나이를 수직선에 나타내 보면

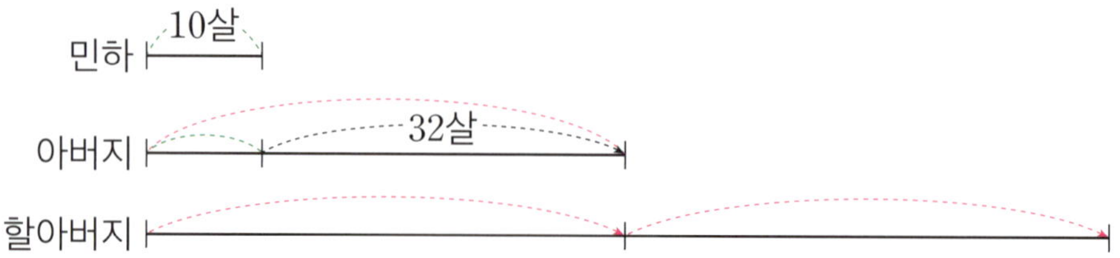

민하 ├──10살──┤

아버지 ├────32살────┤

할아버지 ├──────────────┤

식 세우기

(민하 아버지 나이)＝(민하 나이)＋(더 많은 나이)

$$= \boxed{} + \boxed{} = \boxed{}$$

(민하 할아버지 나이)＝(민하 아버지 나이)×$\boxed{}$

$$= \boxed{} \times \boxed{} = \boxed{}$$

답 구하기

$\boxed{}$ 살

주호 어머니의 나이를 구하시오.

문제 이해하기

식 세우기

답 구하기

5 ㉠, ㉡에 알맞은 수를 구하시오.

$$
\begin{array}{r}
㉠\ 2 \\
\times\quad ㉡ \\
\hline
3\ 6
\end{array}
$$

문제 이해하기 '일의 자리 → 십의 자리' 순서로 계산을 하며 ㉠, ㉡에 알맞은 수를 구해 봅니다.

식 세우기 일의 자리를 계산해 보면 $2 \times ㉡ = 6$

➡ ㉡에 들어갈 수 있는 수는 $\boxed{}$, $\boxed{}$

$$
\begin{array}{r}
㉠\ 2 \\
\times\quad ㉡ \\
\hline
3\ 6
\end{array}
$$

❶ ㉡에 $\boxed{}$ 을 넣어 보면

$㉠ \times \boxed{} = 3$ ➡ $㉠ = \boxed{}$

❷ ㉡에 $\boxed{}$ 을 넣어 보면

$㉠ \times \boxed{} = 3$ ➡ 이것을 만족하는 ㉠은 없습니다.

답 구하기 $㉠ = \boxed{}$, $㉡ = \boxed{}$

---

6 ㉠, ㉡에 알맞은 수를 구하시오.

$$
\begin{array}{r}
㉠\ 3 \\
\times\quad ㉡ \\
\hline
6\ 9
\end{array}
$$

문제 이해하기

식 세우기

답 구하기

정답 확인   오늘 나의 실력은?   부모님 확인

과녁 쏘기 게임의 승자는?

미래와 친구들이 과녁 쏘기 게임을 해요. 총 세 발을 쏘아 합계 점수가 높은 사람
이 이기는 게임입니다. 세 발 모두 과녁을 맞히면 합계 점수가 2배로 뛰어올라요.
이 게임에서 승자는 누구인지 찾아 ○표 하세요.

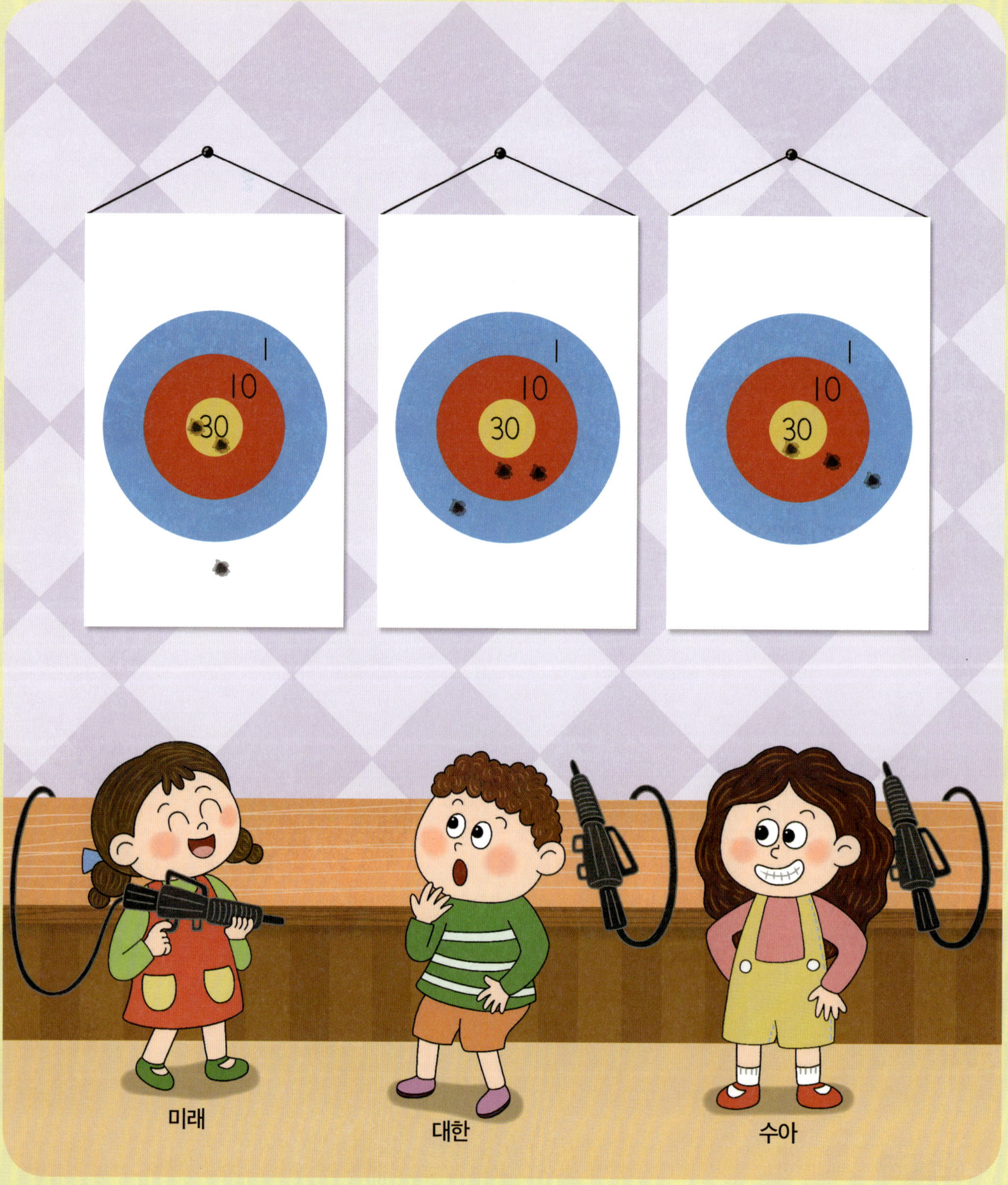

곱셈

십의 자리에서 올림이 있는
(몇십몇) × (몇) ❶

31×4를 계산할 때에는 1×4＝4에서 4를 일의 자리에 쓰고,
3×4＝12에서 2를 십의 자리에, 1을 백의 자리에 씁니다.

$$\begin{array}{r} 3\ 1 \\ \times\quad 4 \\ \hline 1\ 2\ 4 \end{array}$$

실력 확인하기

계산을 하시오.

1
$$\begin{array}{r} 2\ 1 \\ \times\quad 7 \\ \hline \end{array}$$

2
$$\begin{array}{r} 4\ 2 \\ \times\quad 4 \\ \hline \end{array}$$

3
$$\begin{array}{r} 5\ 2 \\ \times\quad 3 \\ \hline \end{array}$$

4
$$\begin{array}{r} 6\ 3 \\ \times\quad 2 \\ \hline \end{array}$$

5
$$\begin{array}{r} 8\ 4 \\ \times\quad 2 \\ \hline \end{array}$$

6
$$\begin{array}{r} 7\ 2 \\ \times\quad 4 \\ \hline \end{array}$$

7
$$\begin{array}{r} 9\ 3 \\ \times\quad 3 \\ \hline \end{array}$$

8
$$\begin{array}{r} 5\ 1 \\ \times\quad 8 \\ \hline \end{array}$$

1 곶감이 한 줄에 32개씩 4줄에 꿰어 있습니다. 곶감은 모두 몇 개입니까?

➤ 한 줄에 꿰인 곶감 수: ☐ 개

➤ 곶감을 꿴 줄 수: ☐ 줄

➡ 전체 곶감 수를 모눈종이에 나타내 보면

$30 \times 4 =$ ☐

$2 \times 4 =$ ☐

$32 \times 4 =$ ☐

(전체 곶감 수) = (한 줄에 꿰인 곶감 수) × (줄 수)

= ☐ × ☐ = ☐

☐ 개

---

2 떡이 한 줄에 73개씩 2줄 있습니다. 떡은 모두 몇 개입니까?

➤ 한 줄에 놓인 떡 수: ☐ 개

➤ 떡을 놓은 줄 수: ☐ 줄

(전체 떡 수)

= (한 줄에 놓인 떡 수) × (줄 수)

= ☐ × ☐ = ☐

☐ 개

---

3 민아네 학교 3학년 학생이 운동장에 21명씩 6줄로 서 있습니다. 운동장에 서 있는 민아네 학교 3학년 학생은 모두 몇 명입니까?

➤ 한 줄에 서 있는 학생 수: ☐ 명

➤ 학생이 서 있는 줄 수: ☐ 줄

(민아네 학교 3학년 학생 수)

= (한 줄에 서 있는 학생 수) × (줄 수)

= ☐ × ☐ = ☐

☐ 명

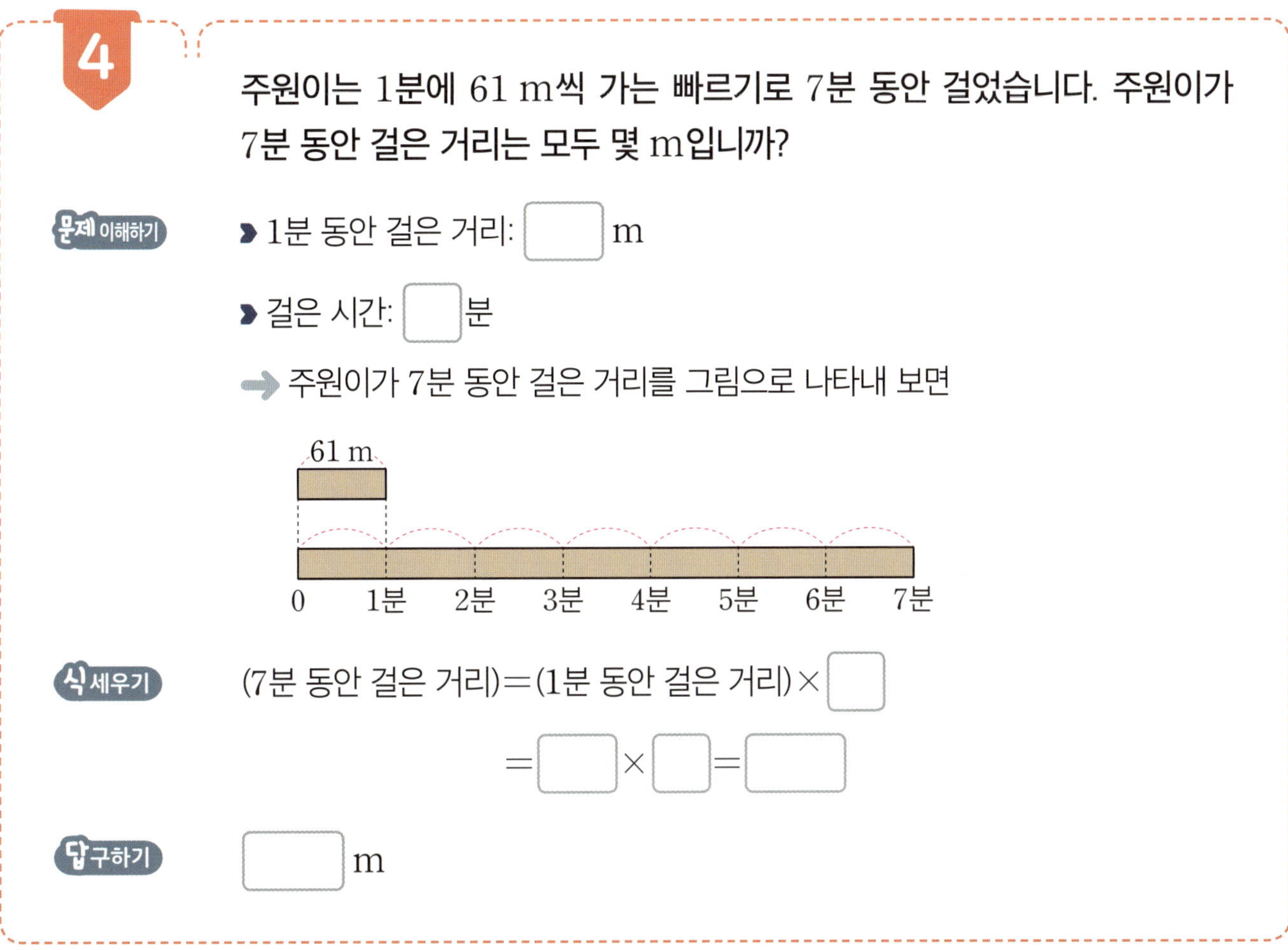

4 주원이는 1분에 61 m씩 가는 빠르기로 7분 동안 걸었습니다. 주원이가 7분 동안 걸은 거리는 모두 몇 m입니까?

문제 이해하기

▶ 1분 동안 걸은 거리: ☐ m

▶ 걸은 시간: ☐ 분

➡ 주원이가 7분 동안 걸은 거리를 그림으로 나타내 보면

61 m

| 0 | 1분 | 2분 | 3분 | 4분 | 5분 | 6분 | 7분 |

식 세우기

(7분 동안 걸은 거리)=(1분 동안 걸은 거리)× ☐

= ☐ × ☐ = ☐

답 구하기 ☐ m

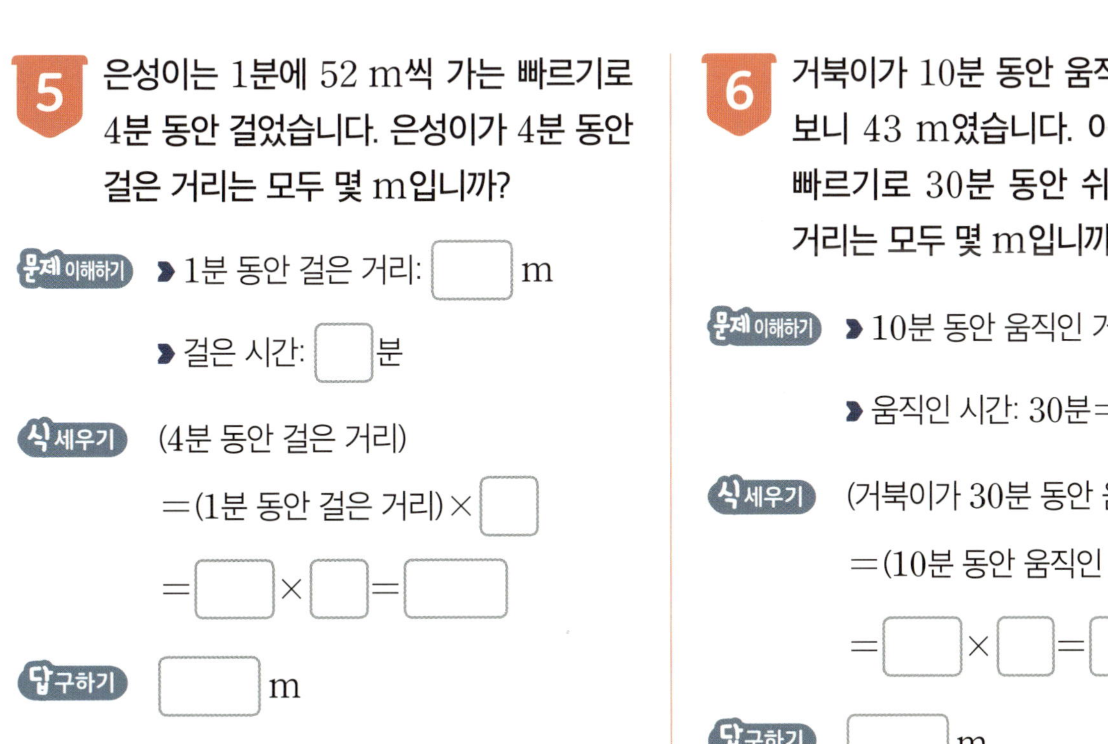

5 은성이는 1분에 52 m씩 가는 빠르기로 4분 동안 걸었습니다. 은성이가 4분 동안 걸은 거리는 모두 몇 m입니까?

문제 이해하기

▶ 1분 동안 걸은 거리: ☐ m

▶ 걸은 시간: ☐ 분

식 세우기

(4분 동안 걸은 거리)

= (1분 동안 걸은 거리)× ☐

= ☐ × ☐ = ☐

답 구하기 ☐ m

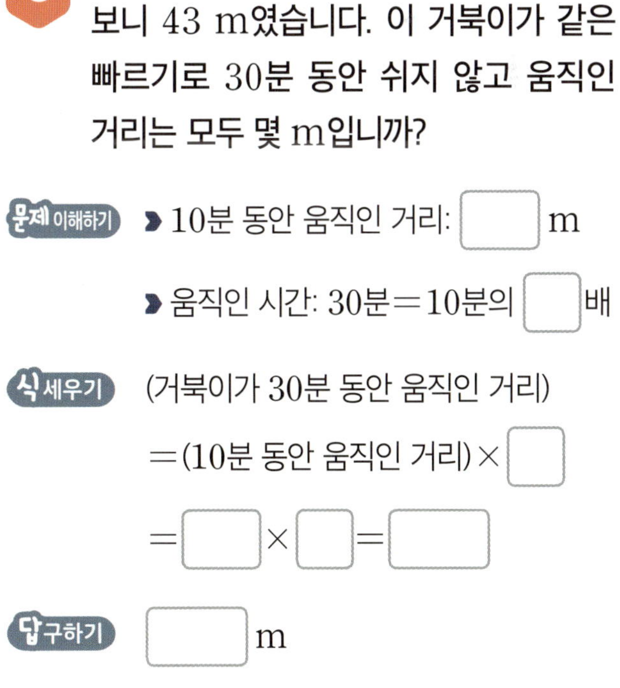

6 거북이가 10분 동안 움직인 거리를 재어 보니 43 m였습니다. 이 거북이가 같은 빠르기로 30분 동안 쉬지 않고 움직인 거리는 모두 몇 m입니까?

문제 이해하기

▶ 10분 동안 움직인 거리: ☐ m

▶ 움직인 시간: 30분=10분의 ☐ 배

식 세우기

(거북이가 30분 동안 움직인 거리)

= (10분 동안 움직인 거리)× ☐

= ☐ × ☐ = ☐

답 구하기 ☐ m

정답 확인  오늘 나의 실력은?  부모님 확인

공연장에 들어갈 수 있는 인원은?

어린이 뮤지컬을 하고 있는 직사각형 모양의 공연장이 있습니다. 이 공연장에는 가로 길이와 세로 길이의 곱만큼 관객이 들어갈 수 있다고 합니다. 그렇다면 A구역에는 몇 명의 관객이 들어갈 수 있는지 계산하여 써 보세요.

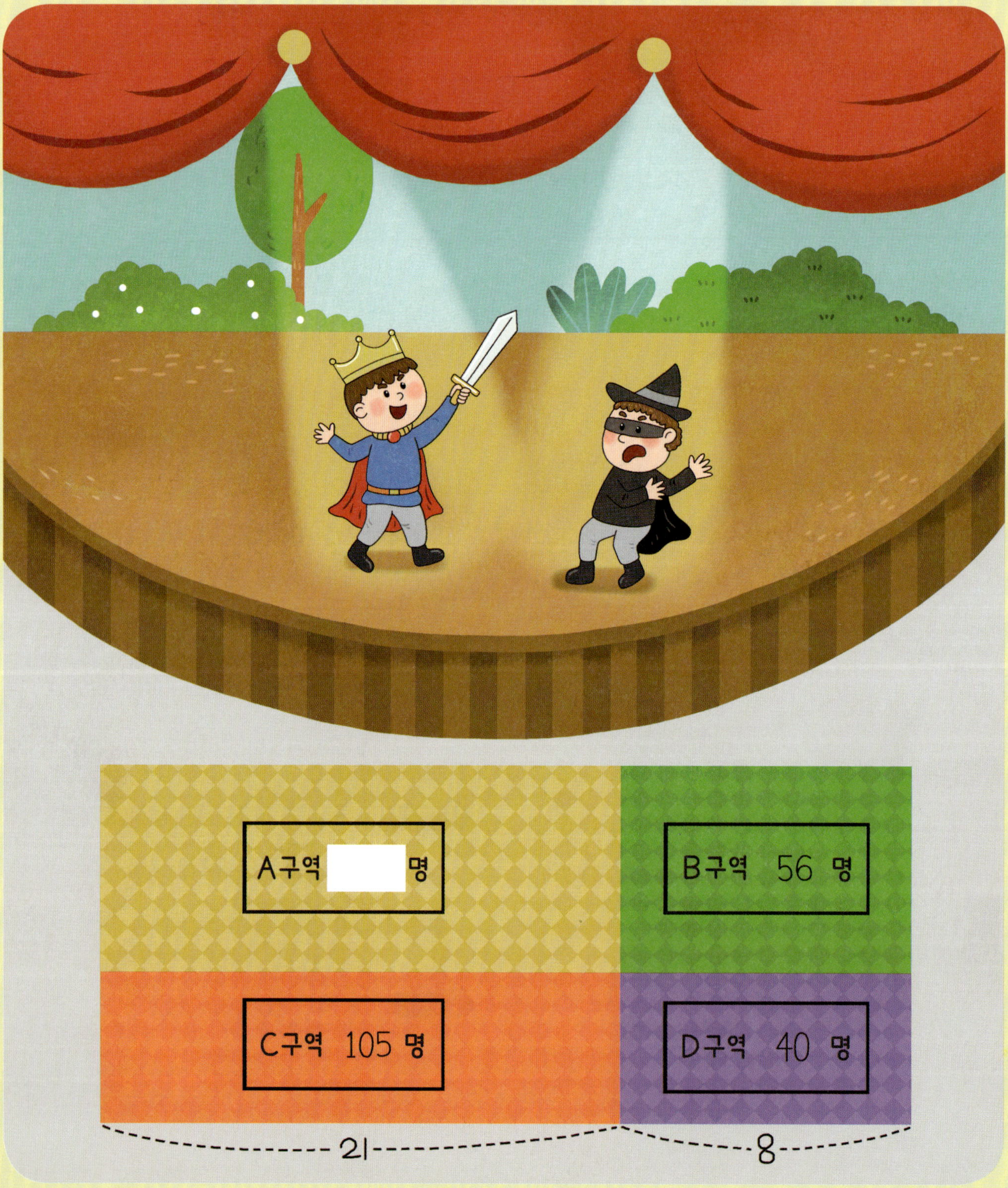

곱셈

십의 자리에서 올림이 있는 (몇십몇) × (몇) ❷

1

준수와 진희 중에서 방울토마토를 더 많이 담은 학생은 누구입니까?

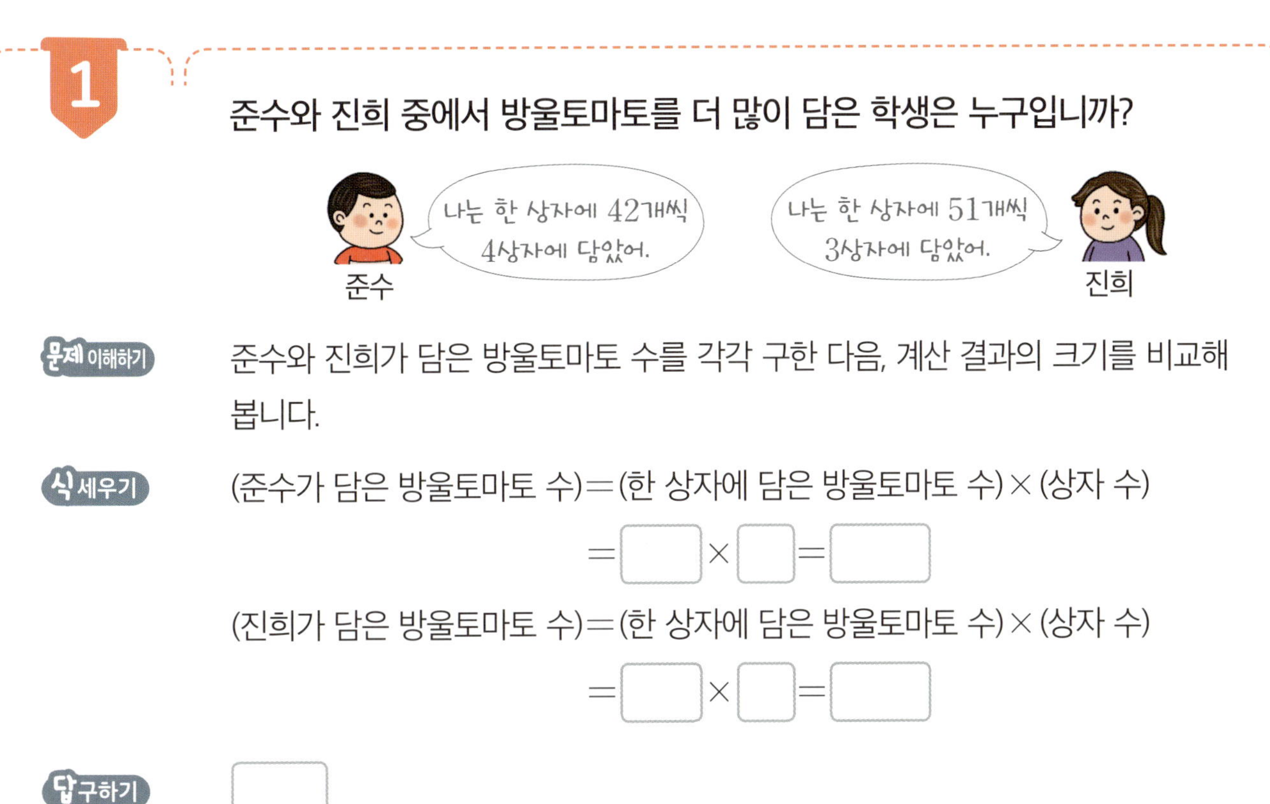

문제 이해하기 준수와 진희가 담은 방울토마토 수를 각각 구한 다음, 계산 결과의 크기를 비교해 봅니다.

식 세우기 (준수가 담은 방울토마토 수) = (한 상자에 담은 방울토마토 수) × (상자 수)

$$= \boxed{} \times \boxed{} = \boxed{}$$

(진희가 담은 방울토마토 수) = (한 상자에 담은 방울토마토 수) × (상자 수)

$$= \boxed{} \times \boxed{} = \boxed{}$$

답 구하기 $\boxed{}$

2

예진이와 동생 중에서 딸기를 더 많이 딴 사람은 누구입니까?

 **문제 이해하기**

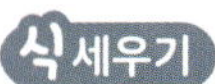 **식 세우기**

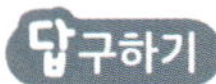 **답 구하기**

수 카드 중에서 2장을 골라 계산한 결과가 129인 곱셈식을 만들려고 합니다. □ 안에 알맞은 수를 써넣으시오.

| 21 | 43 | 3 | 9 |

□ × □ = 129

문제 이해하기

두 수의 곱이 129

➡ 일의 자리의 곱이 9가 되도록 수 카드 2장을 고르면

❶ 21과 □   ❷ □과 □

식 세우기

고른 두 수를 곱해 보면

❶
$$\begin{array}{r} 2\ 1 \\ \times \\ \hline \end{array}$$

❷
$$\begin{array}{r} \\ \times \\ \hline \end{array}$$

답 구하기

□ , □

수 카드 중에서 2장을 골라 계산한 결과가 104인 곱셈식을 만들려고 합니다. □ 안에 알맞은 수를 써넣으시오.

| 31 | 52 | 4 | 2 |

□ × □ = 104

문제 이해하기

식 세우기

답 구하기

한 장의 길이가 32 cm인 종이 테이프 4장을 2 cm씩 겹쳐서 이어 붙였습니다. 이어 붙인 종이 테이프 전체의 길이는 몇 cm입니까?

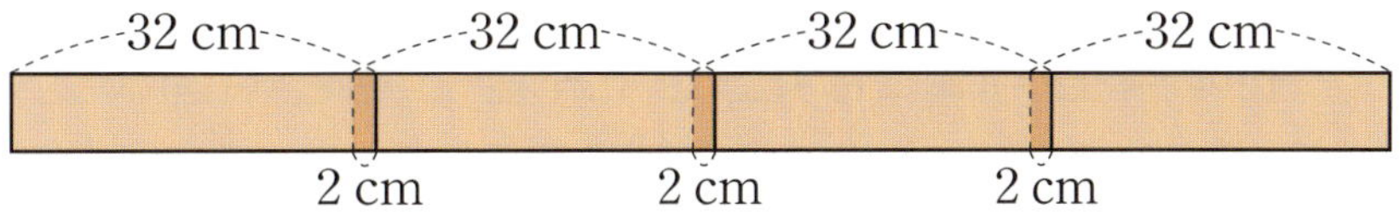

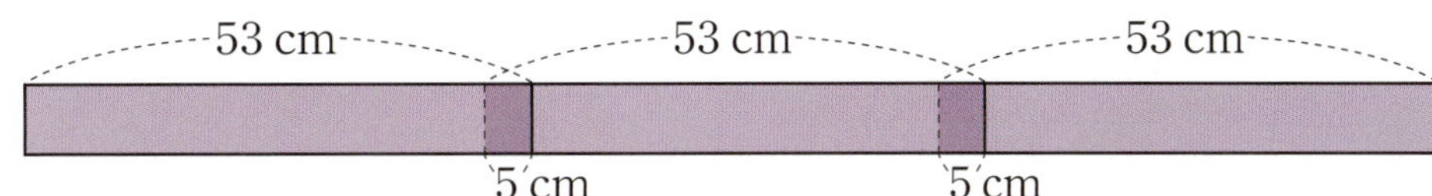

문제 이해하기

종이 테이프 2장을 이어 붙이면 겹쳐진 부분은 ☐군데

종이 테이프 3장을 이어 붙이면 겹쳐진 부분은 ☐군데

종이 테이프 4장을 이어 붙이면 겹쳐진 부분은 ☐군데

식 세우기

(종이 테이프 4장의 길이)＝(종이 테이프 한 장의 길이)×(장수)

$$= \boxed{} \times \boxed{} = \boxed{}$$

(겹쳐진 부분의 길이)＝$2 \times \boxed{} = \boxed{}$

➡ (이어 붙인 종이 테이프 전체의 길이)

$$= \boxed{} - \boxed{} = \boxed{}$$

답 구하기

☐ cm

한 장의 길이가 53 cm인 종이 테이프 3장을 5 cm씩 겹쳐서 이어 붙였습니다. 이어 붙인 종이 테이프 전체의 길이는 몇 cm입니까?

문제 이해하기

식 세우기

답 구하기

필요한 도넛과 우유의 개수는?

미래초등학교 3학년 4개 반 전원이 체험 학습을 가는 날이에요. 버스가 출발하기 전에 각 반 대표 2명씩은 반 친구들 한 명당 먹을 도넛 두 개와 우유 한 개씩을 받아 와야 해요. 학교에서 3학년 모든 학생의 간식으로 준비한 도넛과 우유는 각각 몇 개였는지 계산하여 써 보세요.

(곱셈)

일의 자리에서 올림이 있는 (몇십몇) × (몇) ❶

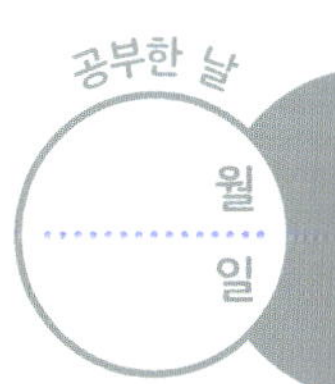

17×3을 계산할 때에는 $7×3=21$에서 1을 일의 자리에 쓰고,
$1×3=3$에서 3에 올림한 수 2를 더하여 5를 십의 자리에 씁니다.

$$
\begin{array}{r}
\ 1\ 7 \\
\times\ \ 3 \\
\hline
5\ 1
\end{array}
$$

실력 확인하기

계산을 하시오.

1
$$
\begin{array}{r}
1\ 3 \\
\times\ \ 5 \\
\hline
\end{array}
$$

2
$$
\begin{array}{r}
1\ 4 \\
\times\ \ 6 \\
\hline
\end{array}
$$

3
$$
\begin{array}{r}
1\ 3 \\
\times\ \ 7 \\
\hline
\end{array}
$$

4
$$
\begin{array}{r}
2\ 4 \\
\times\ \ 3 \\
\hline
\end{array}
$$

5
$$
\begin{array}{r}
2\ 5 \\
\times\ \ 2 \\
\hline
\end{array}
$$

6
$$
\begin{array}{r}
2\ 7 \\
\times\ \ 3 \\
\hline
\end{array}
$$

7
$$
\begin{array}{r}
3\ 9 \\
\times\ \ 2 \\
\hline
\end{array}
$$

8
$$
\begin{array}{r}
4\ 8 \\
\times\ \ 2 \\
\hline
\end{array}
$$

1

사탕이 한 봉지에 14개씩 7봉지 있습니다. 사탕은 모두 몇 개입니까?

문제 이해하기

▶ 한 봉지에 들어 있는 사탕 수: ☐ 개

▶ 사탕이 들어 있는 봉지 수: ☐ 봉지

➡ 전체 사탕 수를 수 모형으로 나타내 보면

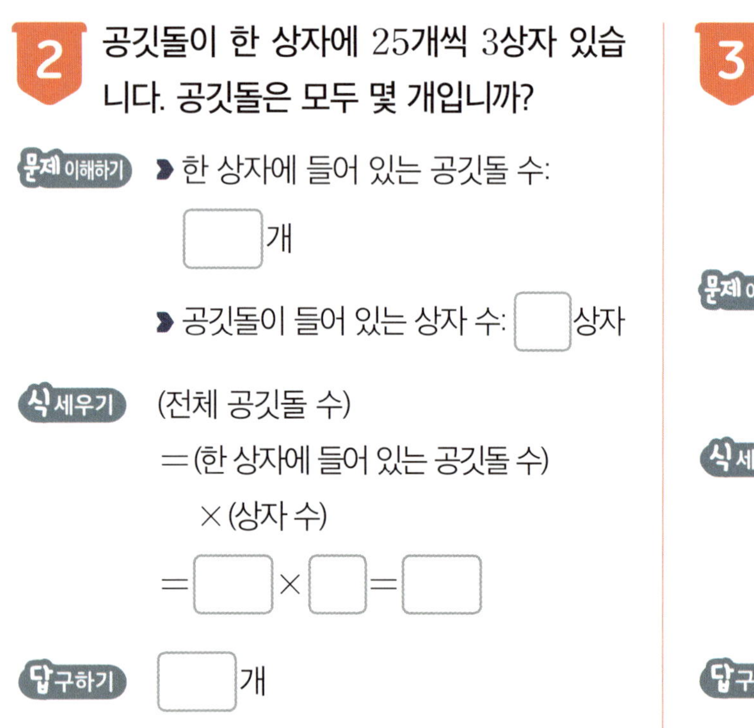

$$10 \times 7 = \boxed{}$$
$$4 \times 7 = \boxed{}$$
$$14 \times 7 = \boxed{}$$

식 세우기

(전체 사탕 수) = (한 봉지에 들어 있는 사탕 수) × (봉지 수)

$$= \boxed{} \times \boxed{} = \boxed{}$$

답 구하기 ☐ 개

2

공깃돌이 한 상자에 25개씩 3상자 있습니다. 공깃돌은 모두 몇 개입니까?

문제 이해하기

▶ 한 상자에 들어 있는 공깃돌 수: ☐ 개

▶ 공깃돌이 들어 있는 상자 수: ☐ 상자

식 세우기

(전체 공깃돌 수)
= (한 상자에 들어 있는 공깃돌 수)
× (상자 수)

$$= \boxed{} \times \boxed{} = \boxed{}$$

답 구하기 ☐ 개

3

명주네 가족이 주말농장에서 딴 오이를 한 봉지에 18개씩 담았더니 5봉지가 되었습니다. 명주네 가족이 딴 오이는 모두 몇 개입니까?

문제 이해하기

▶ 한 봉지에 담은 오이 수: ☐ 개

▶ 오이를 담은 봉지 수: ☐ 봉지

식 세우기

(명주네 가족이 딴 오이 수)
= (한 봉지에 담은 오이 수) × (봉지 수)

$$= \boxed{} \times \boxed{} = \boxed{}$$

답 구하기 ☐ 개

4

모든 변의 길이가 같은 삼각형이 있습니다. 이 삼각형의 한 변이 28 cm일 때 세 변의 길이의 합은 몇 cm입니까?

문제 이해하기

▶ 세 변의 길이가 모두 같습니다.

▶ 삼각형의 한 변의 길이: ☐ cm

➡ 삼각형의 세 변을 겹치지 않게 이어 붙인 것을 수직선에 나타내 보면

삼각형의 한 변
28 cm

식 세우기

(삼각형의 세 변의 길이의 합)＝(한 변의 길이)×☐

＝☐×☐＝☐

답 구하기 ☐ cm

5

모든 변의 길이가 같은 오각형이 있습니다. 이 오각형의 한 변이 13 cm일 때 다섯 변의 길이의 합은 몇 cm입니까?

문제 이해하기

▶ 다섯 변의 길이가 모두 같습니다.

▶ 오각형의 한 변의 길이: ☐ cm

식 세우기

(오각형의 다섯 변의 길이의 합)

＝(한 변의 길이)×☐

＝☐×☐＝☐

답 구하기 ☐ cm

6

한 변이 24 cm인 정사각형 모양의 종이가 있습니다. 이 종이의 네 변의 길이의 합은 몇 cm입니까?

문제 이해하기

▶ 정사각형의 네 변의 길이는 모두 (같습니다 , 다릅니다).

▶ 정사각형 모양 종이의 한 변의 길이:

☐ cm

식 세우기

(종이의 네 변의 길이의 합)

＝(한 변의 길이)×☐

＝☐×☐＝☐

답 구하기 ☐ cm

정답 확인

은혜 갚은 호랑이

사냥꾼이 노루 1마리와 토끼 3마리를 잡아서 산에서 내려오다가 굶주려 있는 호랑이를 발견했어요. 사냥꾼은 딱한 마음이 들어 사냥한 것을 모두 호랑이에게 주었습니다. 그 후 호랑이는 2주 동안 매일 자신이 받았던 것만큼 사냥꾼에게 돌려주었습니다. 사냥꾼이 호랑이에게 받은 노루와 토끼는 모두 몇 마리인지 쓰세요.

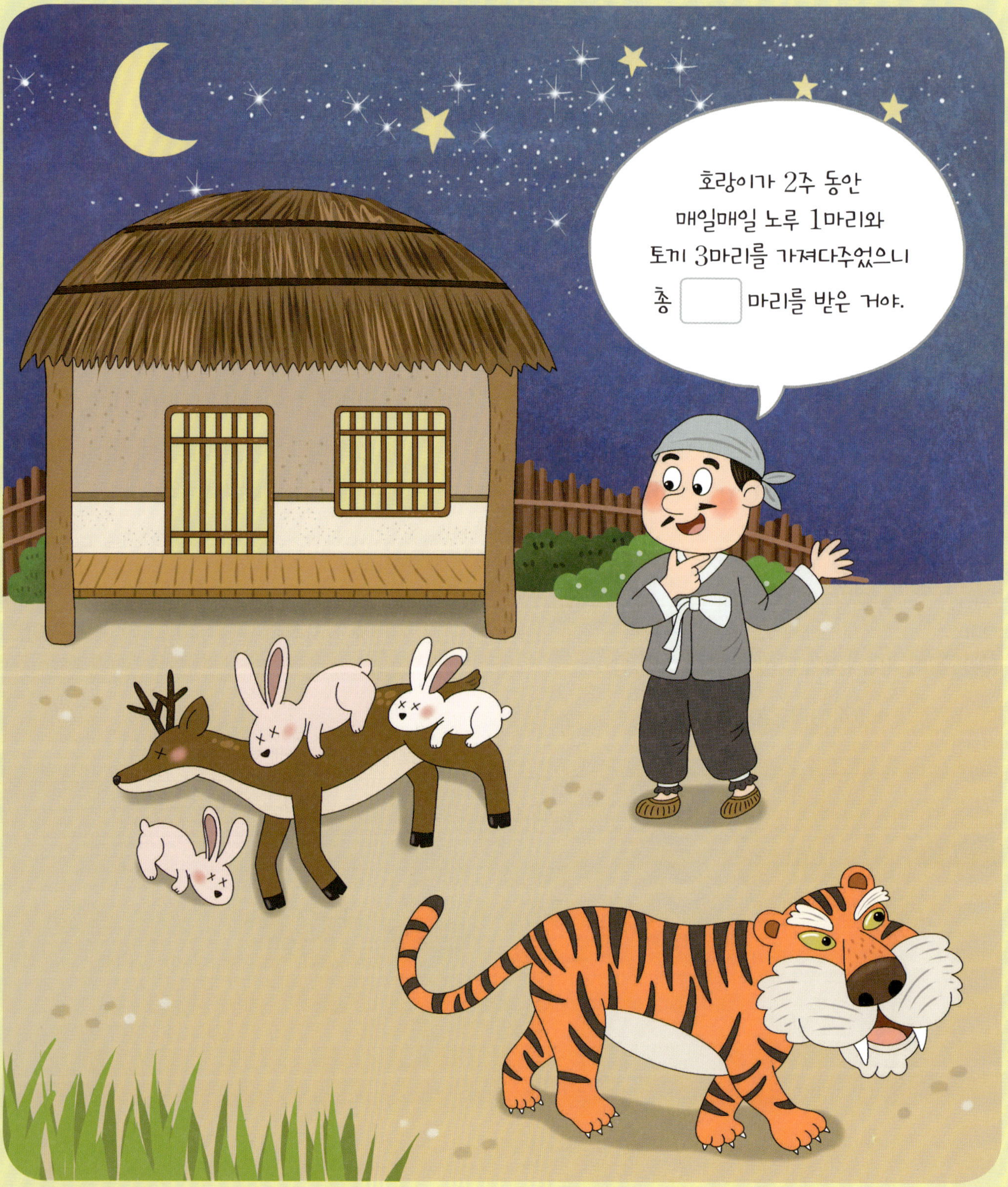

(곱셈)

일의 자리에서 올림이 있는
(몇십몇) × (몇) ❷

1

3장의 수 카드 중에서 2장을 골라 한 번씩만 사용하여 가장 작은 두 자리 수를 만들었습니다. 만든 두 자리 수와 남은 수 카드의 수의 곱을 구하시오.

$$\boxed{3} \quad \boxed{4} \quad \boxed{2}$$

문제 이해하기

❶ 수 카드에 적힌 세 수의 크기를 비교해 보면

$\boxed{} < \boxed{} < \boxed{}$

❷ 만들 수 있는 가장 작은 두 자리 수는 $\boxed{}$

두 자리 수를 만들고 남은 수 카드의 수는 $\boxed{}$

식 세우기

(가장 작은 두 자리 수) × (남은 수 카드의 수)

$= \boxed{} \times \boxed{} = \boxed{}$

답 구하기

$\boxed{}$

2

3장의 수 카드 중에서 2장을 골라 한 번씩만 사용하여 가장 작은 두 자리 수를 만들었습니다. 만든 두 자리 수와 남은 수 카드의 수의 곱을 구하시오.

$$\boxed{1} \quad \boxed{6} \quad \boxed{5}$$

문제 이해하기

식 세우기

답 구하기

3

과일 가게에 토마토가 74개 있습니다. 이 토마토를 한 봉지에 12개씩 담아 5봉지를 팔았다면 남은 토마토는 몇 개입니까?

문제 이해하기

- 처음에 있던 토마토 수: ☐개
- 판 토마토 수: ☐개씩 ☐봉지

➜ 토마토 수를 그림으로 나타내 보면

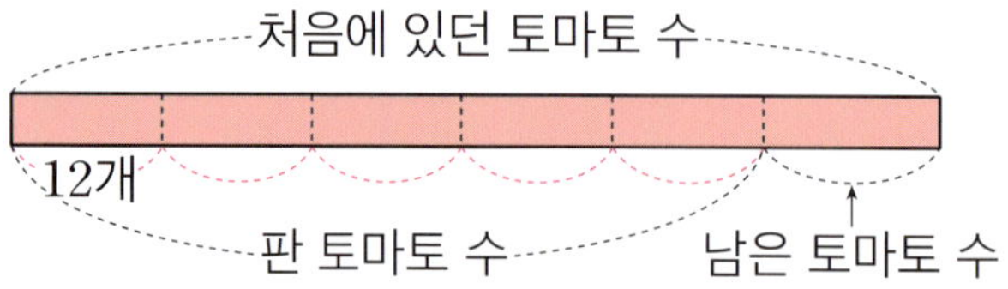

식 세우기

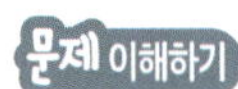

(판 토마토 수)=(한 봉지에 담은 토마토 수)×(봉지 수)

=☐×☐=☐

➜ (남은 토마토 수)=(처음에 있던 토마토 수)−(판 토마토 수)

=☐−☐=☐

답 구하기

☐개

4

혜연이네 과수원에서 배를 81개 땄습니다. 이 배를 한 상자에 19개씩 담아 4상자를 팔았다면 남은 배는 몇 개입니까?

문제 이해하기

식 세우기

답 구하기

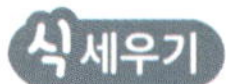

어떤 수에 3을 곱해야 할 것을 잘못하여 3으로 나누었더니 14가 되었습니다. 바르게 계산하면 얼마입니까?

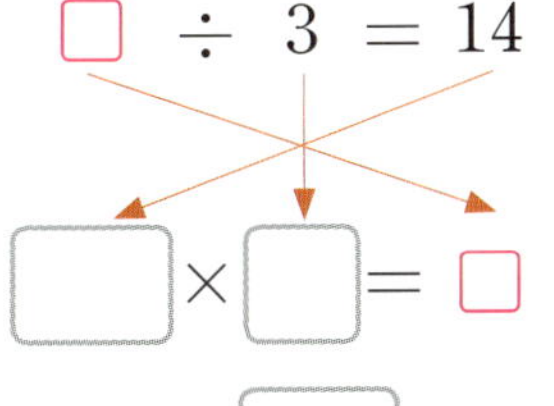 ▶ 바른 계산: 어떤 수에 3을 (더합니다 , 곱합니다).

▶ 잘못한 계산: 어떤 수를 3으로 나누었더니 14가 되었습니다.

 어떤 수를 ☐라고 하면

$$☐ \div 3 = 14$$

$$☐ \times ☐ = ☐$$

➡ ☐ = ☐ 이므로 바르게 계산한 식은

$$☐ \times ☐ = ☐$$

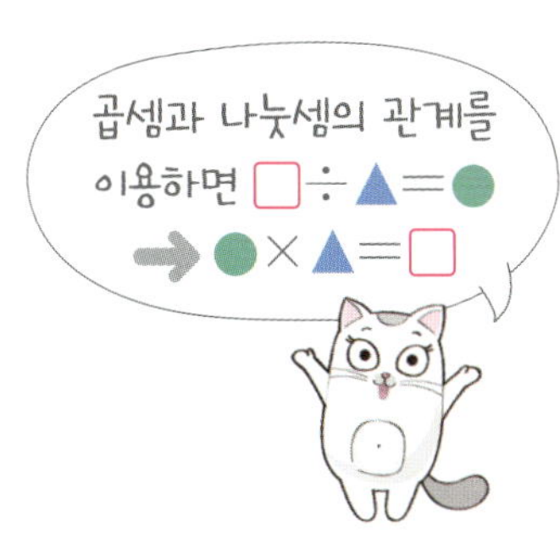

 ☐

 어떤 수에 2를 곱해야 할 것을 잘못하여 2로 나누었더니 36이 되었습니다. 바르게 계산하면 얼마입니까?

통나무 자르기

두 나무꾼이 통나무를 자르고 있어요. 삼돌 나무꾼은 굵은 통나무를 네 도막 내고, 순돌 나무꾼은 조금 가느다란 통나무를 여섯 도막 내야 합니다. 두 나무꾼 중 누가 더 빨리 일을 끝냈을까요? 먼저 일을 끝낸 나무꾼에게 ○표 해 보세요.

곱셈

십의 자리와 일의 자리에서 올림이 있는 (몇십몇) × (몇) ❶

36×4를 계산할 때에는 $6 \times 4 = 24$에서 4는 일의 자리에 쓰고,
$3 \times 4 = 12$에서 12에 올림한 수 2를 더하여 4는 십의 자리에,
1은 백의 자리에 씁니다.

$$\begin{array}{ccc} & 2 & \\ & 3 & 6 \\ \times & & 4 \\ \hline 1 & 4 & 4 \end{array}$$

실력 확인하기

계산을 하시오.

1

$$\begin{array}{cc} 2 & 7 \\ \times & 4 \end{array}$$

2

$$\begin{array}{cc} 4 & 8 \\ \times & 6 \end{array}$$

3

$$\begin{array}{cc} 5 & 8 \\ \times & 7 \end{array}$$

4

$$\begin{array}{cc} 6 & 4 \\ \times & 3 \end{array}$$

5

$$\begin{array}{cc} 6 & 9 \\ \times & 7 \end{array}$$

6

$$\begin{array}{cc} 7 & 4 \\ \times & 5 \end{array}$$

7

$$\begin{array}{cc} 8 & 9 \\ \times & 7 \end{array}$$

8

$$\begin{array}{cc} 9 & 4 \\ \times & 4 \end{array}$$

1

민희네 학교 3학년 학생들이 현장 체험 학습을 하려고 버스 한 대에 39명씩 6대에 탔습니다. 민희네 학교 3학년 학생은 모두 몇 명입니까?

문제 이해하기

▶ 버스 한 대에 탄 학생 수: ☐ 명

▶ 학생이 탄 버스 수: ☐ 대

➡ 3학년 학생 수를 수 모형으로 나타내 보면

$30 \times 6 =$ ☐

$9 \times 6 =$ ☐

$39 \times 6 =$ ☐

식 세우기

(민희네 학교 3학년 학생 수) = (버스 한 대에 탄 학생 수) × (버스 수)

= ☐ × ☐ = ☐

답 구하기 ☐ 명

---

2 석민이네 학교 3학년은 한 반에 28명씩 7개 반이 있습니다. 석민이네 학교 3학년 학생은 모두 몇 명입니까?

문제 이해하기

▶ 3학년 한 반의 학생 수: ☐ 명

▶ 3학년 반 수: ☐ 개 반

식 세우기

(석민이네 학교 3학년 학생 수)
= (한 반의 학생 수) × (반 수)

= ☐ × ☐ = ☐

답 구하기 ☐ 명

---

3 은별이네 아파트는 한 동에 46가구씩 다섯 동이 있습니다. 은별이네 아파트는 모두 몇 가구입니까?

문제 이해하기

▶ 아파트 한 동의 가구 수: ☐ 가구

▶ 아파트 동 수: ☐ 개 동

식 세우기

(은별이네 아파트 가구 수)
= (한 동의 가구 수) × (동 수)

= ☐ × ☐ = ☐

답 구하기 ☐ 가구

영규네 집에서 문방구까지의 거리는 57 m입니다. 영규네 집에서 공원까지의 거리는 문방구까지의 거리의 4배입니다. 영규네 집에서 공원까지의 거리는 몇 m입니까?

문제 이해하기

▸ 영규네 집에서 문방구까지의 거리: ☐ m

▸ 영규네 집에서 공원까지의 거리: 집에서 문방구까지의 거리의 ☐ 배

➜ 영규네 집에서 문방구와 공원까지의 거리를 수직선에 나타내 보면

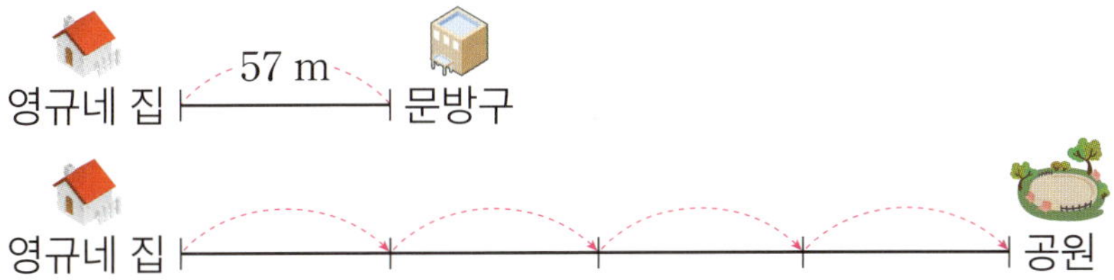

식 세우기

(영규네 집에서 공원까지의 거리) = (집에서 문방구까지의 거리) × ☐

= ☐ × ☐ = ☐

답 구하기 ☐ m

수지네 집에서 학교까지의 거리는 45 m입니다. 수지네 집에서 도서관까지의 거리는 학교까지의 거리의 3배입니다. 수지네 집에서 도서관까지의 거리는 몇 m입니까?

문제 이해하기

▸ 수지네 집에서 학교까지의 거리:
☐ m

▸ 수지네 집에서 도서관까지의 거리:
집에서 학교까지의 거리의 ☐ 배

식 세우기 (수지네 집에서 도서관까지의 거리)

= (집에서 학교까지의 거리) × ☐

= ☐ × ☐ = ☐

답 구하기 ☐ m

열 달 전에 태어난 동생의 키가 68 cm가 되었습니다. 나의 키가 동생 키의 2배일 때 나의 키는 몇 cm입니까?

문제 이해하기

▸ 동생의 키: ☐ cm

▸ 나의 키: 동생 키의 ☐ 배

식 세우기 (나의 키)

= (동생의 키) × ☐

= ☐ × ☐ = ☐

답 구하기 ☐ cm

주문을 받아 주세요

"바삭해 치킨집"에 갑자기 주문이 몰려들었어요. 주문받은 치킨 세트는 1시간 내에 만들어서 배달해야 합니다. 주문받은 치킨 세트를 만들려면 치킨 몇 조각이 필요할까요? 필요한 치킨 조각을 써 보세요.

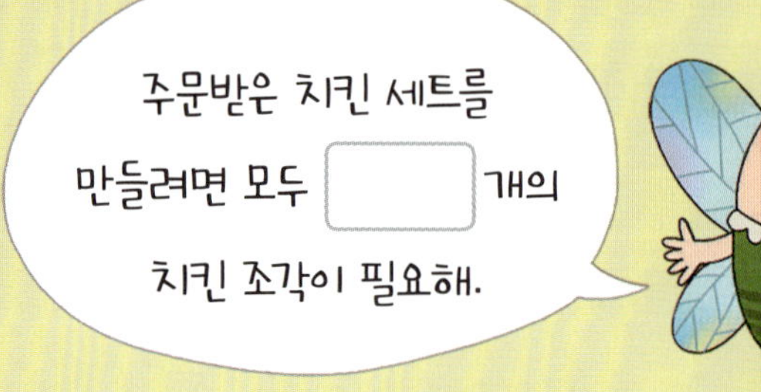

곱셈

십의 자리와 일의 자리에서 올림이 있는 (몇십몇) × (몇) ❷

1

도로의 한쪽에 처음부터 끝까지 23 m 간격으로 나무를 심었습니다. 도로에 심은 나무가 9그루라면 도로의 길이는 몇 m입니까? (단, 나무의 두께는 생각하지 않습니다.)

문제 이해하기

예 도로의 한쪽에 심은 나무가 3그루라면

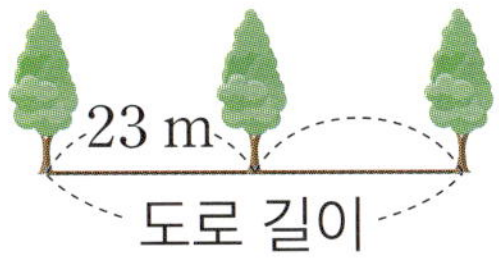

23 m
도로 길이

➡ (나무 사이의 간격 수)＝(나무 수)−☐

＝3−☐＝☐

식 세우기

도로의 한쪽에 심은 나무가 9그루라면

(나무 사이의 간격 수)＝(나무 수)−☐＝9−☐＝☐

➡ (도로 길이)＝(나무 사이의 간격)×(나무 사이의 간격 수)

＝☐×☐＝☐

답 구하기

☐ m

2

도로의 한쪽에 처음부터 끝까지 35 m 간격으로 가로등을 세웠습니다. 도로에 세운 가로등이 8개라면 도로의 길이는 몇 m입니까? (단, 가로등의 두께는 생각하지 않습니다.)

문제 이해하기

식 세우기

답 구하기

3 1부터 9까지의 수 중에서 □ 안에 들어갈 수 있는 가장 큰 수를 구하시오.

$$27 \times \square < 100$$

문제 이해하기 27은 25에 가까우므로 25 × □가 100에 가깝게 되는 □의 값을 찾아보면

□ , □ , □

식 세우기 □의 값을 차례대로 넣어 계산해 보면

□ = □ 일 때 27 × □ = □

□ = □ 일 때 27 × □ = □

□ = □ 일 때 27 × □ = □

답 구하기 □

4 1부터 9까지의 수 중에서 □ 안에 들어갈 수 있는 가장 작은 수를 구하시오.

$$49 \times \square > 300$$

문제 이해하기

식 세우기

답 구하기

5

수 카드를 한 번씩만 사용하여 곱이 가장 큰 (몇십몇)×(몇)의 곱셈식을 만들려고 합니다. 만든 곱셈식의 곱은 얼마인지 구하시오.

7　4　9

문제 이해하기

❶ 수 카드에 적힌 세 수의 크기를 비교해 보면

☐ > ☐ > ☐

❷ 곱이 가장 큰 곱셈식을 만들 때는

두 번 곱해지는 한 자리 수에 가장 큰 수 ☐를 쓰고

남은 두 수로 가장 큰 두 자리 수를 만듭니다.

$$\begin{array}{r} \square\square \\ \times \quad \square \\ \hline \end{array}$$

식 세우기

(남은 두 수로 만든 가장 큰 두 자리 수)×(가장 큰 수)

=☐×☐=☐

답 구하기

☐

6

수 카드를 한 번씩만 사용하여 곱이 가장 작은 (몇십몇)×(몇)의 곱셈식을 만들려고 합니다. 만든 곱셈식의 곱은 얼마인지 구하시오.

8　5　3

문제 이해하기

식 세우기

답 구하기

정답 확인

오늘 나의 실력은?

부모님 확인

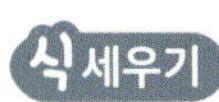

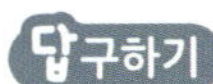

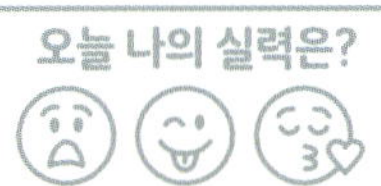

필요한 줄의 길이는?

미래네 마을에서는 꽃밭을 가꾸고 있어요. 그런데 누군가 자꾸 꽃밭에 함부로 들어가는 일이 발생하여 꽃밭을 둘러싼 줄을 치려고 합니다. 가장 긴 줄이 필요한 꽃밭을 찾아 ○표 하세요.

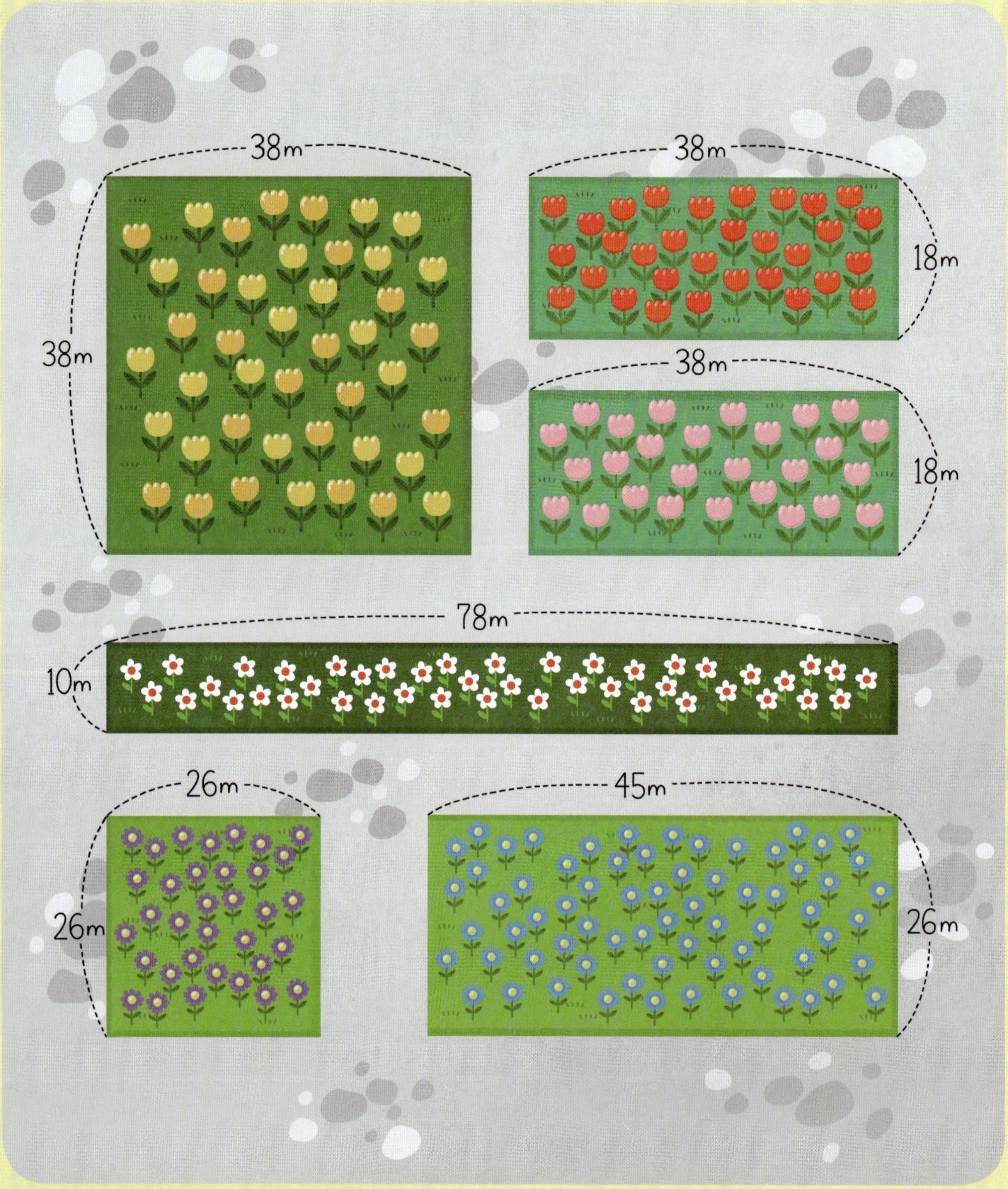

(곱셈)

단원 마무리

01 굴비 한 두름은 20마리입니다. 굴비 여섯 두름은 굴비 몇 마리입니까?

02 지영이가 꽂은 동화책은 모두 몇 권입니까?

지영

03 민주네 학교 3학년은 한 반에 21명씩 4개 반입니다. 3학년 학생들에게 연필을 2자루씩 나누어 주려면 연필이 모두 몇 자루 필요합니까?

04 한 장의 길이가 40 cm인 종이 테이프 5장을 9 cm씩 겹쳐서 이어 붙였습니다. 이어 붙인 종이 테이프 전체의 길이는 몇 cm입니까?

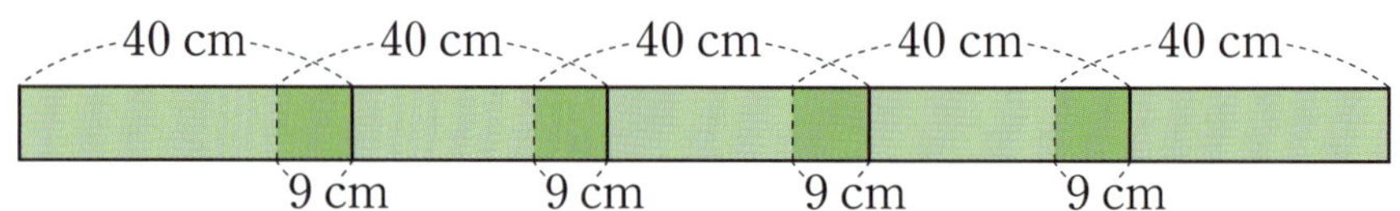

05 가 상자와 나 상자 중에서 어느 상자의 고무찰흙이 몇 개 더 많습니까?

> • 가 상자: 고무찰흙이 15개씩 6묶음   • 나 상자: 고무찰흙이 28개씩 3묶음

06 기호 ◎에 대하여 **보기** 와 같이 약속할 때 23◎4를 계산한 값을 구하시오.

07 ㉠에 알맞은 수를 구하시오.

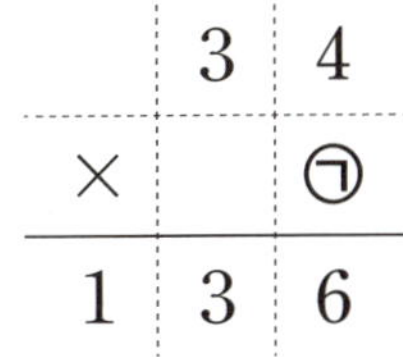

$$\begin{array}{r} 3\ 4 \\ \times\quad ㉠ \\ \hline 1\ 3\ 6 \end{array}$$

08 계산 결과가 400에 가장 가깝도록 □ 안에 알맞은 수를 구하시오.

$$62 \times \square$$

09 4장의 수 카드 중 3장을 골라 한 번씩만 사용하여 (몇십몇) × (몇)의 곱셈식을 만들려고 합니다. 곱이 가장 큰 경우와 가장 작은 경우의 곱의 차를 구하시오.

2	4	6	7

10 굵기가 일정한 통나무를 한 번 자를 때 19분이 걸리고 한 번 자를 때마다 5분씩 쉽니다. 이 통나무를 9도막으로 자르는 데 몇 시간 몇 분이 걸리겠습니까?

정답 확인 · 오늘 나의 실력은? · 부모님 확인

길이와 시간

📖 이것을 배울 거예요!

- 1 mm 알아보기
- 1 km 알아보기
- 길이의 덧셈과 뺄셈
- 초 단위까지 시각 읽기
- 시간의 덧셈과 뺄셈

		학습 계획일	
8주 1일	길이 알아보기 ❶	월	일
8주 2일	길이 알아보기 ❷	월	일
8주 3일	시간 알아보기 ❶	월	일
8주 4일	시간 알아보기 ❷	월	일
8주 5일	단원 마무리	월	일

길이 알아보기 ❶

▶ 1 cm(⎯)를 10칸으로 똑같이 나누었을 때 (⊢⊣⊣⊣⊣)
작은 눈금 한 칸(▪)의 길이를 **1 mm**라 쓰고
1 밀리미터라고 읽습니다.

$$1\ cm = 10\ mm$$

▶ 1000 m를 **1 km**라 쓰고
→ 1 km는 1 m를 1000개 모은 길이입니다.
1 킬로미터라고 읽습니다.

$$1000\ m = 1\ km$$

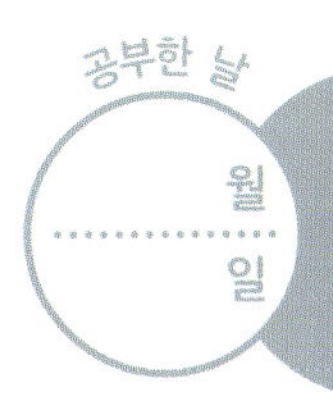

실력 확인하기

□ 안에 알맞은 수를 써넣으시오.

1 □ mm

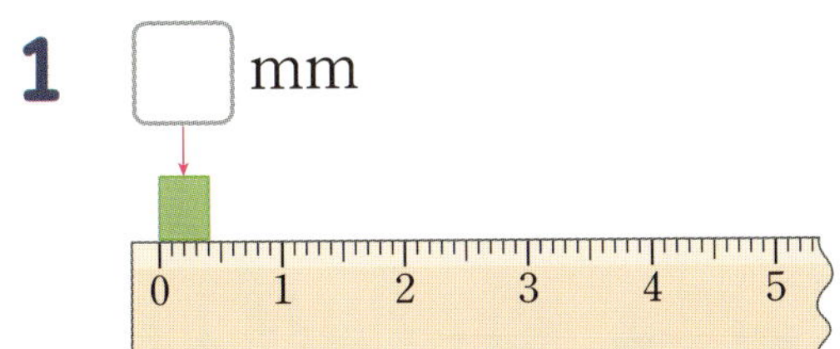

2 □ cm □ mm

3

□ km

4
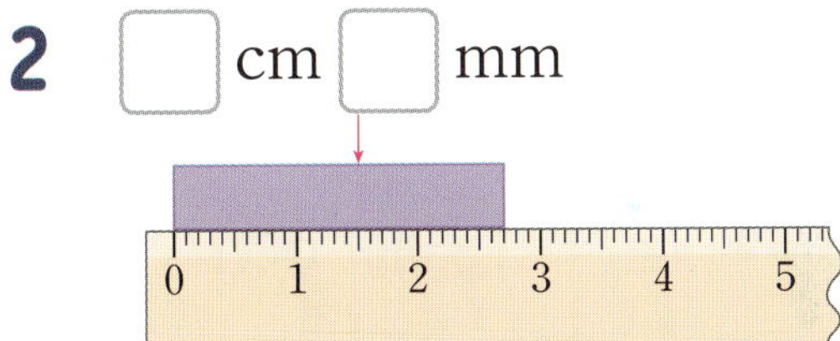

□ km □ m

5 3 cm = □ mm

6 16 mm = □ cm □ mm

7 2 km = □ m

8 7000 m = □ km

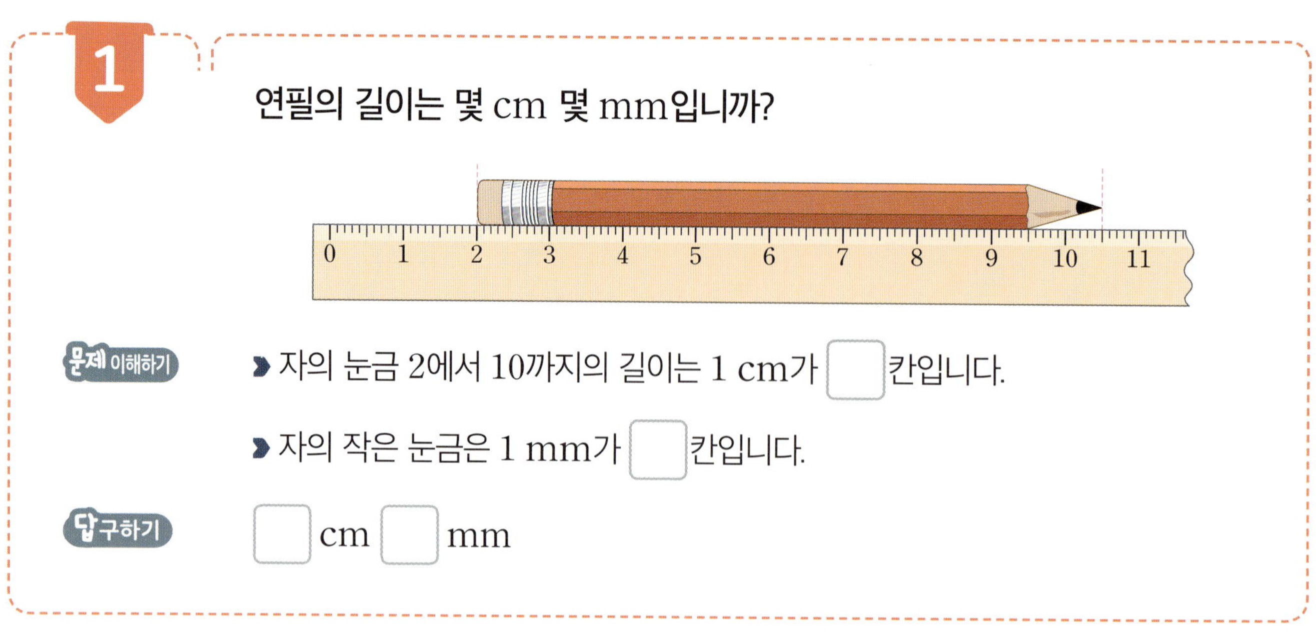

1 연필의 길이는 몇 cm 몇 mm입니까?

문제 이해하기

▶ 자의 눈금 2에서 10까지의 길이는 1 cm가 ☐ 칸입니다.

▶ 자의 작은 눈금은 1 mm가 ☐ 칸입니다.

답 구하기 ☐ cm ☐ mm

---

2 지우개의 길이는 몇 mm입니까?

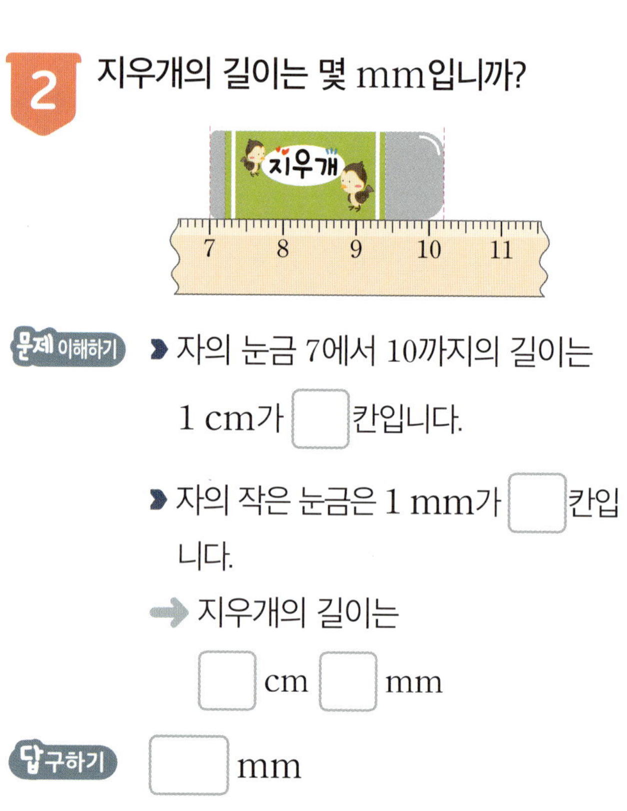

문제 이해하기

▶ 자의 눈금 7에서 10까지의 길이는 1 cm가 ☐ 칸입니다.

▶ 자의 작은 눈금은 1 mm가 ☐ 칸입니다.

➡ 지우개의 길이는 ☐ cm ☐ mm

답 구하기 ☐ mm

---

3 보기 중에서 옳은 문장을 찾아 기호를 써 보시오.

보기

㉠ 손톱의 길이는 약 7 cm입니다.

㉡ 500원짜리 동전의 두께는 약 1 cm입니다.

㉢ 나의 한 뼘은 약 13 cm입니다.

문제 이해하기 엄지손가락 너비가 1 cm 정도임을 이용하여 알맞은 단위인지 판단해 봅니다.

답 구하기 ☐

수직선을 보고 ☐ 안에 알맞은 수를 써넣으시오.

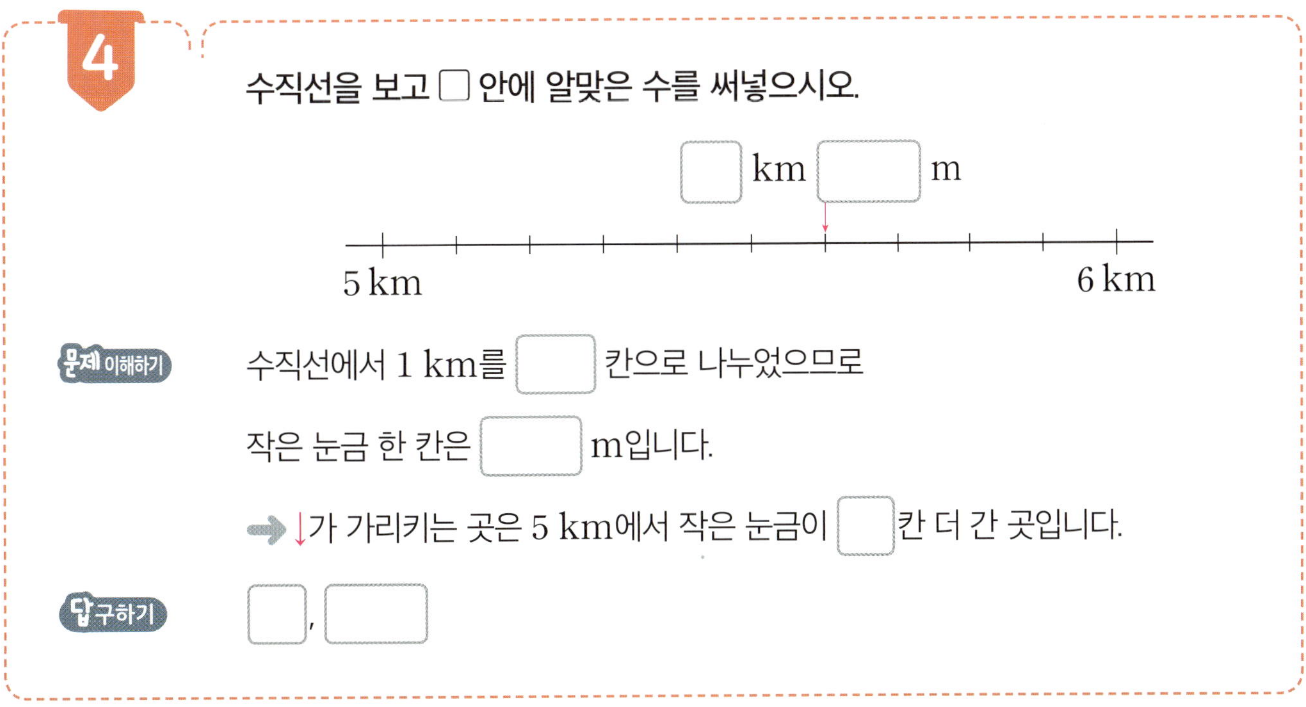

문제 이해하기

수직선에서 1 km를 ☐ 칸으로 나누었으므로

작은 눈금 한 칸은 ☐ m입니다.

➡ ↓가 가리키는 곳은 5 km에서 작은 눈금이 ☐ 칸 더 간 곳입니다.

답 구하기   ☐ , ☐

---

5 수직선을 보고 ☐ 안에 알맞은 수를 써넣으시오.

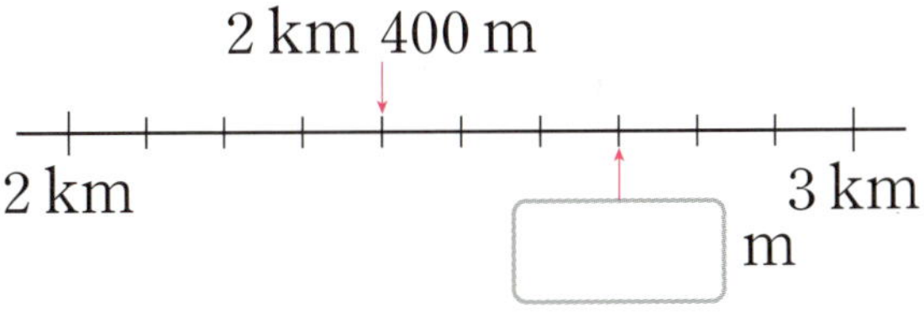

문제 이해하기 수직선에서 400 m를 ☐ 칸으로 나누었으므로 작은 눈금 한 칸은 ☐ m입니다.

➡ ↑가 가리키는 곳은 2 km 400 m에서 작은 눈금이 ☐ 칸 더 간 곳입니다.

답 구하기 ☐

---

6 보기 중에서 km 단위를 사용하여 길이를 나타내는 것이 가장 알맞은 것을 찾아 기호를 써 보시오.

보기
㉠ 자전거의 길이
㉡ 농구 골대의 높이
㉢ 서울에서 제주도까지의 거리

문제 이해하기 양팔을 벌린 만큼의 길이가 1 m 정도입니다.

1 km는 1 m가 1000개 모인 길이임을 이용하여 알맞은 단위인지 판단해 봅니다.

답 구하기 ☐

줄다리기의 승리팀은?

운동회에서 줄다리기 경기가 열렸어요. 미래가 있는 1반과 영민이가 있는 2반의 결승전이 열리고 있습니다. 경기를 중계하는 두 학생의 말로 보아, 어느 팀이 승리했을까요? 승리한 팀의 깃발에 ○표 하세요.

길이 알아보기 ❷

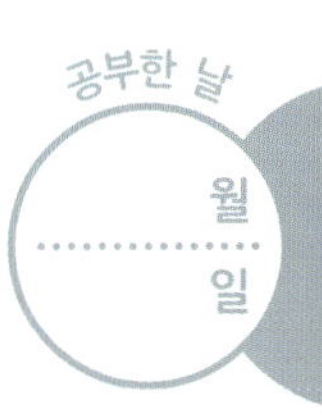

1

민재가 기르는 봉선화의 키는 14 cm 2 mm이고, 준서가 기르는 봉선화는 민재의 봉선화보다 3 cm 7 mm 더 큽니다. 준서가 기르는 봉선화의 키는 몇 cm 몇 mm입니까?

문제 이해하기

민재와 준서가 기르는 봉선화 키를 수직선에 나타내 보면

준서의 봉선화

민재의 봉선화 ☐ cm ☐ mm ☐ cm ☐ mm

식 세우기

(준서가 기르는 봉선화 키)

= (민재가 기르는 봉선화 키) + (더 긴 길이)

= ☐ cm ☐ mm + ☐ cm ☐ mm

= ☐ cm ☐ mm

답 구하기

☐ cm ☐ mm

2

이순신대교의 길이는 2 km 260 m이고, 천사대교는 이순신대교보다 8 km 540 m 더 깁니다. 천사대교의 길이는 몇 km 몇 m입니까?

문제 이해하기

식 세우기

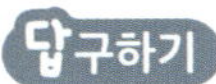

답 구하기

수정이가 가지고 있는 빨간색 크레파스의 길이는 5 cm 8 mm이고, 파란색 크레파스의 길이는 4 cm 3 mm입니다. 빨간색 크레파스는 파란색 크레파스보다 몇 cm 몇 mm 더 깁니까?

문제 이해하기

빨간색과 파란색 크레파스를 그림으로 나타내 보면

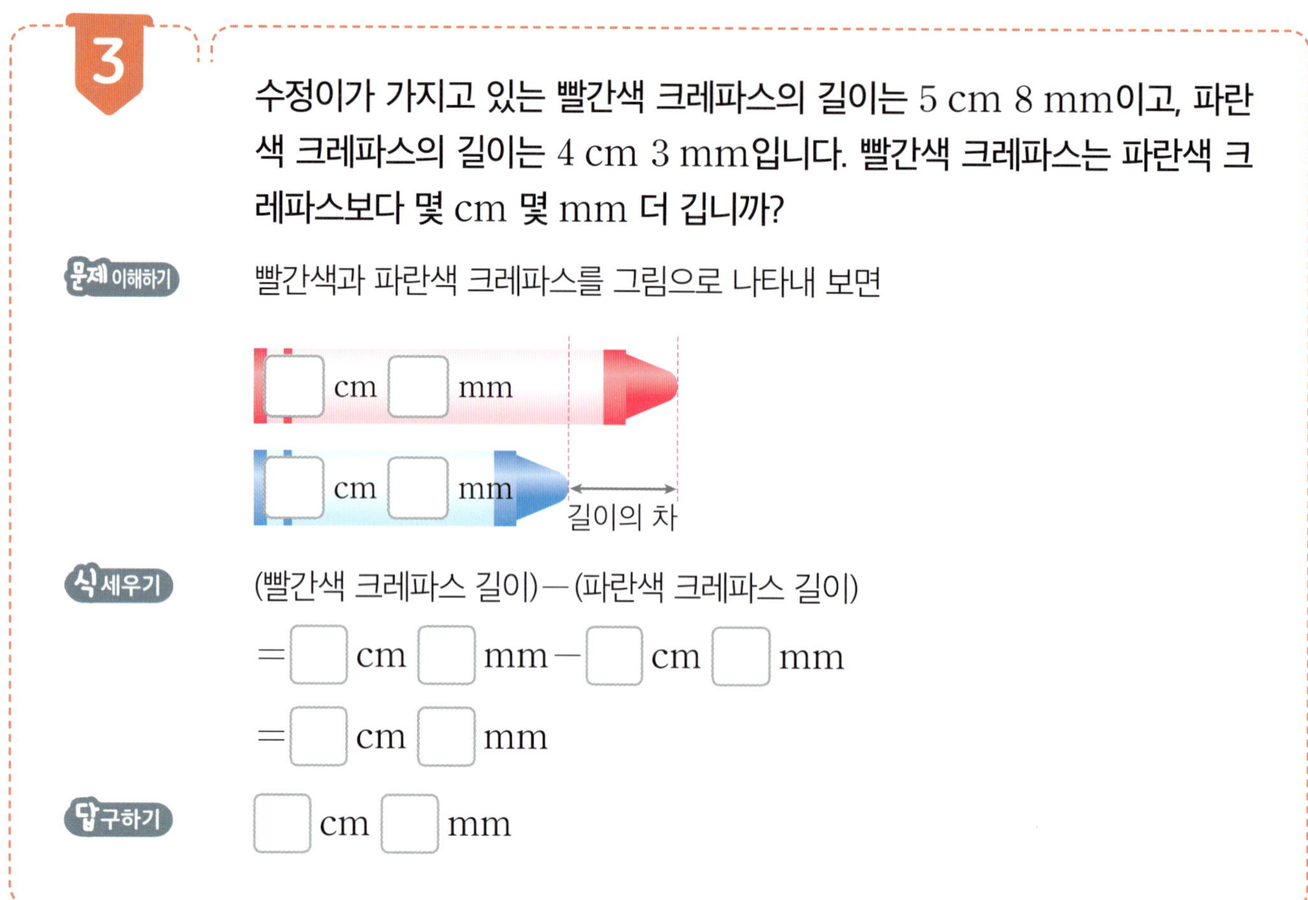

식 세우기

(빨간색 크레파스 길이) − (파란색 크레파스 길이)

= ☐ cm ☐ mm − ☐ cm ☐ mm

= ☐ cm ☐ mm

답 구하기

☐ cm ☐ mm

동우네 집에서 놀이공원까지의 거리는 24 km 750 m이고, 박물관까지의 거리는 16 km 300 m입니다. 동우네 집에서 놀이공원까지의 거리는 박물관까지의 거리보다 몇 km 몇 m 더 멉니까?

문제 이해하기

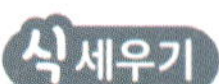
식 세우기

답 구하기

은우네 가족은 집에서 출발하여 미술관에 가려고 합니다. 경로 1과 경로 2 중 어느 경로가 더 짧습니까?

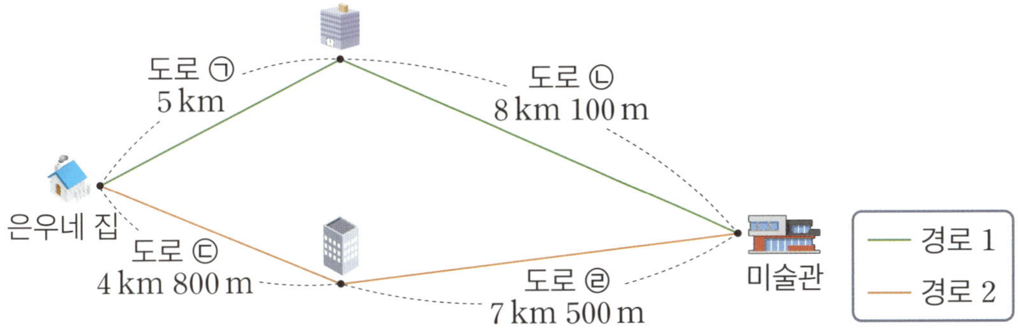

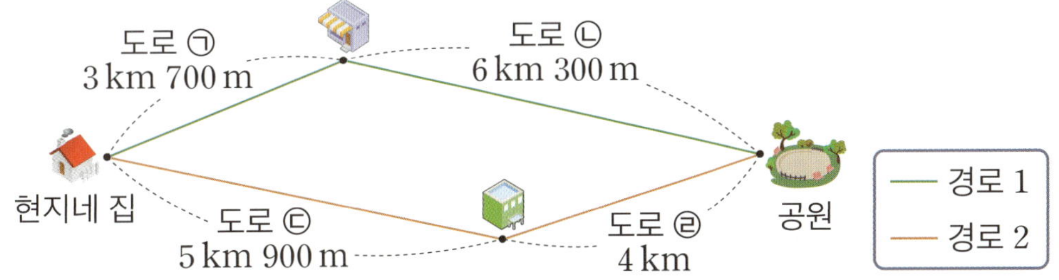

 경로 1은 도로 ㉠에서 도로 ㉡으로, 경로 2는 도로 ㉢에서 도로 ㉣로 이동합니다.

➡ 경로 1의 거리와 경로 2의 거리를 각각 구한 다음, 거리를 비교해 봅니다.

 [경로 1] (도로 ㉠의 길이)＋(도로 ㉡의 길이)

$$= \boxed{} \text{ km} + \boxed{} \text{ km} \boxed{} \text{ m} = \boxed{} \text{ km} \boxed{} \text{ m}$$

[경로 2] (도로 ㉢의 길이)＋(도로 ㉣의 길이)

$$= \boxed{} \text{ km} \boxed{} \text{ m} + \boxed{} \text{ km} \boxed{} \text{ m} = \boxed{} \text{ km} \boxed{} \text{ m}$$

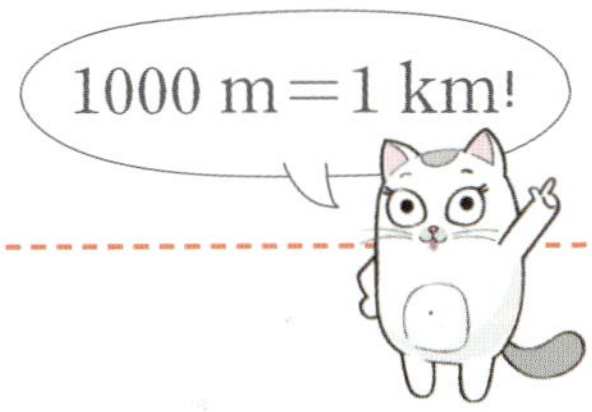

 $\boxed{}$

현지네 가족은 집에서 출발하여 공원에 가려고 합니다. 경로 1과 경로 2 중 어느 경로가 더 깁니까?

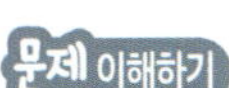

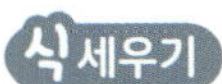

이동한 거리는?

수아는 엄마와 함께 차를 타고 도서관에 갔어요. 2시간 동안 책을 읽고 수아는 버스를 타고 민지네 집에 갔고, 엄마는 운전을 해서 시장에 갔습니다. 그리고 다시 2시간 뒤에 놀이터에서 엄마를 만났어요. 수아와 엄마 중 누가 얼마만큼 더 많이 이동했는지 써 보세요.

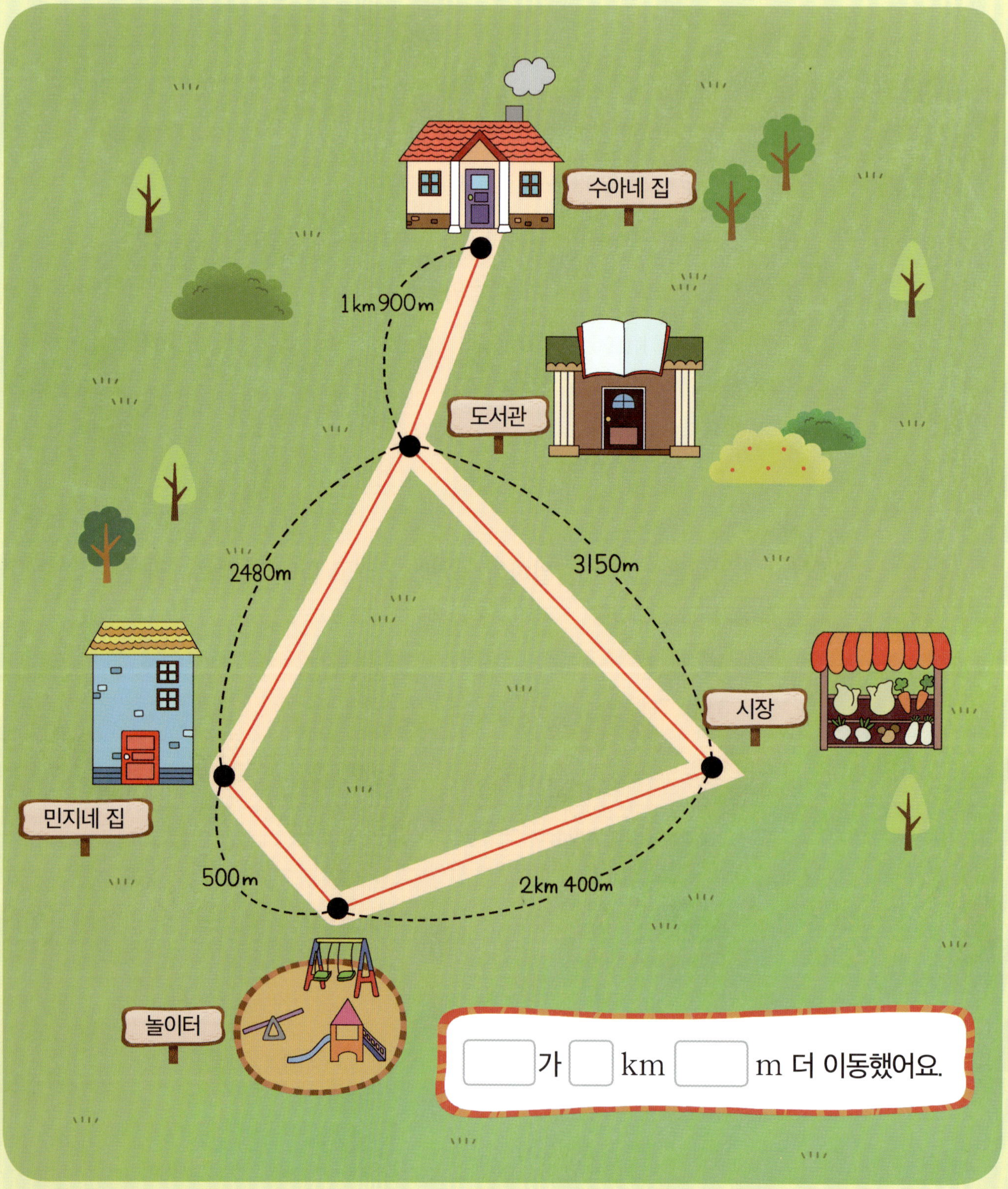

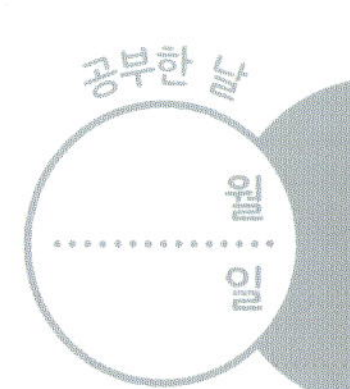

8주 / 3일

길이와 시간

시간 알아보기 ①

> ◗ 초바늘이 작은 눈금 한 칸을 지나는 데 걸리는 시간을 **1초**, 초바늘이 시계를 한 바퀴 도는 데 걸리는 시간을 **60초**라고 합니다.

작은 눈금 한 칸＝1초
60초＝1분

> ◗ 시간의 덧셈과 뺄셈을 계산할 때에는 같은 단위끼리 계산합니다.

→ 시는 시끼리, 분은 분끼리, 초는 초끼리

	1시	24분	15초
+		3분	30초
	1시	27분	45초

	3시	52분	40초
−	1시	40분	10초
	2시간	12분	30초

실력 확인하기

□ 안에 알맞은 수를 써넣으시오.

1 1분 25초＝□초

2 2분＝□초

3 90초＝□분 □초

4 150초＝□분 □초

5

	2분	15초
+	3분	30초
	□분	□초

6

	6시	20분
+	4시	8분
	□시	□분

7

	9분	30초
−	4분	20초
	□분	□초

8

	6시	30분
−	2시	25분
	□시간	□분

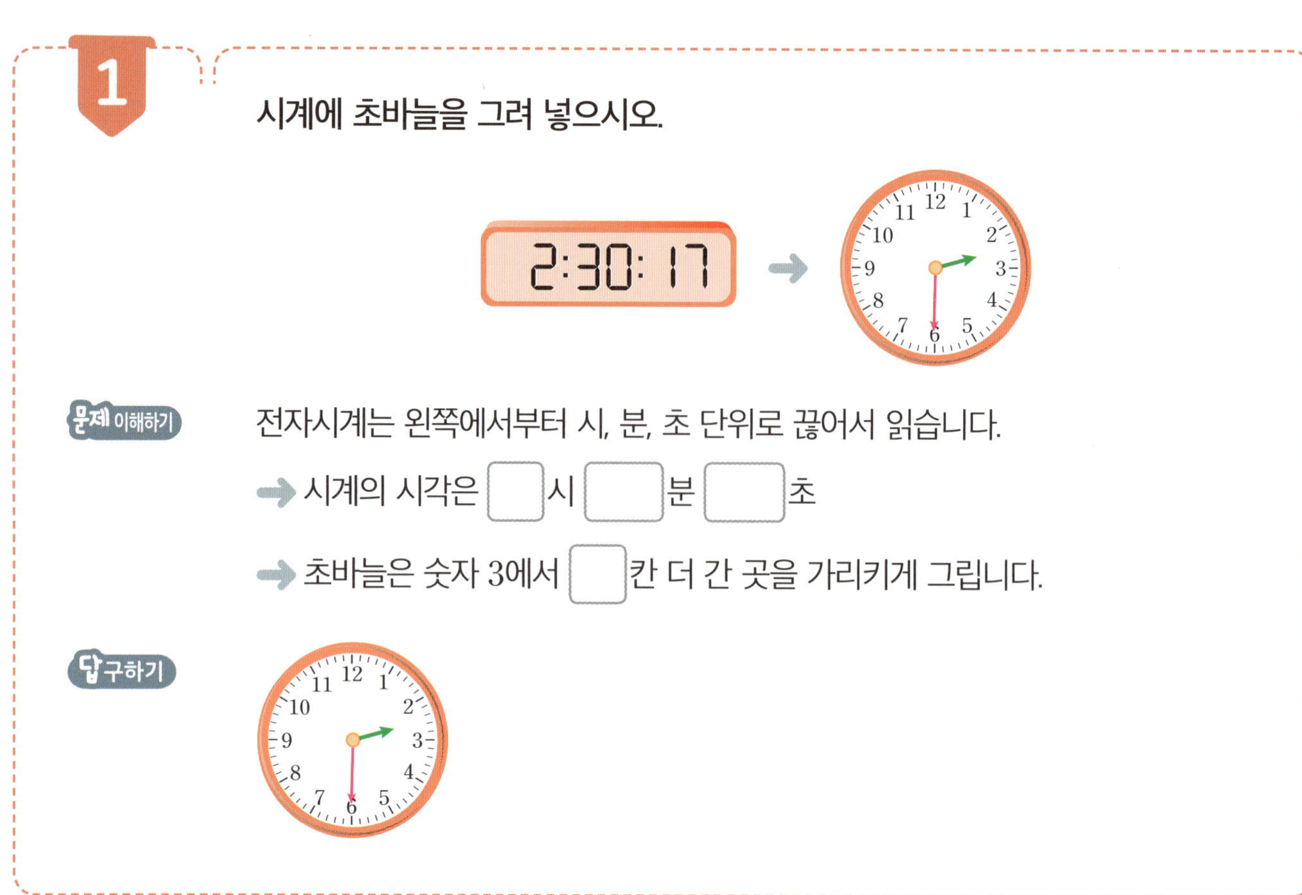

문제 이해하기 전자시계는 왼쪽에서부터 시, 분, 초 단위로 끊어서 읽습니다.

➡ 시계의 시각은 ☐시 ☐분 ☐초

➡ 초바늘은 숫자 3에서 ☐칸 더 간 곳을 가리키게 그립니다.

답 구하기

2 시계에 초바늘을 그려 넣으시오.

문제 이해하기 시계의 시각은 ☐시 ☐분 ☐초

➡ 초바늘은 숫자 ☐를 가리키게 그립니다.

답 구하기

3 시계의 초바늘이 숫자 2를 가리키고 있습니다. 30초 후에 이 시계의 초바늘이 가리키는 숫자는 얼마입니까?

문제 이해하기 시계의 초바늘이 숫자 2를 가리키면

☐초

➡ 30초 후는 ☐초입니다.

답 구하기 ☐

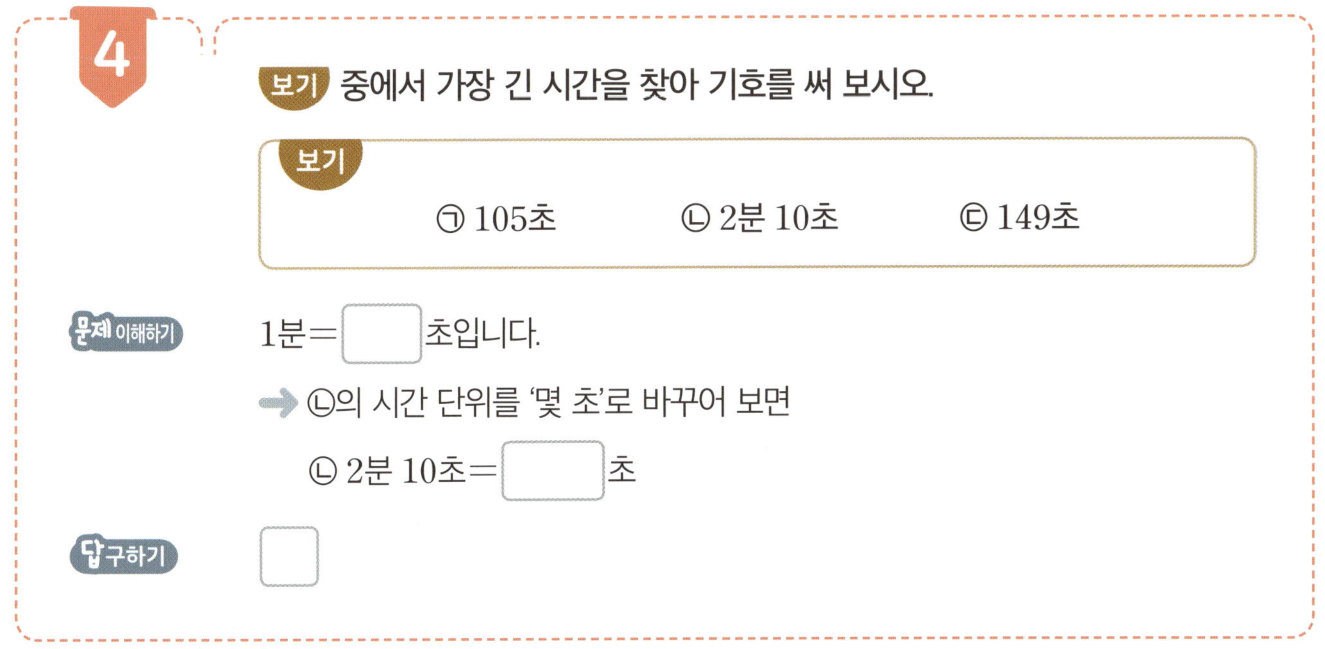

4 보기 중에서 가장 긴 시간을 찾아 기호를 써 보시오.

> **보기**
> ㉠ 105초 　　　 ㉡ 2분 10초 　　　 ㉢ 149초

문제 이해하기

1분 = ☐ 초입니다.

➡ ㉡의 시간 단위를 '몇 초'로 바꾸어 보면

㉡ 2분 10초 = ☐ 초

답 구하기 ☐

---

5 보기 중에서 가장 짧은 시간을 찾아 기호를 써 보시오.

> **보기**
> ㉠ 1분 20초 　　 ㉡ 100초 　　 ㉢ 2분

문제 이해하기

60초 = ☐ 분입니다.

➡ ㉡의 시간 단위를 '몇 분 몇 초'로 바꾸어 보면

㉡ 100초 = ☐ 분 ☐ 초

답 구하기 ☐

---

6 다음 대화를 읽고 오래 매달리기 기록이 가장 좋은 사람은 누구인지 쓰시오.

문제 이해하기

▶ 매달린 시간이 길수록 기록이 (좋습니다 , 나쁩니다).

▶ 윤호의 기록 단위를 '몇 분 몇 초'로 바꾸어 보면

165초 = ☐ 분 ☐ 초

답 구하기 ☐

토끼와 거북이

토끼와 거북이가 달리기 시합을 하기로 했어요. 오후 2시에 동시에 출발했어요. 그런데 토끼는 거북이가 느릿느릿 움직이는 것을 보고 언덕의 나무 그늘에서 낮잠을 잤어요. 토끼와 거북이의 대화를 읽고, 각각 몇 시 몇 분에 결승선에 도착했는지 쓰세요.

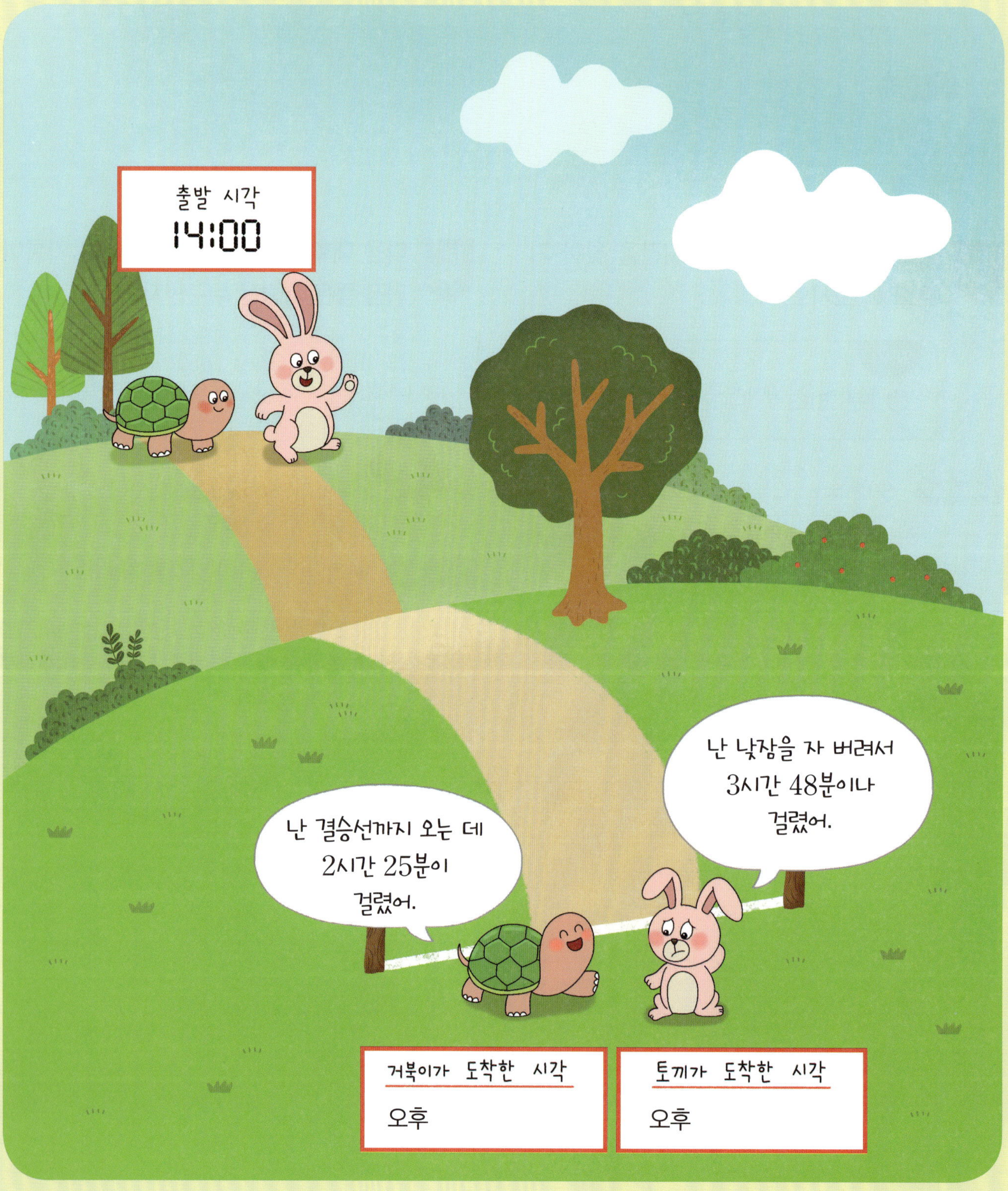

 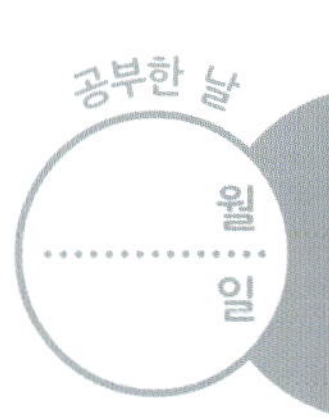

시간 알아보기 ❷

1 연수는 3시 7분 12초에 운동을 시작하였습니다. 연수가 운동을 18분 30초 동안 하였다면 운동이 끝난 시각은 몇 시 몇 분 몇 초입니까?

문제 이해하기 운동을 하는 데 걸린 시간을 나타내 보면

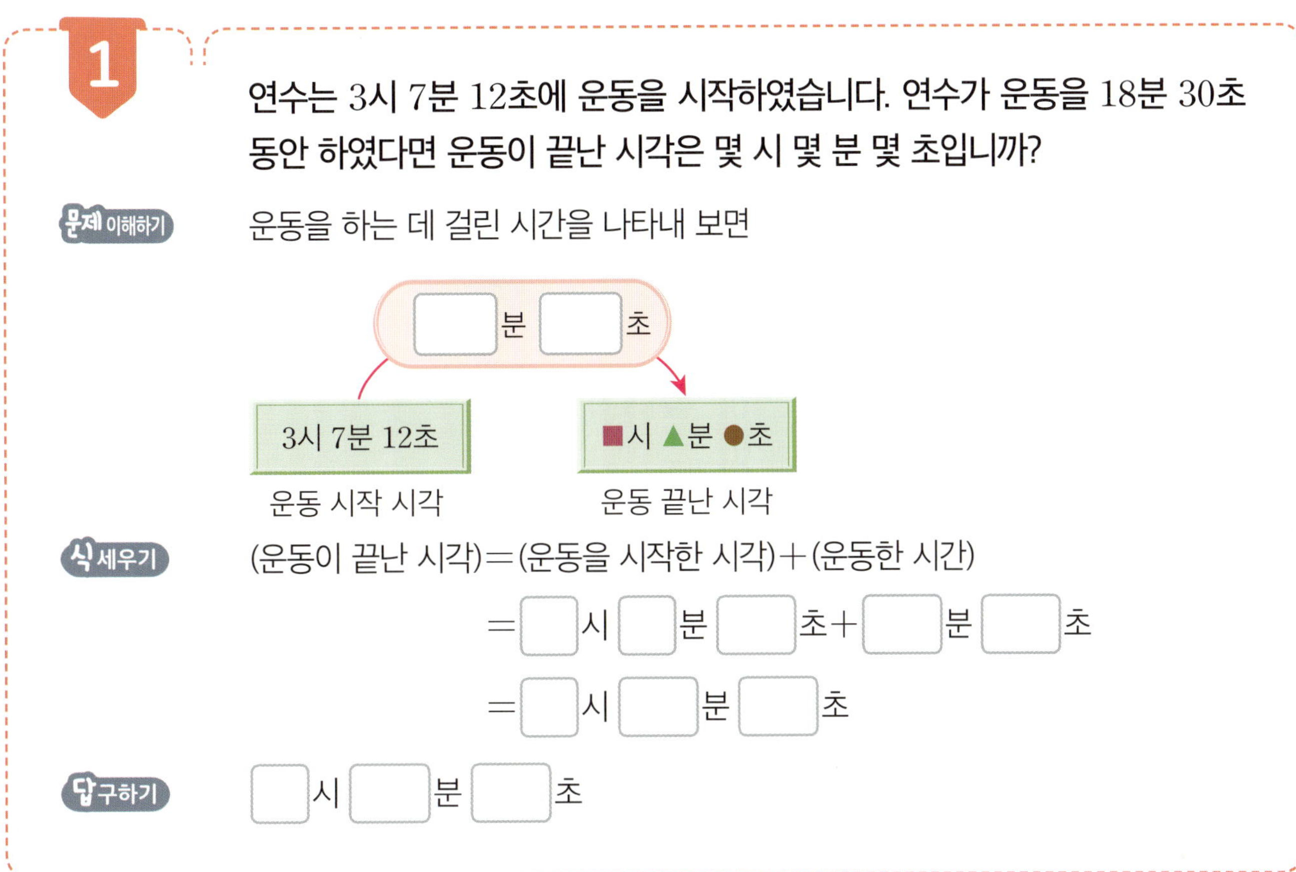

식 세우기 (운동이 끝난 시각)=(운동을 시작한 시각)+(운동한 시간)

= □ 시 □ 분 □ 초 + □ 분 □ 초

= □ 시 □ 분 □ 초

답 구하기 □ 시 □ 분 □ 초

2 하연이는 5시 35분 10초부터 만화 영화를 보았습니다. 하연이가 만화 영화를 20분 45초 동안 보았다면 만화 영화가 끝난 시각은 몇 시 몇 분 몇 초입니까?

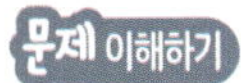 **문제 이해하기**

 **식 세우기**

답 구하기

기차표를 보고 서울에서 부산까지 가는 데 걸린 시간은 몇 시간 몇 분인지 구하시오.

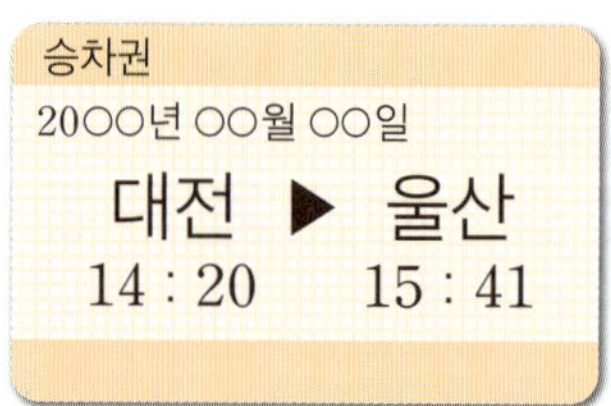

문제 이해하기

서울에서 부산까지 가는 데 걸린 시간을 나타내 보면

■시간 ▲분

10시 15분	□시 □분
서울 출발 시각	부산 도착 시각

식 세우기

(서울에서 부산까지 가는 데 걸린 시간)

=(부산에 도착한 시각)-(서울에서 출발한 시각)

=□시 □분-□시 □분=□시간 □분

답 구하기

□시간 □분

기차표를 보고 대전에서 울산까지 가는 데 걸린 시간은 몇 시간 몇 분인지 구하시오.

문제 이해하기

식 세우기

답 구하기

두 명이 한 모둠이 되어 이어달리기 경주를 했습니다. ㉮ 모둠과 ㉯ 모둠 중에서 어느 모둠이 경주에서 이겼습니까?

모둠	이름	달리기 기록	모둠	이름	달리기 기록
㉮ 모둠	진성	2분 47초	㉯ 모둠	나현	2분 52초
	우민	2분 33초		은재	2분 24초

 문제 이해하기

㉮ 모둠과 ㉯ 모둠의 이어달리기 기록을 나타내 보면

㉮ 모둠의 이어달리기 기록

| 진성 ☐ 분 ☐ 초 | 우민 ☐ 분 ☐ 초 |

㉯ 모둠의 이어달리기 기록

| 나현 ☐ 분 ☐ 초 | 은재 ☐ 분 ☐ 초 |

식 세우기

(㉮ 모둠의 기록) = (진성이의 달리기 기록) + (우민이의 달리기 기록)

= ☐ 분 ☐ 초 + ☐ 분 ☐ 초 = ☐ 분 ☐ 초

(㉯ 모둠의 기록) = (나현이의 달리기 기록) + (은재의 달리기 기록)

= ☐ 분 ☐ 초 + ☐ 분 ☐ 초 = ☐ 분 ☐ 초

답 구하기

☐ 모둠

선호와 지우 중에서 누가 더 오래 통화했습니까?

이름	통화 시작 시각	통화 종료 시각
선호	10시 23분 25초	10시 41분 53초
지우	3시 15분 40초	3시 39분 10초

 문제 이해하기

 식 세우기

답 구하기

내가 본 영화는?

미래가 영화를 보려고 영화관에 왔어요. 그런데 시간표의 일부분에 불이 들어오지 않아 시작하는 시각을 알 수가 없어요. 영화가 끝나면 10분간 청소를 한 후에 다음 영화가 시작합니다. 오후 5시에 미래는 어떤 영화를 보고 있을까요? 각 영화가 시작하는 시각을 쓰고, 해당 영화 제목에 ○표 하세요.

	영화 제목	시작하는 시각	상영 시간
	고고 윙윙	10:30	02시간 10분
	인어 공주	88:88	01시간 34분
	나의 이야기	88:88	01시간 26분
	명탐정 포포	88:88	02시간 15분
	우리는 슈퍼 스타	88:88	01시간 40분

미래

단원 마무리

01 선우, 민지, 한솔이 중에서 길이가 가장 짧은 리본을 가지고 있는 사람은 누구입니까?

02 시계가 나타내는 시각에서 1시간 23분 19초 후의 시각은 몇 시 몇 분 몇 초입니까?

03 보기 중에서 단위를 잘못 사용한 것을 모두 찾아 기호를 써 보시오.

> **보기**
>
> ㉠ 선생님의 키는 약 175 mm입니다.
> ㉡ 색연필의 길이는 약 16 cm입니다.
> ㉢ 학교 운동장의 긴 쪽의 길이는 약 100 km입니다.

04 현수는 철사를 사용하여 세로가 2 cm이고 가로가 세로보다 1 cm 4 mm 더 긴 직사각형 모양을 만들려고 합니다. 필요한 철사는 몇 cm 몇 mm입니까?

05 동균이네 집에서 할아버지 댁까지의 거리는 24 km 300 m입니다. 동균이는 집에서 출발하여 할아버지 댁까지 22 km 840 m는 버스를 타고 갔고, 나머지는 걸어서 갔습니다. 걸어서 간 거리는 몇 km 몇 m입니까?

06 정후네 가족은 집에서 출발하여 과학관에 가려고 합니다. 경로 1과 경로 2 중 어느 경로가 더 깁니까?

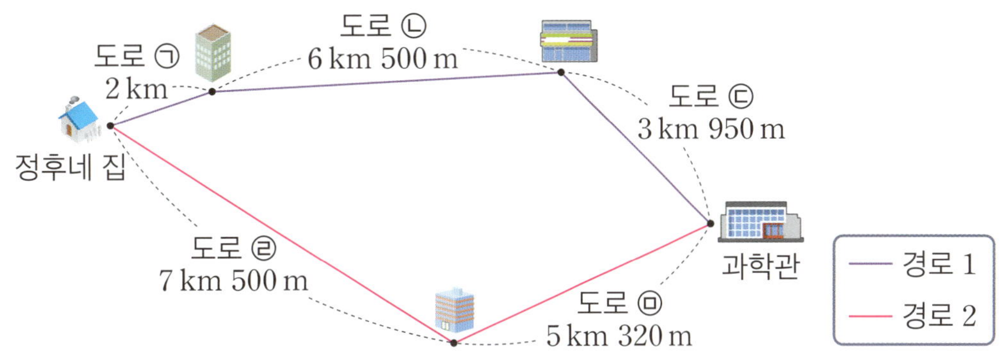

07 야구 경기를 시작한 시각은 오후 4시 30분 25초입니다. 야구 경기를 2시간 38분 45초 동안 하였다면 야구 경기가 끝난 시각은 오후 몇 시 몇 분 몇 초입니까?

08 어느 날 해가 뜬 시각은 오전 5시 50분 35초이고 해가 진 시각은 오후 7시 10분 45초입니다. 이날 낮의 길이는 몇 시간 몇 분 몇 초입니까?

09 철인 3종 경기에 참가한 상우의 기록표에 얼룩이 묻었습니다. 상우의 자전거 기록은 몇 시간 몇 분 몇 초입니까?

전체 기록:	
출발 시각	오전 9시
수영 기록	46분 17초
자전거 기록	
달리기 기록	1시간 18분 35초
도착 시각	오전 11시 59분 58초

10 한 시간에 4초씩 빨라지는 시계가 있습니다. 오늘 오전 9시에 이 시계를 정확히 맞추어 놓았다면 다음 날 오후 6시에 이 시계가 가리키는 시각은 오후 몇 시 몇 분 몇 초입니까?

MEMO

MEMO

하루 한장 쏙셈➕ 붙임딱지

하루의 학습이 끝날 때마다 붙임딱지를 붙여 하늘 위 비행기를 꾸며 보아요!

1주차	2주차
3주차	4주차
5주차	6주차
7주차	8주차

퍼즐 학습으로 재미있게 초등 어휘력을 키우자!

어휘력을 키워야 문해력이 자랍니다.
문해력은 국어는 물론 모든 공부의 기본이 됩니다.

퍼즐런 시리즈로
재미와 학습 효과 두 마리 토끼를 잡으며,
문해력과 함께 공부의 기본을
확실하게 다져 놓으세요.

Fun! Puzzle! Learn!
재미있게!   퍼즐로!   배워요!

맞춤법
초등학생이 자주 틀리는
헷갈리는 맞춤법 100

속담
초등 교과 학습에 꼭 필요한
빈출 속담 100

사자성어
생활에서 자주 접하는
초등 필수 사자성어 100

초등 도서 목록

교과서 달달 쓰기 · 교과서 달달 풀기
1~2학년 국어 · 수학 교과 학습력을 향상시키고
초등 코어를 탄탄하게 세우는 기본 학습서
[4책] 국어 1~2학년 학기별
[4책] 수학 1~2학년 학기별

미래엔 교과서 길잡이, 초코
초등 공부의 핵심[CORE]를 탄탄하게 해 주는
슬림 & 심플한 교과 필수 학습서
[8책] 국어 3~6학년 학기별, [8책] 수학 3~6학년 학기별
[8책] 사회 3~6학년 학기별, [8책] 과학 3~6학년 학기별

전과목 단원평가
빠르게 단원 핵심을 정리하고, 수준별 문제로 실전력을 키우는
교과 평가 대비 학습서
[8책] 3~6학년 학기별

문제 해결의 길잡이

원리 8가지 문제 해결 전략으로 문장제와 서술형 문제 정복
[12책] 1~6학년 학기별

심화 문장제 유형 정복으로 초등 수학 최고 수준에 도전
[6책] 1~6학년 학년별

초등 필수 어휘를 퍼즐로 재미있게 익히는 학습서
[3책] 사자성어, 속담, 맞춤법

하루한장 예비 초등

한글완성
초등학교 입학 전 한글 읽기·쓰기 동시에 끝내기
[3책] 기본 자모음, 받침, 복잡한 자모음

예비초등
기본 학습 능력을 향상하며 초등학교 입학을 준비하기
[2책] 국어, 수학

하루한장 독해

독해 시작편
초등학교 입학 전 기본 문해력 익히기 30일 완성
[2책] 문장으로 시작하기, 짧은 글 독해하기

어휘
문해력의 기초를 다지는 초등 필수 어휘 학습서
[6책] 1~6학년 단계별

독해
국어 교과서와 연계하여 문해력의 기초를 다지는 독해 기본서
[6책] 1~6학년 단계별

독해+플러스
본격적인 독해 훈련으로 문해력을 향상시키는 독해 실전서
[6책] 1~6학년 단계별

비문학 독해 (사회편·과학편)
비문학 독해로 배경지식을 확장하고 문해력을 완성시키는
독해 심화서
[사회편 6책, 과학편 6책] 1~6학년 단계별

Mirae N 에듀

바른답·알찬풀이로

문제를 이해하고 식을 세우는 과정을 확인하여

문제 해결력과 연산 응용력을 높여요!

1주 1일
(덧셈과 뺄셈)
받아올림이 없는
(세 자리 수) + (세 자리 수) ①

135+324를 계산할 때에는
❶ 각 자리의 숫자를 맞추어 쓴 다음.
❷ 일의 자리부터 더한 값을 차례대로 씁니다.

　　1　3　5
＋　3　2　4
　　4　5　9

실력
확인하기
계산을 하시오.

1
　　1　6　3
＋　2　3　4
　　3　9　7

2
　　2　4　8
＋　2　2　1
　　4　6　9

3
　　4　3　6
＋　1　4　2
　　5　7　8

4
　　3　1　2
＋　6　4　3
　　9　5　5

5　230+159＝389

6　317+280＝597

7　571+312＝883

8　812+112＝924

9

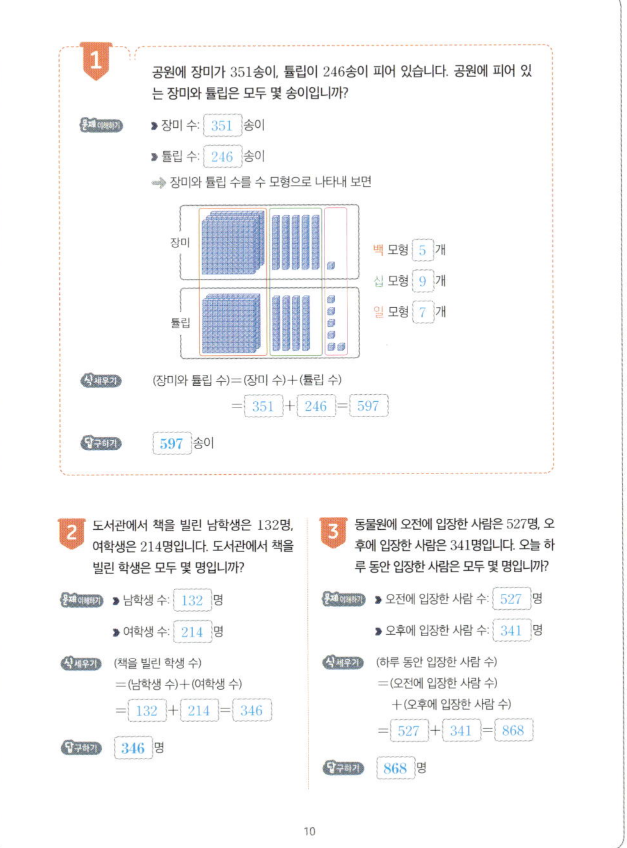

1
공원에 장미가 351송이, 튤립이 246송이 피어 있습니다. 공원에 피어 있는 장미와 튤립은 모두 몇 송이입니까?

문제 이해하기
▶ 장미 수: 351 송이
▶ 튤립 수: 246 송이
➡ 장미와 튤립 수를 수 모형으로 나타내 보면

장미
튤립

백 모형 5 개
십 모형 9 개
일 모형 7 개

식 세우기
(장미와 튤립 수)＝(장미 수)＋(튤립 수)
＝ 351 ＋ 246 ＝ 597

답 구하기
597 송이

2
도서관에서 책을 빌린 남학생은 132명, 여학생은 214명입니다. 도서관에서 책을 빌린 학생은 모두 몇 명입니까?

문제 이해하기
▶ 남학생 수: 132 명
▶ 여학생 수: 214 명

식 세우기
(책을 빌린 학생 수)
＝(남학생 수)＋(여학생 수)
＝ 132 ＋ 214 ＝ 346

답 구하기
346 명

3
동물원에 오전에 입장한 사람은 527명, 오후에 입장한 사람은 341명입니다. 오늘 하루 동안 입장한 사람은 모두 몇 명입니까?

문제 이해하기
▶ 오전에 입장한 사람 수: 527 명
▶ 오후에 입장한 사람 수: 341 명

식 세우기
(하루 동안 입장한 사람 수)
＝(오전에 입장한 사람 수)
＋(오후에 입장한 사람 수)
＝ 527 ＋ 341 ＝ 868

답 구하기
868 명

10

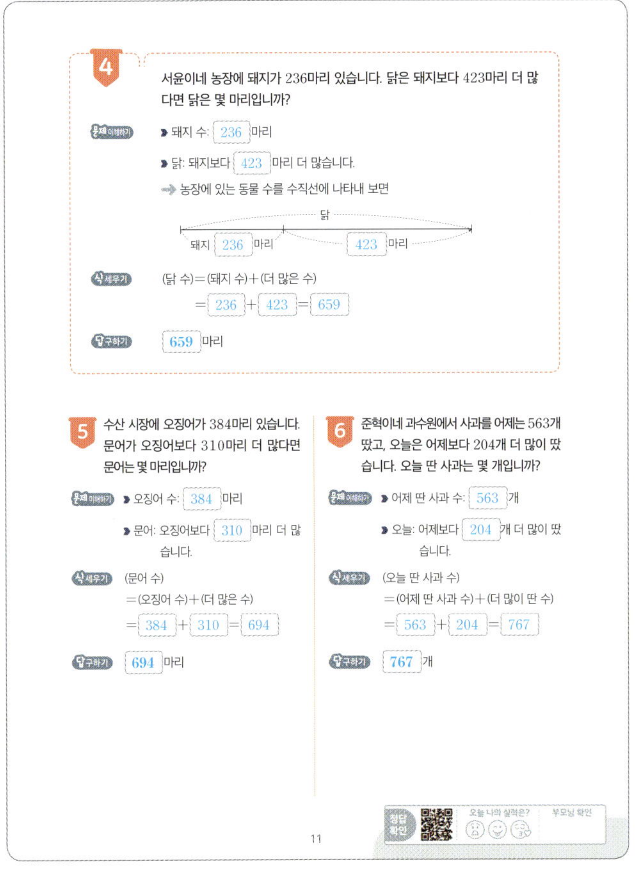

4
서윤이네 농장에 돼지가 236마리 있습니다. 닭은 돼지보다 423마리 더 많다면 닭은 몇 마리입니까?

문제 이해하기
▶ 돼지 수: 236 마리
▶ 닭: 돼지보다 423 마리 더 많습니다.
➡ 농장에 있는 동물 수를 수직선에 나타내 보면

닭
돼지 236 마리
423 마리

식 세우기
(닭 수)＝(돼지 수)＋(더 많은 수)
＝ 236 ＋ 423 ＝ 659

답 구하기
659 마리

5
수산 시장에 오징어가 384마리 있습니다. 문어가 오징어보다 310마리 더 많다면 문어는 몇 마리입니까?

문제 이해하기
▶ 오징어 수: 384 마리
▶ 문어: 오징어보다 310 마리 더 많습니다.

식 세우기
(문어 수)
＝(오징어 수)＋(더 많은 수)
＝ 384 ＋ 310 ＝ 694

답 구하기
694 마리

6
준혁이네 과수원에서 사과를 어제는 563개 땄고, 오늘은 어제보다 204개 더 많이 땄습니다. 오늘 딴 사과는 몇 개입니까?

문제 이해하기
▶ 어제 딴 사과 수: 563 개
▶ 오늘: 어제보다 204 개 더 많이 땄습니다.

식 세우기
(오늘 딴 사과 수)
＝(어제 딴 사과 수)＋(더 많이 딴 수)
＝ 563 ＋ 204 ＝ 767

답 구하기
767 개

정답 확인
오늘 나의 실력은?
부모님 확인

11

재미있는 수학 놀이터

이용 요금은 몇 포인트일까요?

기린은 책을 읽을 수 있는 북 카페에 갔는데 호랑이가 먼저 와 있었어요. 기린과 호랑이는 재미있게 책을 읽고, 이제 집으로 돌아가려고 해요. 기린과 호랑이는 각각 얼마씩 내야 하는지 빈칸에 써넣으세요.

〈이용 요금〉
■ 기본 요금
1시간 - 500포인트
■ 추가 요금
10분 - 123포인트

나는 너보다 10분 더 먼저 왔으니까 746 포인트를 내야 해.

이용 시간이 기린보다 10분 더 많으므로
623+123=746

나는 1시간 10분 있었으니까 623 포인트를 내야 해.

500+123=623

기린
호랑이

12

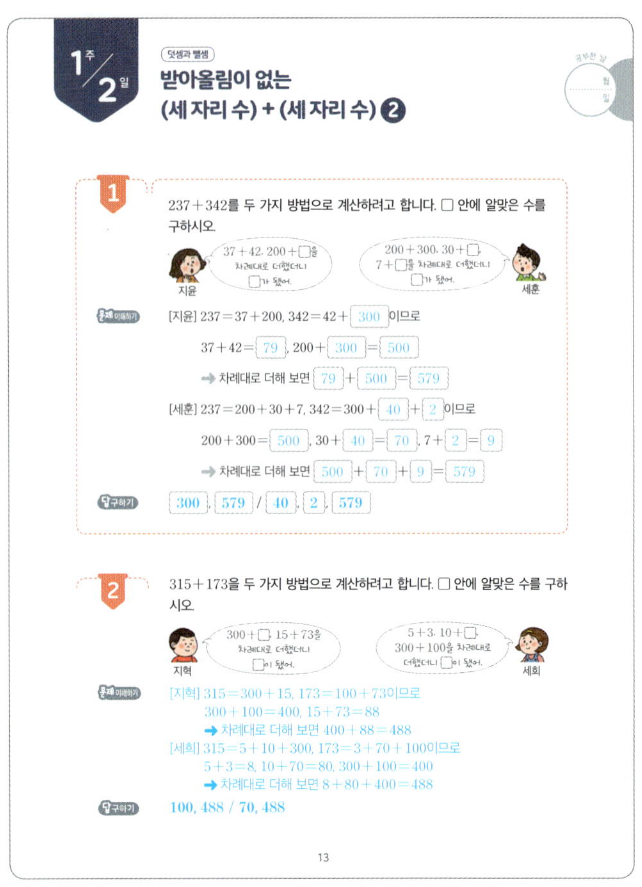

1주 2일
덧셈과 뺄셈
받아올림이 없는
(세 자리 수) + (세 자리 수) ②

1 237+342를 두 가지 방법으로 계산하려고 합니다. □ 안에 알맞은 수를 구하시오.
지원: 37+42, 200+□을 차례대로 더했더니 □가 됐어.
세훈: 200+300, 30+□, 7+□을 차례대로 더했더니 □가 됐어.
[지원] 237=37+200, 342=42+300 이므로
37+42=79, 200+300=500
→ 차례대로 더해 보면 79+500=579
[세훈] 237=200+30+7, 342=300+40+2 이므로
200+300=500, 30+40=70, 7+2=9
→ 차례대로 더해 보면 500+70+9=579
구하기 300, 579 / 40, 2, 579

2 315+173을 두 가지 방법으로 계산하려고 합니다. □ 안에 알맞은 수를 구하시오.
지혁: 300+□, 15+73을 차례대로 더했더니 □가 됐어.
세희: 5+3, 10+□, 300+100을 차례대로 더했더니 □가 됐어.
[지혁] 315=300+15, 173=100+73이므로
300+100=400, 15+73=88
→ 차례대로 더해 보면 400+88=488
[세희] 315=5+10+300, 173=3+70+100이므로
5+3=8, 10+70=80, 300+100=400
→ 차례대로 더해 보면 8+80+400=488
구하기 100, 488 / 70, 488

13

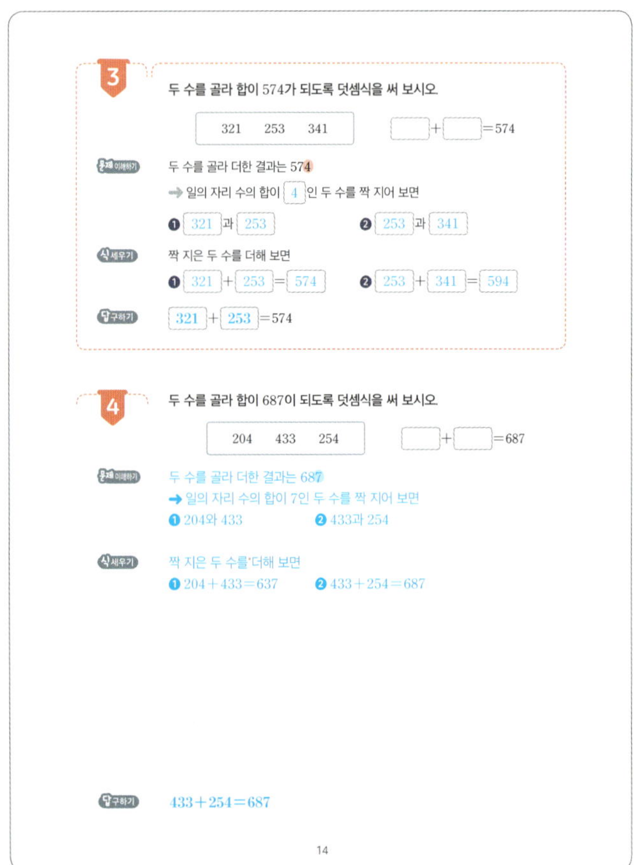

3 두 수를 골라 합이 574가 되도록 덧셈식을 써 보시오.
321 253 341   □+□=574
두 수를 골라 더한 결과는 574
→ 일의 자리 수의 합이 4인 두 수를 짝 지어 보면
❶ 321과 253   ❷ 253과 341
짝 지은 두 수를 더해 보면
❶ 321+253=574   ❷ 253+341=594
구하기 321+253=574

4 두 수를 골라 합이 687이 되도록 덧셈식을 써 보시오.
204 433 254   □+□=687
두 수를 골라 더한 결과는 687
→ 일의 자리 수의 합이 7인 두 수를 짝 지어 보면
❶ 204와 433   ❷ 433과 254
짝 지은 두 수를 더해 보면
❶ 204+433=637   ❷ 433+254=687
구하기 433+254=687

14

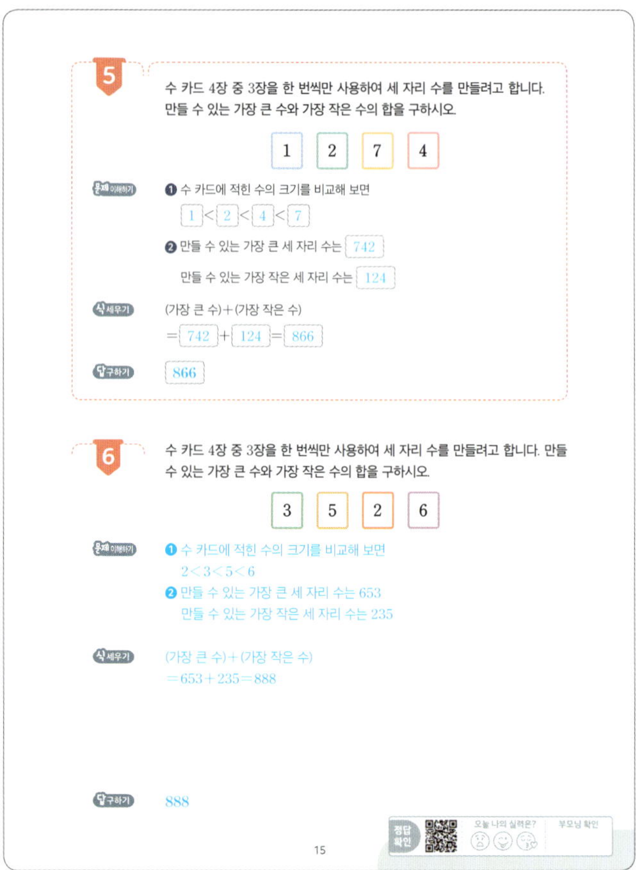

5 수 카드 4장 중 3장을 한 번씩만 사용하여 세 자리 수를 만들려고 합니다. 만들 수 있는 가장 큰 수와 가장 작은 수의 합을 구하시오.
1 2 7 4
❶ 수 카드에 적힌 수의 크기를 비교해 보면
1<2<4<7
❷ 만들 수 있는 가장 큰 세 자리 수는 742
만들 수 있는 가장 작은 세 자리 수는 124
(가장 큰 수)+(가장 작은 수)
=742+124=866
구하기 866

6 수 카드 4장 중 3장을 한 번씩만 사용하여 세 자리 수를 만들려고 합니다. 만들 수 있는 가장 큰 수와 가장 작은 수의 합을 구하시오.
3 5 2 6
❶ 수 카드에 적힌 수의 크기를 비교해 보면
2<3<5<6
❷ 만들 수 있는 가장 큰 세 자리 수는 653
만들 수 있는 가장 작은 세 자리 수는 235
(가장 큰 수)+(가장 작은 수)
=653+235=888
구하기 888

15

재미있는 수학놀이터
어떤 블록 세트를 사야 할까요?
유선이는 블록으로 로봇과 우주선을 만들고 싶어서 블록을 사러 갔어요.
다음을 보고 로봇과 우주선을 모두 만들려면 어떤 블록 세트를 사야 할지 골라 ○표 하세요.

블록 장난감
필요한 블록 개수 423개 271개
필요한 블록 개수 215개 124개

씽씽 블록 세트 600개 450개
코코 블록 세트 650개 400개
힘힘 블록 세트 700개 350개

423+215=638
271+124=395

16

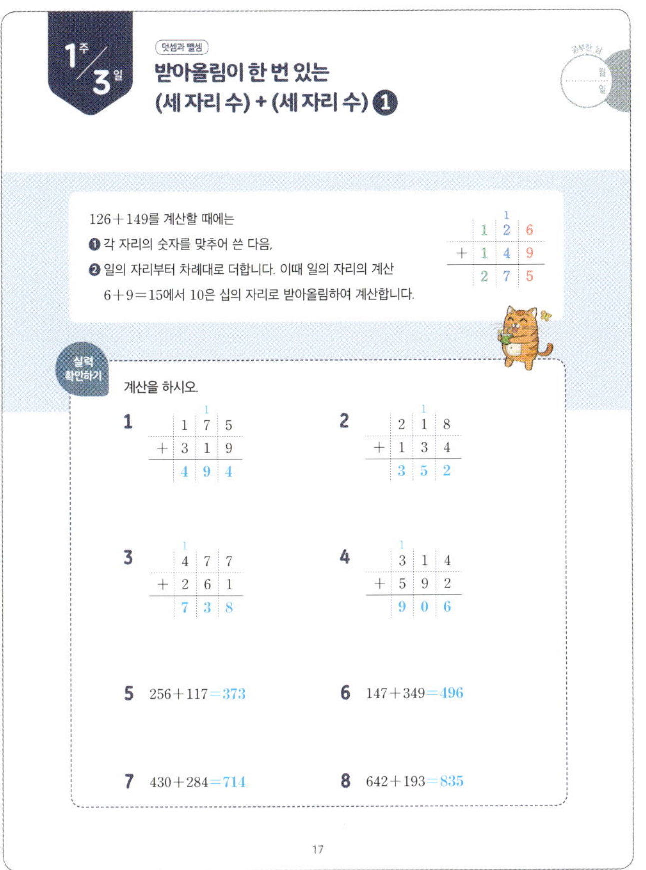

126＋149를 계산할 때에는
❶ 각 자리의 숫자를 맞추어 쓴 다음,
❷ 일의 자리부터 차례대로 더합니다. 이때 일의 자리의 계산
6＋9＝15에서 10은 십의 자리로 받아올림하여 계산합니다.

$$\begin{array}{r} 1\,2\,6 \\ +\ 1\,4\,9 \\ \hline 2\,7\,5 \end{array}$$

실력 확인하기 계산을 하시오.

1
$$\begin{array}{r} 1\,7\,5 \\ +\ 3\,1\,9 \\ \hline 4\,9\,4 \end{array}$$

2
$$\begin{array}{r} 2\,1\,8 \\ +\ 1\,3\,4 \\ \hline 3\,5\,2 \end{array}$$

3
$$\begin{array}{r} 4\,7\,7 \\ +\ 2\,6\,1 \\ \hline 7\,3\,8 \end{array}$$

4
$$\begin{array}{r} 3\,1\,4 \\ +\ 5\,9\,2 \\ \hline 9\,0\,6 \end{array}$$

5 $256＋117＝373$

6 $147＋349＝496$

7 $430＋284＝714$

8 $642＋193＝835$

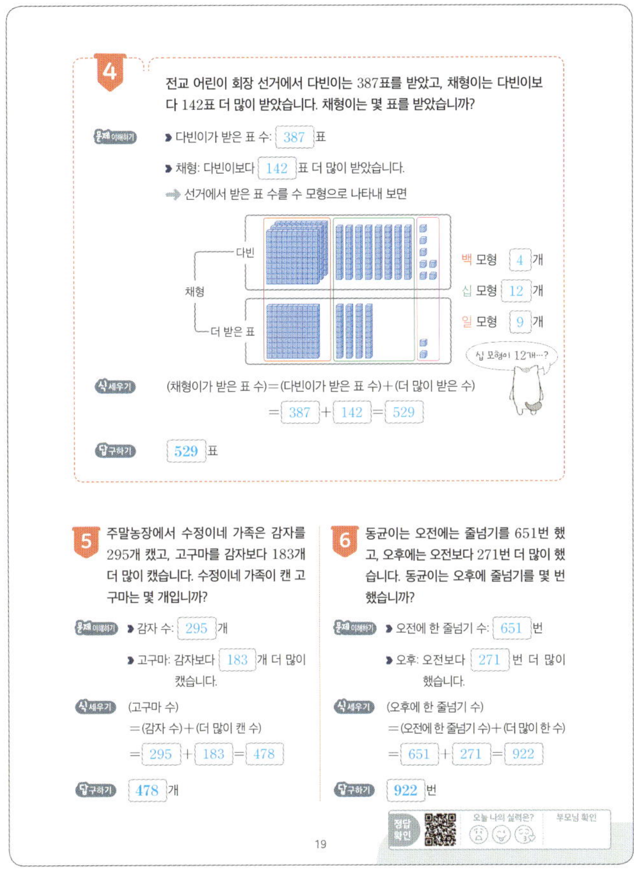

4 전교 어린이 회장 선거에서 다빈이는 387표를 받았고, 채형이는 다빈이보다 142표 더 많이 받았습니다. 채형이는 몇 표를 받았습니까?

문제 이해하기
▶ 다빈이가 받은 표 수: 387 표
▶ 채형: 다빈이보다 142 표 더 많이 받았습니다.
➡ 선거에서 받은 표 수를 수 모형으로 나타내 보면

식 세우기 (채형이가 받은 표 수)＝(다빈이가 받은 표 수)＋(더 많이 받은 수)
＝ 387 ＋ 142 ＝ 529

답 구하기 529 표

5 주말농장에서 수정이네 가족이 감자를 295개 캤고, 고구마를 감자보다 183개 더 많이 캤습니다. 수정이네 가족이 캔 고구마는 몇 개입니까?

문제 이해하기
▶ 감자 수: 295 개
▶ 고구마: 감자보다 183 개 더 많이 캤습니다.

식 세우기 (고구마 수)
＝(감자 수)＋(더 많이 캔 수)
＝ 295 ＋ 183 ＝ 478

답 구하기 478 개

6 동균이는 오전에는 줄넘기를 651번 했고, 오후에는 오전보다 271번 더 많이 했습니다. 동균이는 오후에 줄넘기를 몇 번 했습니까?

문제 이해하기
▶ 오전에 한 줄넘기 수: 651 번
▶ 오후: 오전보다 271 번 더 많이 했습니다.

식 세우기 (오후에 한 줄넘기 수)
＝(오전에 한 줄넘기 수)＋(더 많이 한 수)
＝ 651 ＋ 271 ＝ 922

답 구하기 922 번

정답 확인 오늘 나의 실력은? 부모님 확인

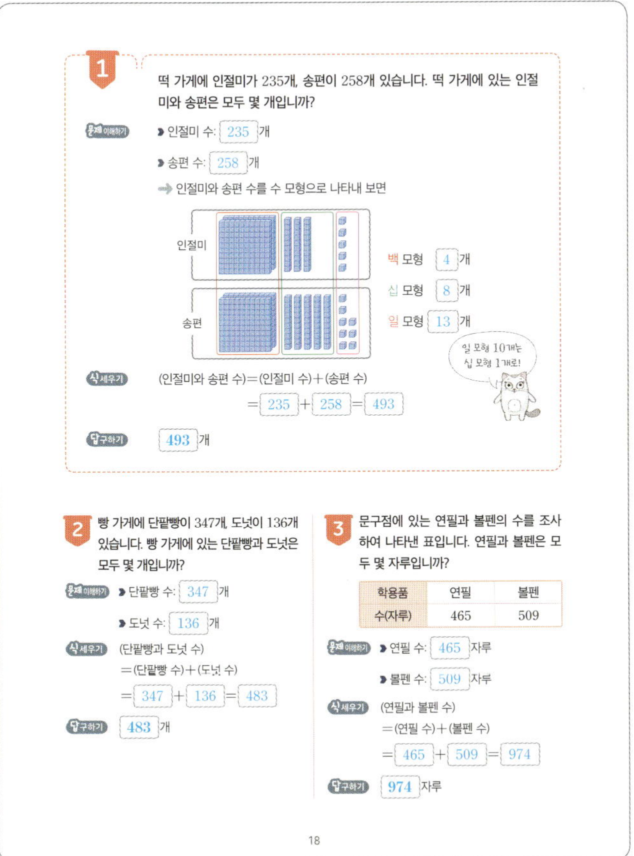

1 떡 가게에 인절미가 235개, 송편이 258개 있습니다. 떡 가게에 있는 인절미와 송편은 모두 몇 개입니까?

문제 이해하기
▶ 인절미 수: 235 개
▶ 송편 수: 258 개
➡ 인절미와 송편 수를 수 모형으로 나타내 보면

식 세우기 (인절미와 송편 수)＝(인절미 수)＋(송편 수)
＝ 235 ＋ 258 ＝ 493

답 구하기 493 개

2 빵 가게에 단팥빵이 347개, 도넛이 136개 있습니다. 빵 가게에 있는 단팥빵과 도넛은 모두 몇 개입니까?

문제 이해하기
▶ 단팥빵 수: 347 개
▶ 도넛 수: 136 개

식 세우기 (단팥빵과 도넛 수)
＝(단팥빵 수)＋(도넛 수)
＝ 347 ＋ 136 ＝ 483

답 구하기 483 개

3 문구점에 있는 연필과 볼펜의 수를 조사하여 나타낸 표입니다. 연필과 볼펜은 모두 몇 자루입니까?

학용품	연필	볼펜
수(자루)	465	509

문제 이해하기
▶ 연필 수: 465 자루
▶ 볼펜 수: 509 자루

식 세우기 (연필과 볼펜 수)
＝(연필 수)＋(볼펜 수)
＝ 465 ＋ 509 ＝ 974

답 구하기 974 자루

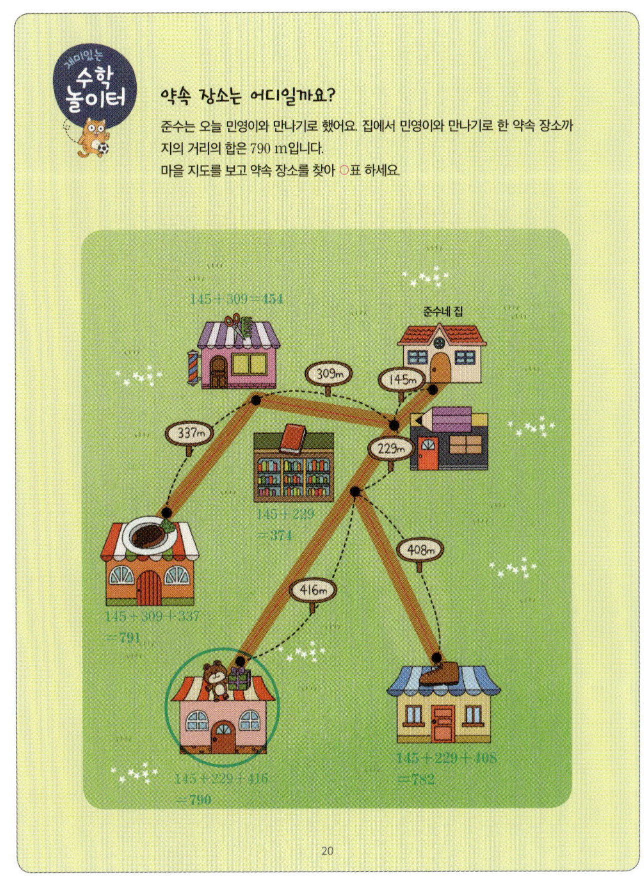

3

1주 4일

덧셈과 뺄셈

받아올림이 한 번 있는 (세 자리 수) + (세 자리 수) ②

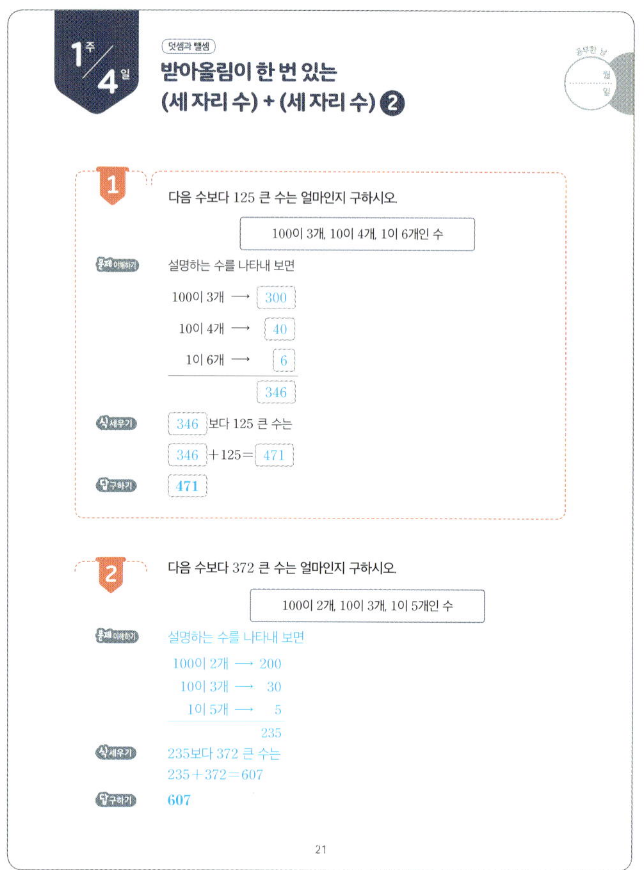

1 다음 수보다 125 큰 수는 얼마인지 구하시오.

> 100이 3개, 10이 4개, 1이 6개인 수

문제 이해하기 설명하는 수를 나타내 보면

100이 3개 → 300
10이 4개 → 40
1이 6개 → 6
346

식 세우기 346 보다 125 큰 수는
346 + 125 = 471

답 구하기 471

2 다음 수보다 372 큰 수는 얼마인지 구하시오.

> 100이 2개, 10이 3개, 1이 5개인 수

문제 이해하기 설명하는 수를 나타내 보면

100이 2개 → 200
10이 3개 → 30
1이 5개 → 5
235

식 세우기 235보다 372 큰 수는
235 + 372 = 607

답 구하기 607

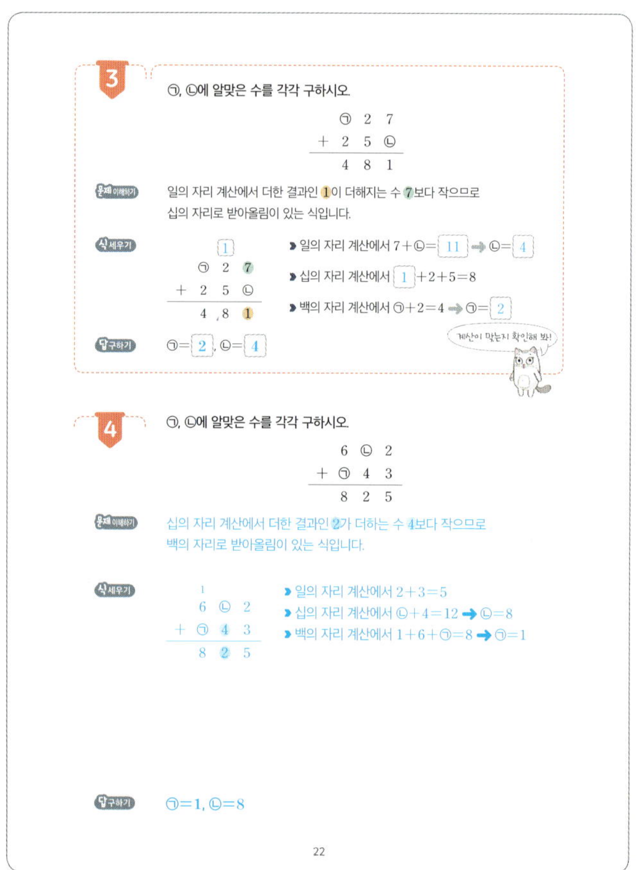

3 ㉠, ㉡에 알맞은 수를 각각 구하시오.

$$\begin{array}{r} ㉠\ 2\ 7 \\ +\ 2\ 5\ ㉡ \\ \hline 4\ 8\ 1 \end{array}$$

문제 이해하기 일의 자리 계산에서 더한 결과인 **1**이 더해지는 수 **7**보다 작으므로 십의 자리로 받아올림이 있는 식입니다.

식 세우기

$$\begin{array}{r} 1 \\ ㉠\ 2\ 7 \\ +\ 2\ 5\ ㉡ \\ \hline 4\ 8\ 1 \end{array}$$

▶ 일의 자리 계산에서 $7 + ㉡ = 11$ ➡ $㉡ = 4$
▶ 십의 자리 계산에서 $1 + 2 + 5 = 8$
▶ 백의 자리 계산에서 $㉠ + 2 = 4$ ➡ $㉠ = 2$

답 구하기 $㉠ = 2$, $㉡ = 4$

4 ㉠, ㉡에 알맞은 수를 각각 구하시오.

$$\begin{array}{r} 6\ ㉡\ 2 \\ +\ ㉠\ 4\ 3 \\ \hline 8\ 2\ 5 \end{array}$$

문제 이해하기 십의 자리 계산에서 더한 결과인 **2**가 더하는 수 **4**보다 작으므로 백의 자리로 받아올림이 있는 식입니다.

식 세우기

$$\begin{array}{r} 1 \\ 6\ ㉡\ 2 \\ +\ ㉠\ 4\ 3 \\ \hline 8\ 2\ 5 \end{array}$$

▶ 일의 자리 계산에서 $2 + 3 = 5$
▶ 십의 자리 계산에서 $㉡ + 4 = 12$ ➡ $㉡ = 8$
▶ 백의 자리 계산에서 $1 + 6 + ㉠ = 8$ ➡ $㉠ = 1$

답 구하기 $㉠ = 1$, $㉡ = 8$

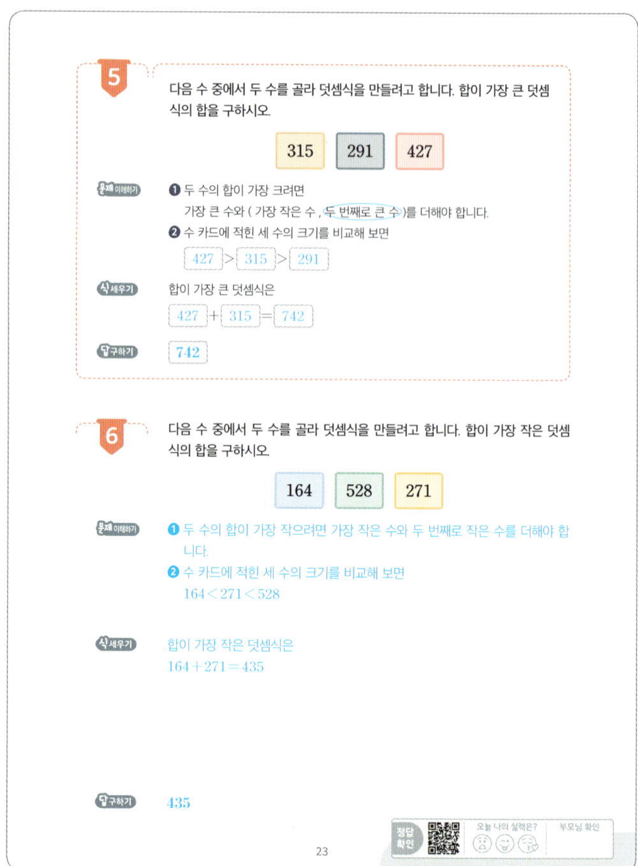

5 다음 수 중에서 두 수를 골라 덧셈식을 만들려고 합니다. 합이 가장 큰 덧셈식의 합을 구하시오.

> 315   291   427

문제 이해하기
❶ 두 수의 합이 가장 크려면 가장 큰 수와 (가장 작은 수, 두 번째로 큰 수)를 더해야 합니다.
❷ 수 카드에 적힌 세 수의 크기를 비교해 보면
$427 > 315 > 291$

식 세우기 합이 가장 큰 덧셈식은
$427 + 315 = 742$

답 구하기 742

6 다음 수 중에서 두 수를 골라 덧셈식을 만들려고 합니다. 합이 가장 작은 덧셈식의 합을 구하시오.

> 164   528   271

문제 이해하기
❶ 두 수의 합이 가장 작으려면 가장 작은 수와 두 번째로 작은 수를 더해야 합니다.
❷ 수 카드에 적힌 세 수의 크기를 비교해 보면
$164 < 271 < 528$

식 세우기 합이 가장 작은 덧셈식은
$164 + 271 = 435$

답 구하기 435

재미있는 수학 놀이터

출전 선수는 누구일까요?

승희네 반에서 2인 3각 경기에 나갈 선수 두 명을 뽑으려고 해요.
다음을 보고 경기에 출전하는 선수 두 명에게 ○표 하세요.

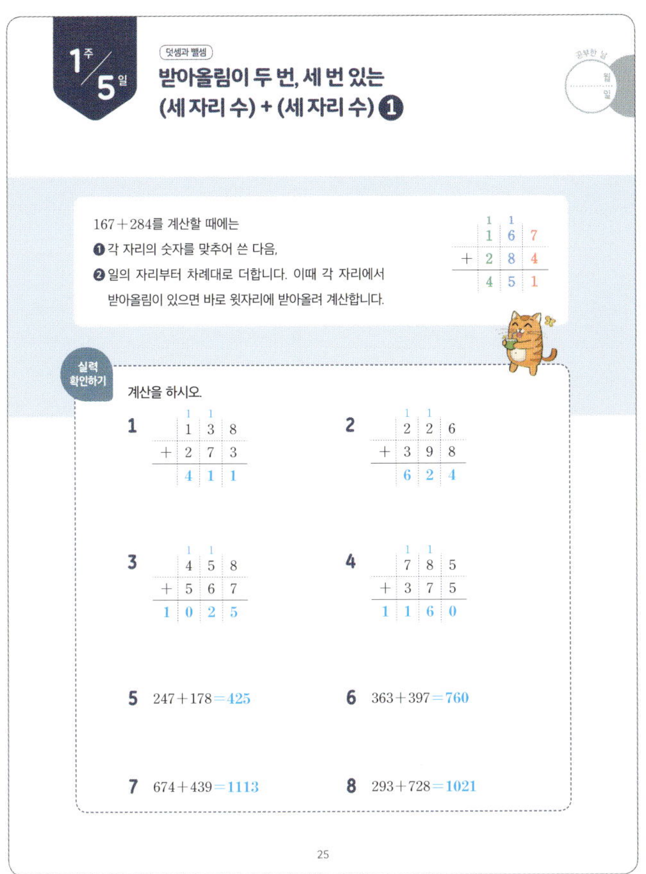

1주 5일 (덧셈과 뺄셈)

받아올림이 두 번, 세 번 있는 (세 자리 수) + (세 자리 수) ❶

167+284를 계산할 때에는
❶ 각 자리의 숫자를 맞추어 쓴 다음,
❷ 일의 자리부터 차례대로 더합니다. 이때 각 자리에서 받아올림이 있으면 바로 윗자리에 받아올려 계산합니다.

$$
\begin{array}{r}
1\ \ 1 \\
1\ 6\ 7 \\
+\ 2\ 8\ 4 \\
\hline
4\ 5\ 1
\end{array}
$$

실력 확인하기

계산을 하시오.

1
$$
\begin{array}{r}
1\ \ 1 \\
1\ 3\ 8 \\
+\ 2\ 7\ 3 \\
\hline
4\ 1\ 1
\end{array}
$$

2
$$
\begin{array}{r}
1\ \ 1 \\
2\ 2\ 6 \\
+\ 3\ 9\ 8 \\
\hline
6\ 2\ 4
\end{array}
$$

3
$$
\begin{array}{r}
1\ \ 1 \\
4\ 5\ 8 \\
+\ 5\ 6\ 7 \\
\hline
1\ 0\ 2\ 5
\end{array}
$$

4
$$
\begin{array}{r}
1\ \ 1 \\
7\ 8\ 5 \\
+\ 3\ 7\ 5 \\
\hline
1\ 1\ 6\ 0
\end{array}
$$

5 247+178=425

6 363+397=760

7 674+439=1113

8 293+728=1021

25

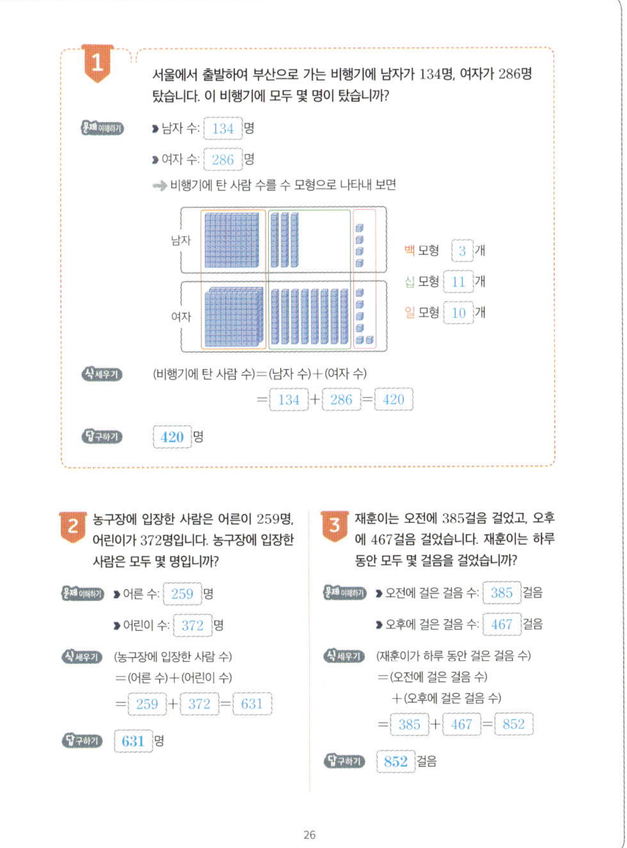

1 서울에서 출발하여 부산으로 가는 비행기에 남자가 134명, 여자가 286명 탔습니다. 이 비행기에 모두 몇 명이 탔습니까?

문제 이해하기
▶ 남자 수: 134 명
▶ 여자 수: 286 명
➡ 비행기에 탄 사람 수를 수 모형으로 나타내 보면

식 세우기 (비행기에 탄 사람 수)=(남자 수)+(여자 수)
= 134 + 286 = 420

답 구하기 420 명

2 농구장에 입장한 사람은 어른이 259명, 어린이가 372명입니다. 농구장에 입장한 사람은 모두 몇 명입니까?

문제 이해하기
▶ 어른 수: 259 명
▶ 어린이 수: 372 명

식 세우기 (농구장에 입장한 사람 수)
=(어른 수)+(어린이 수)
= 259 + 372 = 631

답 구하기 631 명

3 재훈이는 오전에 385걸음 걸었고, 오후에 467걸음 걸었습니다. 재훈이는 하루 동안 모두 몇 걸음을 걸었습니까?

문제 이해하기
▶ 오전에 걸은 걸음 수: 385 걸음
▶ 오후에 걸은 걸음 수: 467 걸음

식 세우기 (재훈이가 하루 동안 걸은 걸음 수)
=(오전에 걸은 걸음 수)
+(오후에 걸은 걸음 수)
= 385 + 467 = 852

답 구하기 852 걸음

26

4 다혜네 반 학급 문고에 있는 책은 몇 권입니까?

문제 이해하기
▶ 정혁이네 반 학급 문고에 있는 책 수: 728 권
▶ 다혜네 반: 정혁이네 학급 문고에 있는 책보다 295 권 더 많습니다.
➡ 학급 문고에 있는 책 수를 수직선에 나타내 보면

식 세우기 (다혜네 반 학급 문고에 있는 책 수)
=(정혁이네 반 학급 문고에 있는 책 수)+(더 많은 수)
= 728 + 295 = 1023

답 구하기 1023 권

5 민아의 오빠가 밭에 심은 배추 씨앗은 몇 개입니까?

민아: 나는 배추 씨앗을 854개 심었어.
오빠: 나는 배추 씨앗을 민아보다 569개 더 많이 심었어.

문제 이해하기
▶ 민아가 심은 배추 씨앗 수: 854 개
▶ 오빠: 민아보다 569 개 더 많이 심었습니다.

식 세우기 (오빠가 심은 배추 씨앗 수)
=(민아가 심은 배추 씨앗 수)
+(더 많이 심은 수)
= 854 + 569 = 1423

답 구하기 1423 개

6 현우가 가지고 있는 끈은 몇 cm입니까?

영서: 내가 가지고 있는 끈은 6 m 73 cm야.
현우: 나는 영서보다 498 cm 더 긴 끈을 가지고 있어.

문제 이해하기
▶ 영서가 가지고 있는 끈 길이: 6 m 73 cm = 673 cm
▶ 현우: 영서보다 498 cm 더 긴 끈을 가지고 있습니다.

식 세우기 (현우가 가지고 있는 끈 길이)
=(영서가 가지고 있는 끈 길이)
+(더 긴 길이)
= 673 + 498 = 1171

답 구하기 1171 cm

27

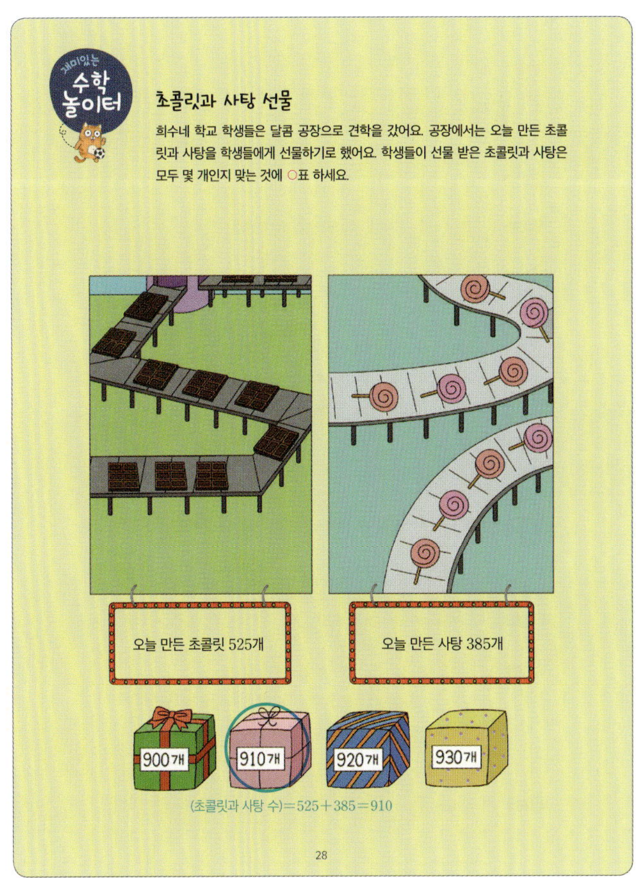

재미있는 수학 놀이터

초콜릿과 사탕 선물

희수네 학교 학생들은 달콤 공장으로 견학을 갔어요. 공장에서는 오늘 만든 초콜릿과 사탕을 학생들에게 선물하기로 했어요. 학생들이 선물 받은 초콜릿과 사탕은 모두 몇 개인지 맞는 것에 ○표 하세요.

28

2주 1일 받아올림이 두 번, 세 번 있는 (세 자리 수) + (세 자리 수) ❷

덧셈과 뺄셈

1 사각형 안에 있는 수의 합을 구하시오.

문제 이해하기 사각형 안에 있는 수는 389 , 723

식 세우기 사각형 안에 있는 수의 합은
389 + 723 = 1112

답 구하기 1112

2 삼각형 안에 있는 수의 합을 구하시오.

문제 이해하기 삼각형 안에 있는 수는 472, 258

식 세우기 삼각형 안에 있는 수의 합은
472 + 258 = 730

답 구하기 730

3 세 자리 수끼리 더하여 크기를 비교했습니다. □ 안에 들어갈 수 있는 수를 모두 구하시오.

$$694 + \square 47 > 1441$$

문제 이해하기 694 + ▲47 = 1441일 때 ▲의 값을 구한 다음, □ 안에 ▲보다 큰 수 또는 ▲보다 작은 수를 넣어 봅니다.

식 세우기 694 + ▲47 = 1441을 세로 형식으로 계산해 보면

```
   1 1
   6 9 4
 + ▲ 4 7
 ─────────
 1 4 4 1      → 1 + 6 + ▲ = 14, ▲ = 7
```

→ 694 + 7 47 = 1441이므로 694 + □47이 1441보다 크려면
□는 7 보다 (커야 , 작아야) 합니다.

답 구하기 8 , 9

4 세 자리 수끼리 더하여 크기를 비교했습니다. □ 안에 들어갈 수 있는 수를 모두 구하시오.

$$\square 86 + 489 > 1175$$

문제 이해하기 ▲86 + 489 = 1175일 때 ▲의 값을 구한 다음, □ 안에 ▲보다 큰 수 또는 ▲보다 작은 수를 넣어 봅니다.

식 세우기 ▲86 + 489 = 1175를 세로 형식으로 계산해 보면

```
   1 1
   ▲ 8 6
 + 4 8 9
 ─────────
 1 1 7 5      → 1 + ▲ + 4 = 11, ▲ = 6
```

→ 686 + 489 = 1175이므로
□86 + 489가 1175보다 크려면
□는 6보다 커야 합니다.

답 구하기 7, 8, 9

5 주머니에서 구슬 2개를 꺼내 구슬에 적힌 두 수의 합이 500에 가장 가까운 덧셈식을 만들어 보시오.

☐ + ☐ = ☐

문제 이해하기 구슬에 적힌 수를 몇백으로 어림해 보면

수	385	196	125	289
어림한 값	400	200	100	300

→ 어림한 두 수의 합이 500이 되는 것을 짝 지어 보면
❶ 385와 125   ❷ 196 과 289

식 세우기 짝 지은 두 수를 더해 보면
❶ 385 + 125 = 510   ❷ 196 + 289 = 485

답 구하기 385 + 125 = 510

6 주머니에서 구슬 2개를 꺼내 구슬에 적힌 두 수의 합이 600에 가장 가까운 덧셈식을 만들어 보시오.

☐ + ☐ = ☐

문제 이해하기 구슬에 적힌 수를 몇백으로 어림해 보면

수	497	326	105	284
어림한 값	500	300	100	300

→ 어림한 두 수의 합이 600이 되는 것을 짝 지어 보면
❶ 497과 105   ❷ 326과 284

식 세우기 짝 지은 두 수를 더해 보면
❶ 497 + 105 = 602   ❷ 326 + 284 = 610

답 구하기 497 + 105 = 602

정답 확인   오늘 나의 실력은?   부모님 확인

재미있는 수학 놀이터

가격표를 완성해요!

다람쥐와 너구리가 놀이공원에 놀러 갔어요. 배가 고파 간식을 사러 갔는데 가격표가 낡아서 군데군데 지워져 있어요. 다람쥐와 너구리의 대화를 읽고, 빈 곳에 알맞은 수를 써넣으세요.

```
  1 1                    1 1
  2 5 7 ← 솜사탕          6 7 8 ← 핫도그
+ 6 7 8 ← 핫도그        + 4 4 2 ← 아이스크림
─────────              ─────────
  9 3 5                  1 1 2 0
```

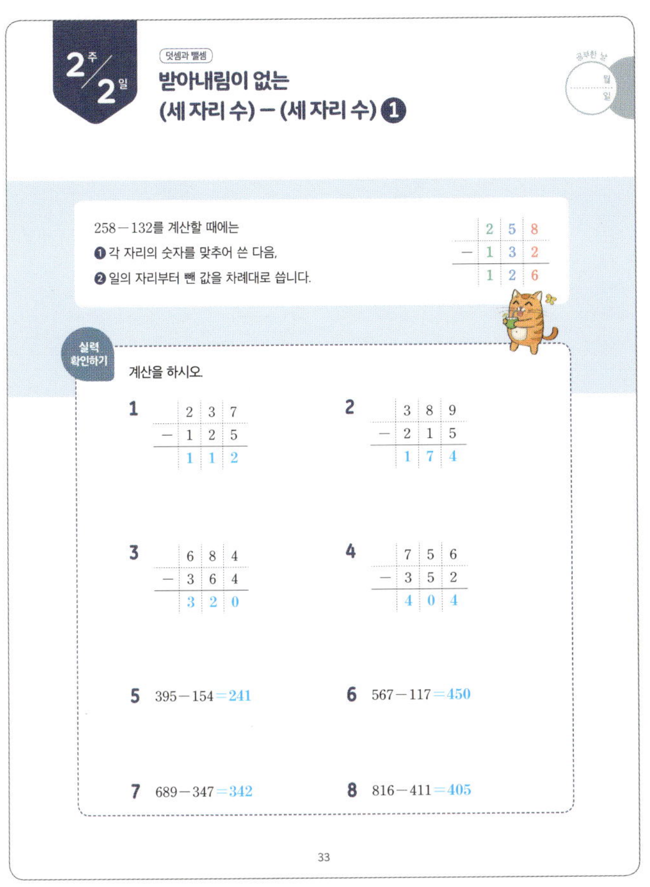

2주 2일

덧셈과 뺄셈

받아내림이 없는 (세 자리 수) − (세 자리 수) ❶

258 − 132를 계산할 때에는
❶ 각 자리의 숫자를 맞추어 쓴 다음,
❷ 일의 자리부터 뺀 값을 차례대로 씁니다.

$$
\begin{array}{r}
2\ 5\ 8 \\
-\ 1\ 3\ 2 \\
\hline
1\ 2\ 6
\end{array}
$$

실력 확인하기

계산을 하시오.

1
$$
\begin{array}{r}
2\ 3\ 7 \\
-\ 1\ 2\ 5 \\
\hline
1\ 1\ 2
\end{array}
$$

2
$$
\begin{array}{r}
3\ 8\ 9 \\
-\ 2\ 1\ 5 \\
\hline
1\ 7\ 4
\end{array}
$$

3
$$
\begin{array}{r}
6\ 8\ 4 \\
-\ 3\ 6\ 4 \\
\hline
3\ 2\ 0
\end{array}
$$

4
$$
\begin{array}{r}
7\ 5\ 6 \\
-\ 3\ 5\ 2 \\
\hline
4\ 0\ 4
\end{array}
$$

5 395 − 154 = 241

6 567 − 117 = 450

7 689 − 347 = 342

8 816 − 411 = 405

33

1 민속촌에 입장한 어른은 469명이고, 어린이는 어른보다 253명 더 적습니다. 민속촌에 입장한 어린이는 몇 명입니까?

문제 이해하기
▶ 어른 수: 469 명
▶ 어린이 수: 어른보다 253 명 더 적습니다.
→ 어른 수를 수 모형으로 나타냈을 때 수 모형에서 253만큼 빼 보면

백 모형 2 개
십 모형 1 개
일 모형 6 개

식 세우기 (민속촌에 입장한 어린이 수) = (어른 수) − (더 적은 수)
= 469 − 253 = 216

답 구하기 216 명

2 재성이네 마을에 소나무가 563그루 있고, 버드나무는 소나무보다 432그루 더 적게 있습니다. 재성이네 마을에 있는 버드나무는 몇 그루입니까?

문제 이해하기
▶ 소나무 수: 563 그루
▶ 버드나무: 소나무보다 432 그루 더 적게 있습니다.

식 세우기 (재성이네 마을에 있는 버드나무 수)
= (소나무 수) − (더 적은 수)
= 563 − 432 = 131

답 구하기 131 그루

3 기차에 698명이 타고 있었습니다. 다음 역에서 347명이 내렸다면 기차에 남은 사람은 몇 명입니까?

문제 이해하기
▶ 기차에 타고 있던 사람 수: 698 명
▶ 다음 역에서 내린 사람 수: 347 명

식 세우기 (기차에 남은 사람 수)
= (기차에 타고 있던 사람 수)
− (다음 역에서 내린 사람 수)
= 698 − 347 = 351

답 구하기 351 명

34

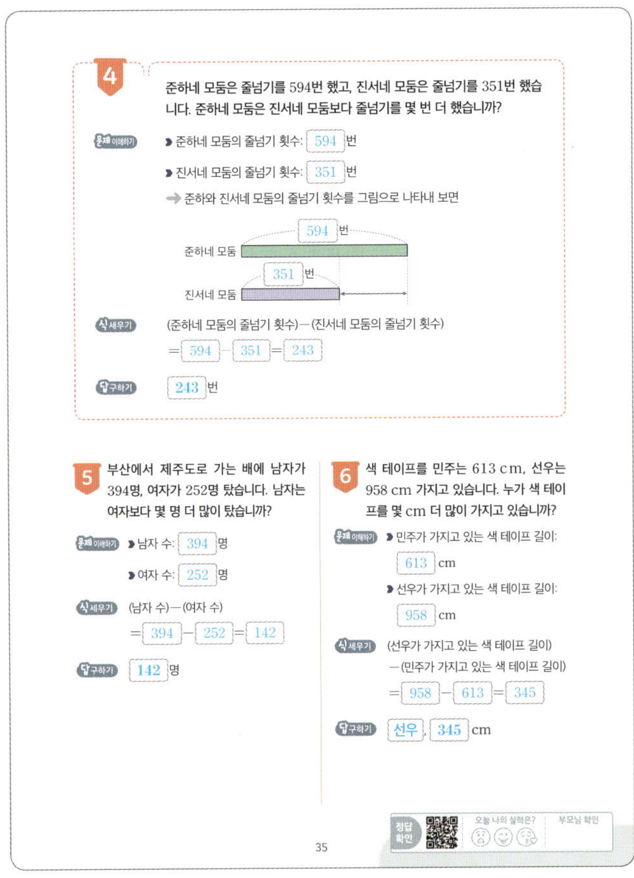

4 준하네 모둠은 줄넘기를 594번 했고, 진서네 모둠은 줄넘기를 351번 했습니다. 준하네 모둠은 진서네 모둠보다 줄넘기를 몇 번 더 했습니까?

문제 이해하기
▶ 준하네 모둠의 줄넘기 횟수: 594 번
▶ 진서네 모둠의 줄넘기 횟수: 351 번
→ 준하와 진서네 모둠의 줄넘기 횟수를 그림으로 나타내 보면

준하네 모둠 594 번
진서네 모둠 351 번

식 세우기 (준하네 모둠의 줄넘기 횟수) − (진서네 모둠의 줄넘기 횟수)
= 594 − 351 = 243

답 구하기 243 번

5 부산에서 제주도로 가는 배에 남자가 394명, 여자가 252명 탔습니다. 남자는 여자보다 몇 명 더 많이 탔습니까?

문제 이해하기
▶ 남자 수: 394 명
▶ 여자 수: 252 명

식 세우기 (남자 수) − (여자 수)
= 394 − 252 = 142

답 구하기 142 명

6 색 테이프를 민주는 613 cm, 선우는 958 cm 가지고 있습니다. 누가 색 테이프를 몇 cm 더 많이 가지고 있습니까?

문제 이해하기
▶ 민주가 가지고 있는 색 테이프 길이: 613 cm
▶ 선우가 가지고 있는 색 테이프 길이: 958 cm

식 세우기 (선우가 가지고 있는 색 테이프 길이)
− (민주가 가지고 있는 색 테이프 길이)
= 958 − 613 = 345

답 구하기 선우, 345 cm

35

재미있는 수학 놀이터

밖으로 나가는 문을 찾아라!

놀이공원에 간 누리와 하연이가 괴물의 집에서 길을 잃었어요. 다섯 개의 문 중에서 하나만 밖으로 연결되어 있어요. 뺄셈 계산을 하면 밖으로 나갈 수 있는 문을 알아낼 수 있답니다. 누리와 하연이가 밖으로 나갈 수 있는 문을 찾아 ○표 하세요.

638−314 =324	846−532 =314	489−154 =335
762−451 =311	527−125 =402	837−412 =425
558−247 =311	875−512 =363	696−335 =361
796−473 =323	465−122 =343	967−640 =327

36

7

2주 / 3일

(덧셈과 뺄셈)

받아내림이 없는 (세 자리 수) − (세 자리 수) ②

1 $536-315$를 두 가지 방법으로 계산하려고 합니다. □ 안에 알맞은 수를 구하시오.

문제 이해하기

[동욱] $536=500+30+6$, $315=300+\boxed{10}+\boxed{5}$이므로

$500-300=\boxed{200}$, $30-\boxed{10}=20$, $6-\boxed{5}=\boxed{1}$

➡ 차례대로 더해 보면 $\boxed{200}+\boxed{20}+\boxed{1}=\boxed{221}$

[지수] $536=36+500$, $315=15+\boxed{300}$이므로

$36-15=\boxed{21}$, $500-\boxed{300}=\boxed{200}$

➡ 차례대로 더해 보면 $\boxed{21}+\boxed{200}=\boxed{221}$

답 구하기 $\boxed{10}, \boxed{5}, \boxed{221}$ / $\boxed{300}, \boxed{221}$

2 $452-132$를 두 가지 방법으로 계산하려고 합니다. □ 안에 알맞은 수를 구하시오.

문제 이해하기

[윤정] $452=52+400$, $132=32+100$이므로
$52-32=20$, $400-100=300$
➡ 차례대로 더해 보면 $20+300=320$
[종민] $452=400+50+2$, $132=100+30+2$이므로
$400-100=300$, $50-30=20$, $2-2=0$
➡ 차례대로 더해 보면 $300+20=320$

답 구하기 $100, 320$ / $30, 2, 320$

3 1부터 9까지의 수 카드 중 3장을 사용하여 뺄셈식을 완성하려고 합니다. 빈칸에 알맞은 수를 써넣으시오.

$547-\square\square\square=213$

문제 이해하기

뺄셈식을 세로 형식으로 나타내 보면

$$\begin{array}{ccc} & 5 & 4 & 7 \\ - & \square & \square & \square \\ \hline & 2 & 1 & 3 \end{array}$$

➤ 일의 자리 계산에서 $7-\square=3$, $\square=\boxed{4}$
➤ 십의 자리 계산에서 $4-\square=1$, $\square=\boxed{3}$
➤ 백의 자리 계산에서 $5-\square=2$, $\square=\boxed{3}$

답 구하기 $\boxed{3}\ \boxed{3}\ \boxed{4}$

4 1부터 9까지의 수 카드 중 3장을 사용하여 뺄셈식을 완성하려고 합니다. 빈칸에 알맞은 수를 써넣으시오.

$489-\square\square\square=306$

문제 이해하기

뺄셈식을 세로 형식으로 나타내 보면

$$\begin{array}{ccc} & 4 & 8 & 9 \\ - & \square & \square & \square \\ \hline & 3 & 0 & 6 \end{array}$$

➤ 일의 자리 계산에서 $9-\square=6$, $\square=3$
➤ 십의 자리 계산에서 $8-\square=0$, $\square=8$
➤ 백의 자리 계산에서 $4-\square=3$, $\square=1$

답 구하기 $1, 8, 3$

5 예지가 계산한 값은 얼마입니까?

문제 이해하기

예지가 계산한 값을 구하려면 어떤 수를 알아야 합니다.
➡ 재윤이의 말을 이용하여 어떤 수를 먼저 구합니다.

식 세우기

재윤이의 말을 식으로 나타내 보면

(어떤 수)$+\boxed{323}=\boxed{887}$

➡ (어떤 수)$=\boxed{887}-\boxed{323}=\boxed{564}$

예지가 계산한 값은

$\boxed{564}-323=\boxed{241}$

덧셈과 뺄셈의 관계를 이용하면
$\square+\bullet=\blacktriangle$
➡ $\square=\blacktriangle-\bullet$

답 구하기 $\boxed{241}$

6 한영이가 계산한 값은 얼마입니까?

문제 이해하기

한영이가 계산한 값을 구하려면 어떤 수를 알아야 합니다.
➡ 성은이의 말을 이용하여 어떤 수를 먼저 구합니다.

식 세우기

성은이의 말을 식으로 나타내 보면
(어떤 수)$+241=695$
➡ (어떤 수)$=695-241=454$
한영이가 계산한 값은
$454-241=213$

답 구하기 213

재미있는 **수학 놀이터**

노란 장미는 몇 송이 남았을까요?

미미네 꽃집에는 노란 장미가 758송이 있었어요. 밤이 되어 가게 주인이 장사를 마치며 꽃이 몇 송이 남아 있는지 세고 있네요. 노란 장미는 몇 송이 남았는지 계산하여 빈칸에 써 보세요.

(팔린 노란 장미 수)$=657-142=515$
➡ (팔고 남은 노란 장미 수)$=758-515=243$

2주 4일 (덧셈과 뺄셈)
받아내림이 한 번 있는 (세 자리 수) − (세 자리 수) ①

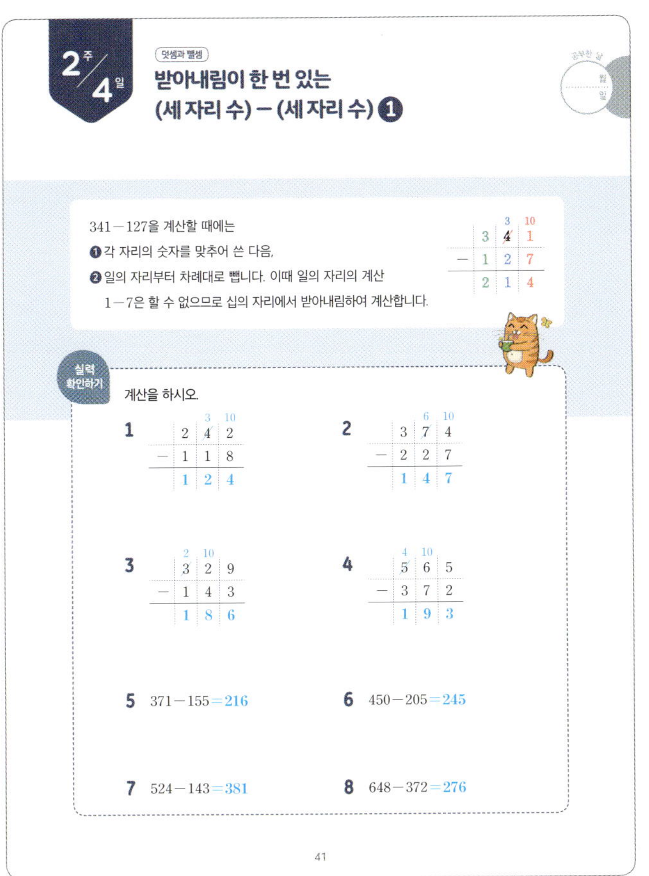

341 − 127을 계산할 때에는
❶ 각 자리의 숫자를 맞추어 쓴 다음.
❷ 일의 자리부터 차례대로 뺍니다. 이때 일의 자리의 계산
1 − 7은 할 수 없으므로 십의 자리에서 받아내림하여 계산합니다.

$$\begin{array}{r} 3\ \overset{3}{\cancel{4}}\ \overset{10}{1} \\ -\ 1\ 2\ 7 \\ \hline 2\ 1\ 4 \end{array}$$

실력 확인하기

계산을 하시오.

1
$$\begin{array}{r} 2\ \overset{3}{\cancel{4}}\ \overset{10}{8} \\ -\ 1\ 1\ 8 \\ \hline 1\ 2\ 4 \end{array}$$

2
$$\begin{array}{r} 3\ \overset{6}{\cancel{7}}\ \overset{10}{4} \\ -\ 2\ 2\ 7 \\ \hline 1\ 4\ 7 \end{array}$$

3
$$\begin{array}{r} 3\ \overset{2}{\cancel{3}}\ \overset{10}{9} \\ -\ 1\ 4\ 3 \\ \hline 1\ 8\ 6 \end{array}$$

4
$$\begin{array}{r} 5\ \overset{4}{\cancel{6}}\ \overset{10}{5} \\ -\ 3\ 7\ 2 \\ \hline 1\ 9\ 3 \end{array}$$

5 371 − 155 = 216

6 450 − 205 = 245

7 524 − 143 = 381

8 648 − 372 = 276

41

---

1 장난감 공장에서 만든 비행기는 382대, 기차는 167대입니다. 비행기는 기차보다 몇 대 더 많이 만들었습니까?

문제 이해하기
▸ 비행기 수: 382 대
▸ 기차 수: 167 대
➡ 비행기 수를 수 모형으로 나타냈을 때 수 모형에서 기차 수 167만큼 빼 보면

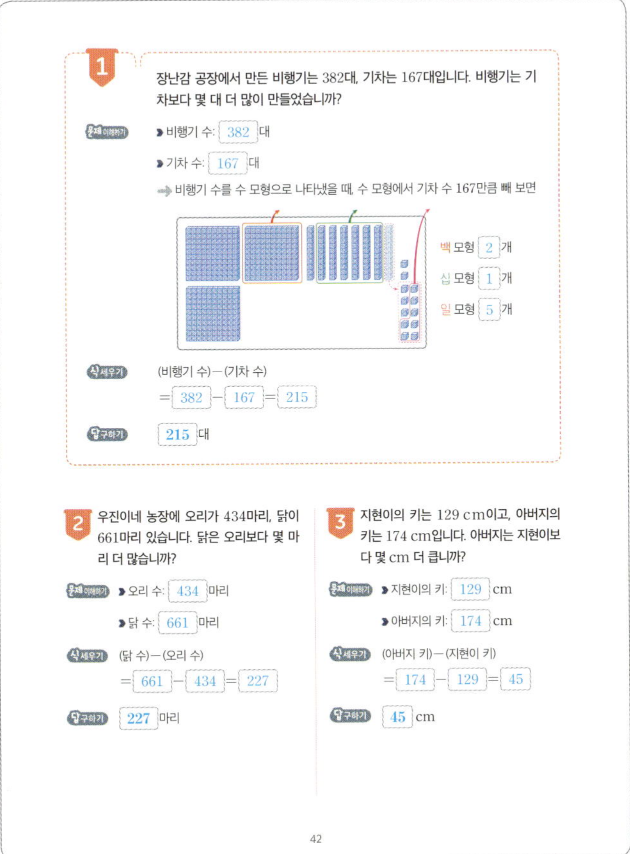

백 모형 2 개
십 모형 1 개
일 모형 5 개

식세우기 (비행기 수) − (기차 수)
= 382 − 167 = 215

답구하기 215 대

2 우진이네 농장에 오리가 434마리, 닭이 661마리 있습니다. 닭은 오리보다 몇 마리 더 많습니까?

문제 이해하기
▸ 오리 수: 434 마리
▸ 닭 수: 661 마리

식세우기 (닭 수) − (오리 수)
= 661 − 434 = 227

답구하기 227 마리

3 지현이의 키는 129 cm이고, 아버지의 키는 174 cm입니다. 아버지는 지현이보다 몇 cm 더 큽니까?

문제 이해하기
▸ 지현이의 키: 129 cm
▸ 아버지의 키: 174 cm

식세우기 (아버지 키) − (지현이 키)
= 174 − 129 = 45

답구하기 45 cm

42

---

4 민주네 학교 도서관에 위인전이 473권 있습니다. 그중에서 291권을 빌려 갔다면 도서관에 남은 위인전은 몇 권입니까?

문제 이해하기
▸ 처음에 있던 위인전 수: 473 권
▸ 빌려 간 위인전 수: 291 권
➡ 처음에 있던 위인전 수를 수 모형으로 나타냈을 때, 수 모형에서 빌려 간 위인전 수 291만큼 빼 보면

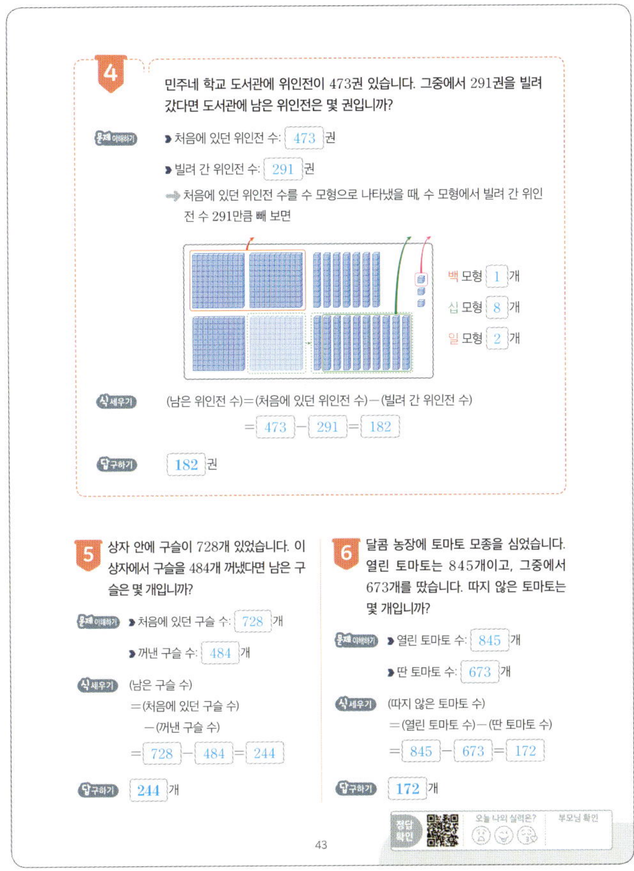

백 모형 1 개
십 모형 8 개
일 모형 2 개

식세우기 (남은 위인전 수)=(처음에 있던 위인전 수) −(빌려 간 위인전 수)
= 473 − 291 = 182

답구하기 182 권

5 상자 안에 구슬이 728개 있었습니다. 이 상자에서 구슬을 484개 꺼냈다면 남은 구슬은 몇 개입니까?

문제 이해하기
▸ 처음에 있던 구슬 수: 728 개
▸ 꺼낸 구슬 수: 484 개

식세우기 (남은 구슬 수)
=(처음에 있던 구슬 수)
−(꺼낸 구슬 수)
= 728 − 484 = 244

답구하기 244 개

6 달콤 농장에 토마토 모종을 심었습니다. 열린 토마토는 845개이고, 그중에서 673개를 땄습니다. 따지 않은 토마토는 몇 개입니까?

문제 이해하기
▸ 열린 토마토 수: 845 개
▸ 딴 토마토 수: 673 개

식세우기 (따지 않은 토마토 수)
=(열린 토마토 수)−(딴 토마토 수)
= 845 − 673 = 172

답구하기 172 개

43

재미있는 수학 놀이터

거스름돈은 얼마일까요?

승빈이가 사탕 1개를 사고 500원을 냈어요. 가게 주인은 실수로 사탕 2개 값으로 계산해서 280원을 거슬러 주었어요. 곧 자신의 실수를 알아채고 사탕 1개 값을 되돌려 주었군요. 승빈이의 지갑 속에 얼마가 들어 있는지 선으로 묶어 보세요. 단, 처음 지갑에는 500원짜리 동전 하나만 있었다고 합니다.

44

9

덧셈과 뺄셈

받아내림이 한 번 있는
(세 자리 수) − (세 자리 수) ❷

1 두 수를 골라 차가 273이 되도록 뺄셈식을 써 보시오.

384 107 657   [ ] − [ ] = 273

문제 이해하기
두 수를 골라 뺀 결과는 273
→ 백의 자리 수의 차가 2 또는 3이 되는 두 수를 짝 지어 보면
❶ 384와 107   ❷ 384 와 657

식 세우기
짝 지은 두 수의 차를 구해 보면
❶ 384 − 107 = 277   ❷ 657 − 384 = 273

답 구하기
657 − 384 = 273

2 두 수를 골라 차가 514가 되도록 뺄셈식을 써 보시오.

752 238 854   [ ] − [ ] = 514

문제 이해하기
두 수를 골라 뺀 결과는 514
→ 백의 자리 수의 차가 5 또는 6이 되는 두 수를 짝 지어 보면
❶ 752와 238   ❷ 238과 854

식 세우기
짝 지은 두 수의 차를 구해 보면
❶ 752 − 238 = 514   ❷ 854 − 238 = 616

답 구하기
752 − 238 = 514

45

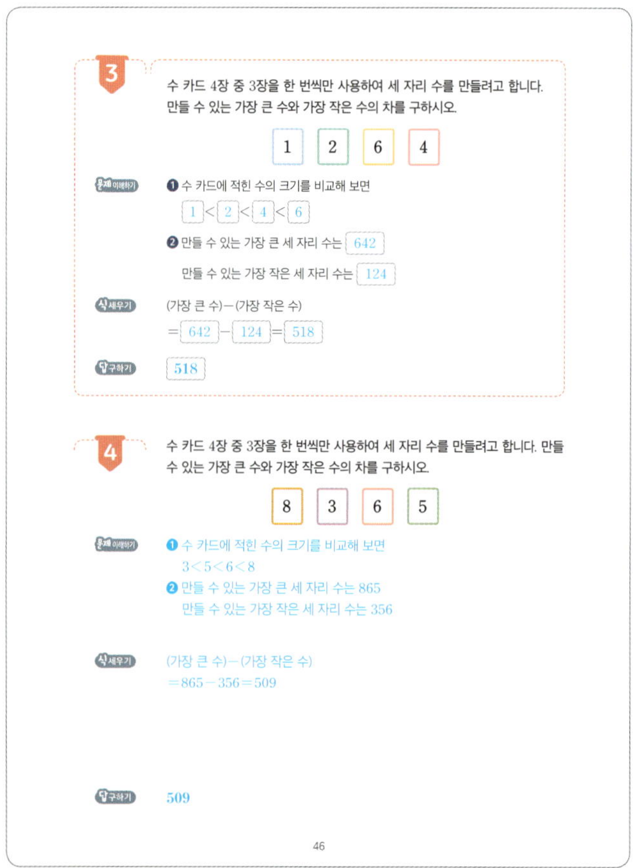

3 수 카드 4장 중 3장을 한 번씩만 사용하여 세 자리 수를 만들려고 합니다. 만들 수 있는 가장 큰 수와 가장 작은 수의 차를 구하시오.

1 2 6 4

문제 이해하기
❶ 수 카드에 적힌 수의 크기를 비교해 보면
1 < 2 < 4 < 6
❷ 만들 수 있는 가장 큰 세 자리 수는 642
만들 수 있는 가장 작은 세 자리 수는 124

식 세우기
(가장 큰 수) − (가장 작은 수)
= 642 − 124 = 518

답 구하기
518

4 수 카드 4장 중 3장을 한 번씩만 사용하여 세 자리 수를 만들려고 합니다. 만들 수 있는 가장 큰 수와 가장 작은 수의 차를 구하시오.

8 3 6 5

문제 이해하기
❶ 수 카드에 적힌 수의 크기를 비교해 보면
3 < 5 < 6 < 8
❷ 만들 수 있는 가장 큰 세 자리 수는 865
만들 수 있는 가장 작은 세 자리 수는 356

식 세우기
(가장 큰 수) − (가장 작은 수)
= 865 − 356 = 509

답 구하기
509

46

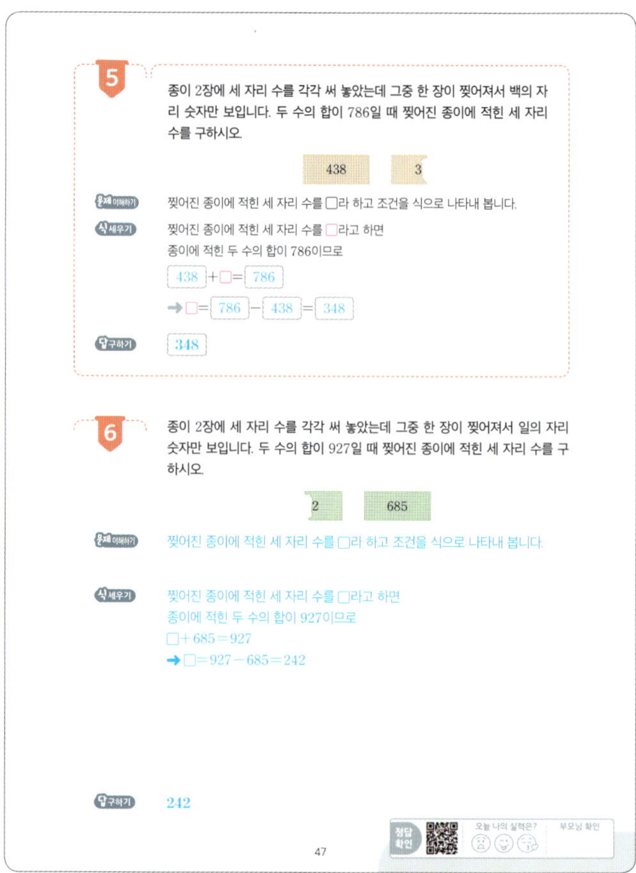

5 종이 2장에 세 자리 수를 각각 써 놓았는데 그중 한 장이 찢어져서 백의 자리 숫자만 보입니다. 두 수의 합이 786일 때 찢어진 종이에 적힌 세 자리 수를 구하시오.

438   3

문제 이해하기
찢어진 종이에 적힌 세 자리 수를 □라 하고 조건을 식으로 나타내 봅니다.

식 세우기
찢어진 종이에 적힌 세 자리 수를 □라고 하면
종이에 적힌 두 수의 합이 786이므로
438 + □ = 786
→ □ = 786 − 438 = 348

답 구하기
348

6 종이 2장에 세 자리 수를 각각 써 놓았는데 그중 한 장이 찢어져서 일의 자리 숫자만 보입니다. 두 수의 합이 927일 때 찢어진 종이에 적힌 세 자리 수를 구하시오.

2   685

문제 이해하기
찢어진 종이에 적힌 세 자리 수를 □라 하고 조건을 식으로 나타내 봅니다.

식 세우기
찢어진 종이에 적힌 세 자리 수를 □라고 하면
종이에 적힌 두 수의 합이 927이므로
□ + 685 = 927
→ □ = 927 − 685 = 242

답 구하기
242

47

가면무도회의 짝을 찾아라

가면무도회에 참석한 사람들이 아직 짝꿍을 정하지 않은 채 춤을 추고 있어요. 각자의 옷에 숨겨져 있는 수의 차가 152가 되는 남자와 여자가 짝꿍이 된다고 해요. 짝꿍이 될 수 있는 사람들끼리 선으로 이어 보세요.

48

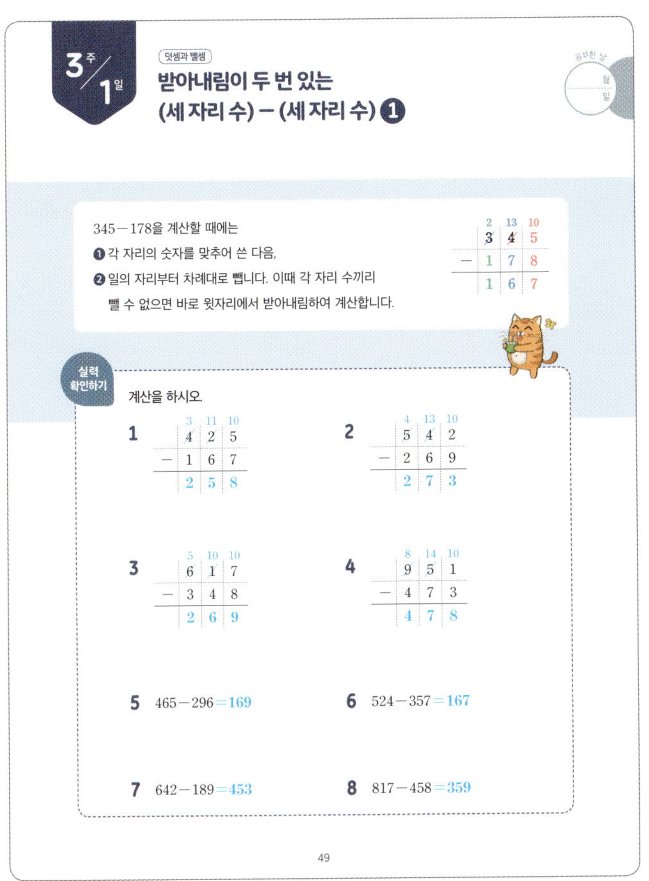

345−178을 계산할 때에는

❶ 각 자리의 숫자를 맞추어 쓴 다음,

❷ 일의 자리부터 차례대로 뺍니다. 이때 각 자리 수끼리 뺄 수 없으면 바로 윗자리에서 받아내림하여 계산합니다.

$$\begin{array}{r} \overset{2}{\cancel{3}}\ \overset{13}{\cancel{4}}\ \overset{10}{5} \\ -\ 1\ 7\ 8 \\ \hline 1\ 6\ 7 \end{array}$$

실력 확인하기 계산을 하시오.

1
$$\begin{array}{r} \overset{3}{\cancel{4}}\ \overset{11}{\cancel{2}}\ \overset{10}{5} \\ -\ 1\ 6\ 7 \\ \hline 2\ 5\ 8 \end{array}$$

2
$$\begin{array}{r} \overset{4}{\cancel{5}}\ \overset{13}{\cancel{4}}\ \overset{10}{2} \\ -\ 2\ 6\ 9 \\ \hline 2\ 7\ 3 \end{array}$$

3
$$\begin{array}{r} \overset{5}{\cancel{6}}\ \overset{10}{\cancel{1}}\ \overset{10}{7} \\ -\ 3\ 4\ 8 \\ \hline 2\ 6\ 9 \end{array}$$

4
$$\begin{array}{r} \overset{8}{\cancel{9}}\ \overset{14}{\cancel{5}}\ \overset{10}{1} \\ -\ 4\ 7\ 3 \\ \hline 4\ 7\ 8 \end{array}$$

5 $465-296=169$

6 $524-357=167$

7 $642-189=453$

8 $817-458=359$

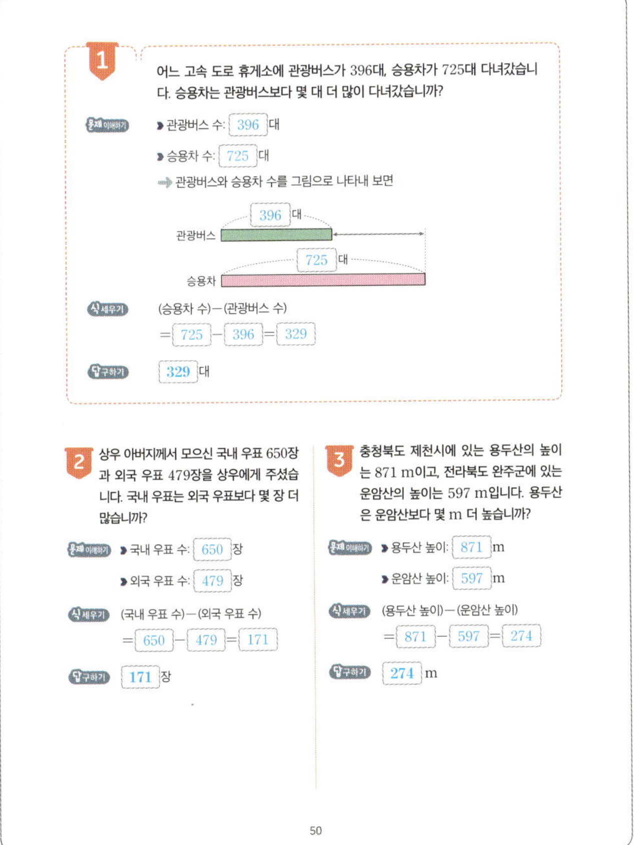

1 어느 고속 도로 휴게소에 관광버스가 396대, 승용차가 725대 다녀갔습니다. 승용차는 관광버스보다 몇 대 더 많이 다녀갔습니까?

문제 이해하기
▶ 관광버스 수: 396 대
▶ 승용차 수: 725 대
→ 관광버스와 승용차 수를 그림으로 나타내 보면

관광버스 396 대
승용차 725 대

식 세우기
(승용차 수) − (관광버스 수)
= 725 − 396 = 329

답 구하기 329 대

2 상우 아버지께서 모으신 국내 우표 650장과 외국 우표 479장을 상우에게 주셨습니다. 국내 우표는 외국 우표보다 몇 장 더 많습니까?

문제 이해하기
▶ 국내 우표 수: 650 장
▶ 외국 우표 수: 479 장

식 세우기
(국내 우표 수) − (외국 우표 수)
= 650 − 479 = 171

답 구하기 171 장

3 충청북도 제천시에 있는 용두산의 높이는 871 m이고, 전라북도 완주군에 있는 운암산의 높이는 597 m입니다. 용두산은 운암산보다 몇 m 더 높습니까?

문제 이해하기
▶ 용두산 높이: 871 m
▶ 운암산 높이: 597 m

식 세우기
(용두산 높이) − (운암산 높이)
= 871 − 597 = 274

답 구하기 274 m

4 창민이네 학교 3학년 학생은 312명입니다. 그중에서 동생이 있는 학생이 137명이라면 동생이 없는 학생은 몇 명입니까?

문제 이해하기
▶ 3학년 전체 학생 수: 312 명
▶ 동생이 있는 학생 수: 137 명
→ 3학년 학생 수를 수직선에 나타내 보면

3학년 학생 312 명
동생이 없는 학생 / 동생이 있는 학생 137 명

식 세우기
(동생이 없는 학생 수)
= (3학년 전체 학생 수) − (동생이 있는 학생 수)
= 312 − 137 = 175

답 구하기 175 명

5 주말 동안 미술관에 온 관람객은 704명입니다. 그중에서 안경을 쓴 사람이 236명이라면 안경을 쓰지 않은 사람은 몇 명입니까?

문제 이해하기
▶ 주말 동안 미술관에 온 관람객 수: 704 명
▶ 안경을 쓴 사람 수: 236 명

식 세우기
(안경을 쓰지 않은 사람 수)
= (주말 동안 온 관람객 수) − (안경을 쓴 사람 수)
= 704 − 236 = 468

답 구하기 468 명

6 미술 시간에 길이가 6 m인 철사 중에서 381 cm를 사용했습니다. 남은 철사는 몇 cm입니까?

문제 이해하기
▶ 처음에 있던 철사 길이: 6 m = 600 cm
▶ 사용한 철사 길이: 381 cm

식 세우기
(남은 철사 길이)
= (처음에 있던 철사 길이) − (사용한 철사 길이)
= 600 − 381 = 219

답 구하기 219 cm

정답 확인 / 오늘 나의 실력은? / 부모님 확인

김밥 속 햄의 값은?

미래네 학교에서 이웃 돕기 바자회를 열었어요. 미래네 반에서는 김밥을 만들어 팔기로 했어요. 김밥의 가격은 재료값을 모두 더한 값으로 정했어요. 김밥 속에 들어가는 햄의 값을 가격표에 써넣으세요.

11

3주 / 2일 [덧셈과 뺄셈]

받아내림이 두 번 있는 (세 자리 수) − (세 자리 수) ❷

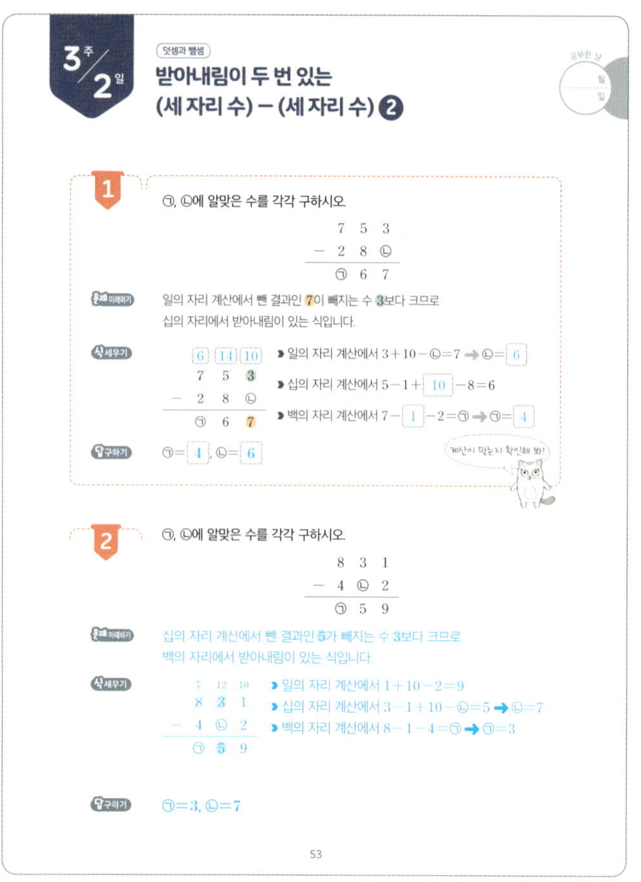

1 ㉠, ㉡에 알맞은 수를 각각 구하시오.

$$\begin{array}{r} 7\ 5\ 3 \\ -\ 2\ 8\ ㉡ \\ \hline ㉠\ 6\ 7 \end{array}$$

문제 이해하기 일의 자리 계산에서 뺀 결과인 **7**이 빼지는 수 **3**보다 크므로 십의 자리에서 받아내림이 있는 식입니다.

식 세우기

$$\begin{array}{r} \boxed{6}\ \boxed{14}\ \boxed{10} \\ 7\ \ 5\ \ 3 \\ -\ 2\ \ 8\ \ ㉡ \\ \hline ㉠\ \ 6\ \ 7 \end{array}$$

▶ 일의 자리 계산에서 $3+10-㉡=7$ ➡ $㉡=\boxed{6}$
▶ 십의 자리 계산에서 $5-1+\boxed{10}-8=6$
▶ 백의 자리 계산에서 $7-\boxed{1}-2=㉠$ ➡ $㉠=\boxed{4}$

답 구하기 $㉠=\boxed{4}$, $㉡=\boxed{6}$

2 ㉠, ㉡에 알맞은 수를 각각 구하시오.

$$\begin{array}{r} 8\ 3\ 1 \\ -\ 4\ ㉡\ 2 \\ \hline ㉠\ 5\ 9 \end{array}$$

문제 이해하기 십의 자리 계산에서 뺀 결과인 **5**가 빼지는 수 **3**보다 크므로 백의 자리에서 받아내림이 있는 식입니다.

식 세우기

$$\begin{array}{r} 7\ \ 12\ \ 10 \\ 8\ \ 3\ \ 1 \\ -\ 4\ \ ㉡\ \ 2 \\ \hline ㉠\ \ 5\ \ 9 \end{array}$$

▶ 일의 자리 계산에서 $1+10-2=9$
▶ 십의 자리 계산에서 $3-1+10-㉡=5$ ➡ $㉡=7$
▶ 백의 자리 계산에서 $8-1-4=㉠$ ➡ $㉠=3$

답 구하기 $㉠=3$, $㉡=7$

53

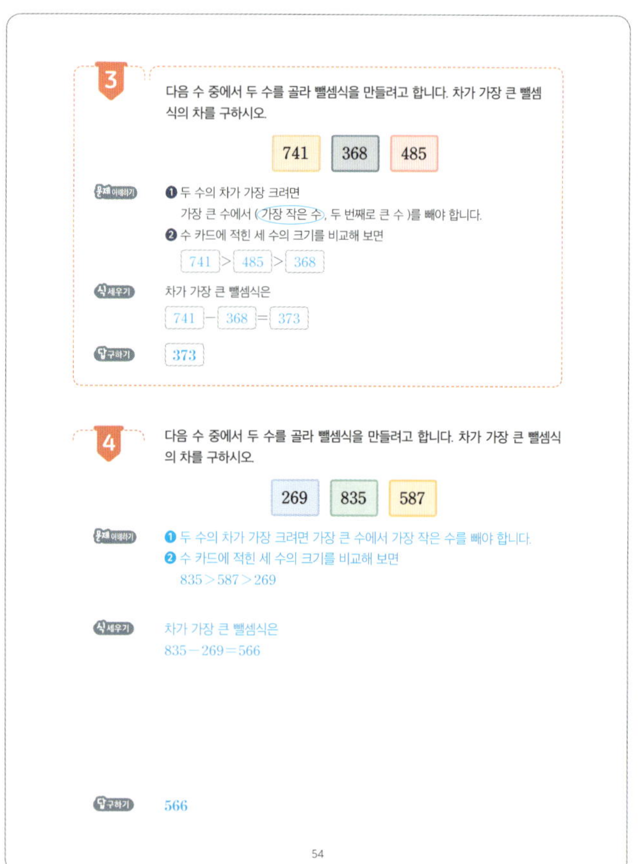

3 다음 수 중에서 두 수를 골라 뺄셈식을 만들려고 합니다. 차가 가장 큰 뺄셈식의 차를 구하시오.

741	368	485

문제 이해하기
❶ 두 수의 차가 가장 크려면
  가장 큰 수에서 (가장 작은 수, 두 번째로 큰 수)를 빼야 합니다.
❷ 수 카드에 적힌 세 수의 크기를 비교해 보면
  $\boxed{741} > \boxed{485} > \boxed{368}$

식 세우기 차가 가장 큰 뺄셈식은
$\boxed{741} - \boxed{368} = \boxed{373}$

답 구하기 $\boxed{373}$

4 다음 수 중에서 두 수를 골라 뺄셈식을 만들려고 합니다. 차가 가장 큰 뺄셈식의 차를 구하시오.

269	835	587

문제 이해하기
❶ 두 수의 차가 가장 크려면 가장 큰 수에서 가장 작은 수를 빼야 합니다.
❷ 수 카드에 적힌 세 수의 크기를 비교해 보면
  $835 > 587 > 269$

식 세우기 차가 가장 큰 뺄셈식은
$835 - 269 = 566$

답 구하기 **566**

54

5 성우는 세계의 건물 높이를 조사했습니다. 높이의 차가 300 m에 가장 가까운 두 건물은 어느 것입니까?

건물 이름	롯데월드 타워	부산 국제 금융 센터	도쿄 스카이트리
높이(m)	555	289	634

문제 이해하기 건물 높이를 몇백으로 어림해 보면

높이(m)	555	289	634
어림한 값	600	300	600

➡ 어림한 두 수의 차가 300이 되는 것을 짝 지어 보면
❶ 555와 $\boxed{289}$
❷ $\boxed{289}$ 와 $\boxed{634}$

식 세우기 짝 지은 두 수의 차를 구해 보면
❶ $555 - \boxed{289} = \boxed{266}$
❷ $\boxed{634} - \boxed{289} = \boxed{345}$

답 구하기 롯데월드 타워 , 부산 국제 금융 센터

6 윤찬이는 세계의 건물 높이를 조사했습니다. 높이의 차가 200 m에 가장 가까운 두 건물은 어느 것입니까?

건물 이름	핑안 국제 금융 센터	부르즈 할리파	상하이 타워
높이(m)	599	828	632

문제 이해하기 건물 높이를 몇백으로 어림해 보면

높이(m)	599	828	632
어림한 값	600	800	600

➡ 어림한 두 수의 차가 200이 되는 것을 짝 지어 보면
❶ 599와 828
❷ 828과 632

식 세우기 짝 지은 두 수의 차를 구해 보면
❶ $828 - 599 = 229$
❷ $828 - 632 = 196$

답 구하기 부르즈 할리파, 상하이 타워

정답 확인 / 오늘 나의 실력은? / 부모님 확인

55

재미있는 수학 놀이터

목표 독서량보다 적게 읽은 사람은?

미래네 집의 거실은 도서관 같아요. 가족들이 모두 책 읽는 것을 좋아해서 책장을 두어 도서관처럼 꾸몄어요. 벽에는 1년 동안 읽어야 하는 목표 독서량이 붙어 있어요. 가족들의 대화를 읽고, 목표량에 도달하지 못한 사람은 누구인지 찾아 ○표 하세요.

56

3주/3일 (덧셈과 뺄셈) 세 수의 덧셈과 뺄셈 ❶

125+347−234를 계산할 때에는

❶ 앞의 두 수를 먼저 더한 다음,
❷ 그 값에서 나머지 한 수를 뺍니다.

$$125+347-234=238$$
$$472$$
$$238$$

실력 확인하기

계산을 하시오.

1 $235+317-176=$ 376
552
376

2 $128+465-152=$ 441
593
441

3 $386-154+210=$ 442
232
442

4 $512-264+138=$ 386
248
386

5 $124+585-459=$ 250

6 $314-179+271=$ 406

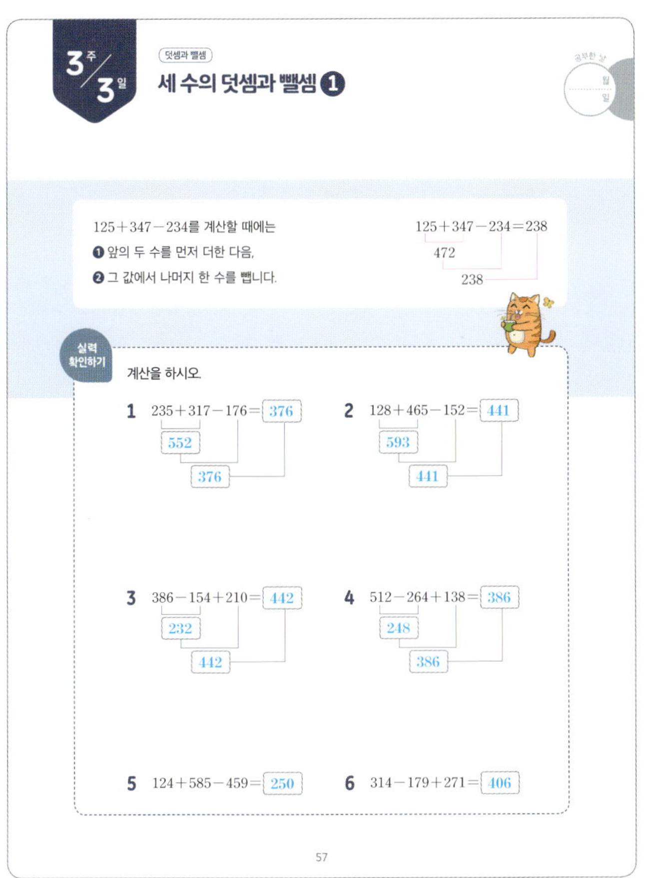

1 윤지네 학교 학생은 몇 명입니까?

(문제 이해하기) 학생 수를 그림으로 나타내 보면

민호네 학교 591 명
선아네 학교 185 명
윤지네 학교 297 명

(식 세우기) (선아네 학교 학생 수)=(민호네 학교 학생 수)+(더 많은 수)
= 591 + 185 = 776

(윤지네 학교 학생 수)=(선아네 학교 학생 수)−(더 적은 수)
= 776 − 297 = 479

(구하기) 479 명

2 은서가 가진 구슬은 몇 개입니까?

지우: 나는 구슬을 463개 가지고 있어.
현수: 나는 지우보다 182개 더 많아.
은서: 나는 현수보다 366개 더 적어.

(문제 이해하기) 은서가 가진 구슬 수를 구하려면 현수의 구슬 수를 알아야 합니다.
➡ 지우의 구슬 수를 이용하여 현수의 구슬 수를 먼저 구합니다.

(식 세우기) (현수가 가진 구슬 수)
=(지우가 가진 구슬 수)+(더 많은 수)
= 463 + 182 = 645

(은서가 가진 구슬 수)
=(현수가 가진 구슬 수)−(더 적은 수)
= 645 − 366 = 279

(구하기) 279 개

3 선우가 모은 동전은 몇 개입니까?

연지: 나는 동전을 549개 모았어.
승호: 나는 연지보다 178개 더 많아.
선우: 나는 승호보다 259개 더 적어.

(문제 이해하기) 선우가 모은 동전 수를 구하려면 승호의 동전 수를 알아야 합니다.
➡ 연지의 동전 수를 이용하여 승호의 동전 수를 먼저 구합니다.

(식 세우기) (승호가 모은 동전 수)
=(연지가 모은 동전 수)+(더 많은 수)
= 549 + 178 = 727

(선우가 모은 동전 수)
=(승호가 모은 동전 수)−(더 적은 수)
= 727 − 259 = 468

(구하기) 468 개

4 어느 인형 공장에서 어제는 인형을 742개 만들었고, 오늘은 어제보다 359개 더 적게 만들었습니다. 이 공장에서 어제와 오늘 만든 인형은 모두 몇 개입니까?

(문제 이해하기) 인형 수를 그림으로 나타내 보면

어제 만든 인형 742 개
오늘 만든 인형 359 개

(식 세우기) (오늘 만든 인형 수)=(어제 만든 인형 수)−(더 적은 수)
= 742 − 359 = 383

(어제와 오늘 만든 인형 수)=(어제 만든 인형 수)+(오늘 만든 인형 수)
= 742 + 383 = 1125

(구하기) 1125 개

5 수족관에 금붕어가 541마리 있고, 비단잉어가 금붕어보다 247마리 더 적게 있습니다. 수족관에 있는 금붕어와 비단잉어는 모두 몇 마리입니까?

(문제 이해하기) 비단잉어 수를 구한 다음, 금붕어와 비단잉어 수를 구합니다.

(식 세우기) (비단잉어 수)
=(금붕어 수)−(더 적은 수)
= 541 − 247 = 294

(금붕어와 비단잉어 수)
=(금붕어 수)+(비단잉어 수)
= 541 + 294 = 835

(구하기) 835 마리

6 별이네 농장에서 작년에는 귤을 466상자 수확했고, 올해에는 작년보다 198상자 더 적게 수확했습니다. 작년과 올해에 수확한 귤은 모두 몇 상자입니까?

(문제 이해하기) 올해 수확한 귤 상자 수를 구한 다음, 작년과 올해 수확한 귤 상자 수를 구합니다.

(식 세우기) (올해 수확한 귤 상자 수)
=(작년에 수확한 귤 상자 수)−(더 적은 수)
= 466 − 198 = 268

(작년과 올해에 수확한 귤 상자 수)
=(작년에 수확한 귤 상자 수)
+(올해 수확한 귤 상자 수)
= 466 + 268 = 734

(구하기) 734 상자

정답 확인 / 오늘 나의 실력은? / 부모님 확인

재미있는 수학 놀이터

남은 체력은 얼마?

게임 속 왕자 캐릭터는 이동할 때마다 체력이 떨어져요. 하지만 과일을 먹으면 체력이 다시 보충된답니다. 900만큼의 체력을 가지고 출발한 왕자 캐릭터가 목적지에 도착했을 때의 체력은 얼마일까요? 남아 있는 체력을 빈칸에 쓰세요.

3주/4일 · 세 수의 덧셈과 뺄셈 ❷

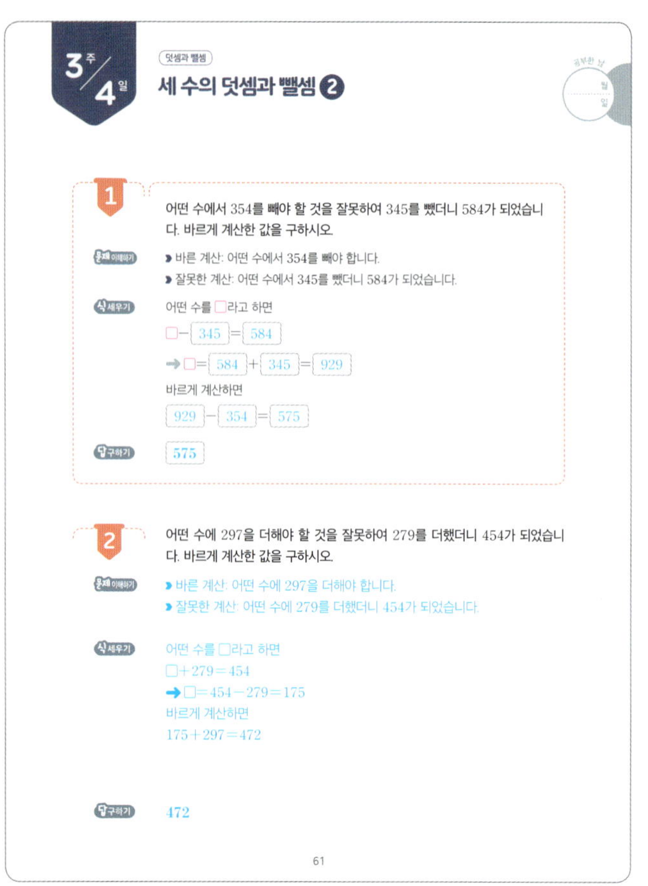

1
어떤 수에서 354를 빼야 할 것을 잘못하여 345를 뺐더니 584가 되었습니다. 바르게 계산한 값을 구하시오.

문제 이해하기
- 바른 계산: 어떤 수에서 354를 빼야 합니다.
- 잘못된 계산: 어떤 수에서 345를 뺐더니 584가 되었습니다.

식 세우기
어떤 수를 □라고 하면
□ − 345 = 584
➡ □ = 584 + 345 = 929
바르게 계산하면
929 − 354 = 575

답 구하기
575

2
어떤 수에 297을 더해야 할 것을 잘못하여 279를 더했더니 454가 되었습니다. 바르게 계산한 값을 구하시오.

문제 이해하기
- 바른 계산: 어떤 수에 297을 더해야 합니다.
- 잘못된 계산: 어떤 수에 279를 더했더니 454가 되었습니다.

식 세우기
어떤 수를 □라고 하면
□ + 279 = 454
➡ □ = 454 − 279 = 175
바르게 계산하면
175 + 297 = 472

답 구하기
472

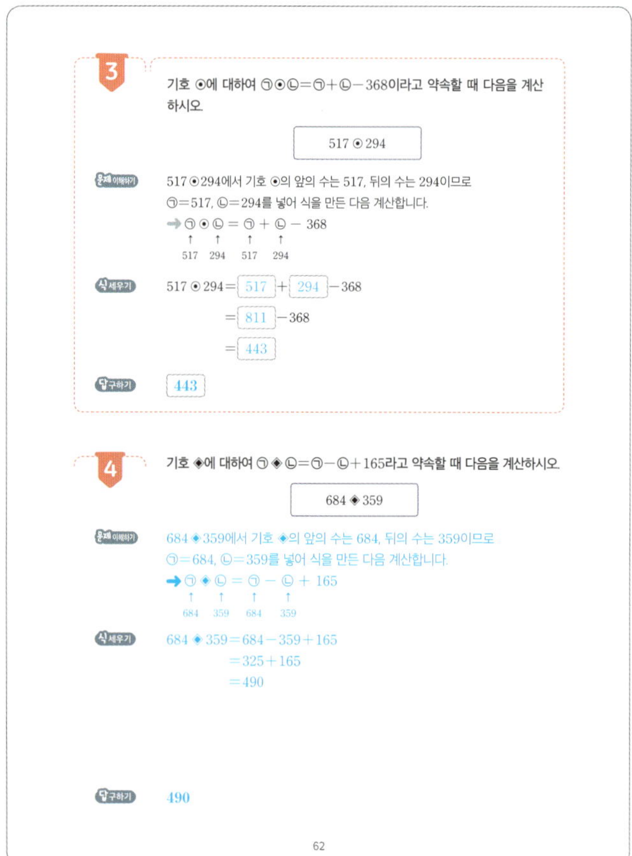

3
기호 ⊙에 대하여 ㉠⊙㉡=㉠+㉡−368이라고 약속할 때 다음을 계산하시오.

517 ⊙ 294

문제 이해하기
517⊙294에서 기호 ⊙의 앞의 수는 517, 뒤의 수는 294이므로
㉠=517, ㉡=294를 넣어 식을 만든 다음 계산합니다.
➡ ㉠ ⊙ ㉡ = ㉠ + ㉡ − 368
     517   294   517   294

식 세우기
517 ⊙ 294 = 517 + 294 − 368
          = 811 − 368
          = 443

답 구하기
443

4
기호 ◈에 대하여 ㉠◈㉡=㉠−㉡+165라고 약속할 때 다음을 계산하시오.

684 ◈ 359

문제 이해하기
684◈359에서 기호 ◈의 앞의 수는 684, 뒤의 수는 359이므로
㉠=684, ㉡=359를 넣어 식을 만든 다음 계산합니다.
➡ ㉠ ◈ ㉡ = ㉠ − ㉡ + 165
     684   359   684   359

식 세우기
684 ◈ 359 = 684 − 359 + 165
          = 325 + 165
          = 490

답 구하기
490

5
채린이네 집에서 학교까지의 거리는 몇 m입니까?

문제 이해하기
채린이네 집에서 학교까지의 거리를 그림으로 나타내 보면

식 세우기
(채린이네 집에서 학교까지의 거리)
= (집~문구점) + (편의점~학교) − (편의점~문구점)
= 569 + 698 − 273
= 1267 − 273 = 994

답 구하기
994 m

6
형욱이네 집에서 병원까지의 거리는 몇 m입니까?

문제 이해하기
형욱이네 집에서 병원까지의 거리를 그림으로 나타내 보면

식 세우기
(형욱이네 집에서 병원까지의 거리)
= (집~공원) + (약국~병원) − (약국~공원)
= 752 + 787 − 329
= 1539 − 329 = 1210

답 구하기
1210 m

재미있는 **수학 놀이터**

피라미드를 탈출하라!
피라미드 안에 들어간 유빈이와 준영이가 길을 잃었어요. 피라미드 벽돌에 적힌 수들의 규칙을 알고, 빈 벽돌에 들어갈 수를 찾아야 해요. 그러면 밖으로 나가는 길이 환하게 보인다고 합니다. 유빈이와 준영이가 밖으로 나올 수 있도록 벽돌에 알맞은 수를 써 보세요.

3주 5일 (덧셈과 뺄셈) 단원 마무리

01

윤진이네 마을에서는 식목일에 은행나무를 481그루, 단풍나무를 264그루 심었습니다. 식목일에 심은 은행나무와 단풍나무는 모두 몇 그루입니까?

문제 이해하기
▶ 은행나무 수: 481그루
▶ 단풍나무 수: 264그루

식 세우기
(은행나무와 단풍나무 수)=(은행나무 수)+(단풍나무 수)
=481+264=745

답 구하기
745그루

02

초록색 리본은 주황색 리본보다 몇 cm 더 깁니까?

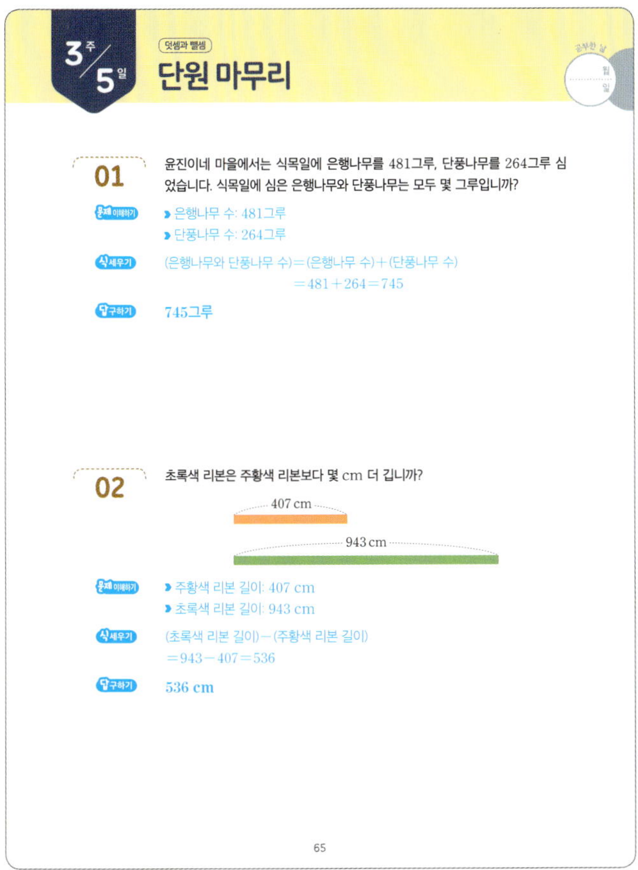

문제 이해하기
▶ 주황색 리본 길이: 407 cm
▶ 초록색 리본 길이: 943 cm

식 세우기
(초록색 리본 길이)−(주황색 리본 길이)
=943−407=536

답 구하기
536 cm

단원 마무리

03

짝수를 모두 찾아 짝수들의 합을 구하시오.

| 657 | 586 | 139 | 418 |

문제 이해하기
일의 자리 숫자가 0, 2, 4, 6, 8이면 짝수입니다.
➡ 주어진 수 중에서 짝수를 찾아보면
586, 418

식 세우기
짝수들의 합은
586+418=1004

답 구하기
1004

04

어느 편의점에서 아이스크림을 6월에는 314개 팔았고, 7월에는 6월보다 240개 더 팔았습니다. 6월과 7월에 판 아이스크림은 모두 몇 개입니까?

문제 이해하기
▶ 6월에 판 아이스크림 수: 314개
▶ 7월: 6월보다 240개 더 팔았습니다.

식 세우기
(7월에 판 아이스크림 수)=(6월에 판 아이스크림 수)+(더 많이 판 수)
=314+240=554
(6월과 7월에 판 아이스크림 수)
=(6월에 판 아이스크림 수)+(7월에 판 아이스크림 수)
=314+554=868

답 구하기
868개

05

□ 안에 알맞은 수를 써넣으시오.

```
    ⏹ 7 ⏹
  +  5 ⏹ 9
  ---------
    9 2 1
```

문제 이해하기
각 자리의 계산에서 더한 결과가 더해지는 수ʼ 또는 더하는 수ʼ보다 작으면 바로 윗자리로 받아올림이 있습니다.

식 세우기
```
    ㉠ 7 ㉡
  +  5 ㉢ 9
  ---------
    9 2 1
```
▶ 일의 자리 계산에서 ㉡+9=11 ➡ ㉡=2
▶ 십의 자리 계산에서 1+7+㉢=12 ➡ ㉢=4
▶ 백의 자리 계산에서 1+㉠+5=9 ➡ ㉠=3

답 구하기
(위에서부터) 3, 2, 4

06

㉠과 ㉡의 차를 구하시오.

> ㉠ 100이 6개, 10이 17개, 1이 8개인 수
> ㉡ 100이 3개, 10이 5개, 1이 12개인 수

문제 이해하기
㉠과 ㉡을 각각 수로 나타내 보면

```
㉠  100이  6개 ⟶ 600        ㉡  100이  3개 ⟶ 300
    10이 17개 ⟶ 170             10이  5개 ⟶  50
     1이  8개 ⟶   8              1이 12개 ⟶  12
    ──────────────             ──────────────
              778                        362
```

식 세우기
㉠−㉡=778−362=416

답 구하기
416

07

예빈이는 집에서 출발하여 서점에 가려고 합니다. ㉮와 ㉯ 중 어느 길로 가는 것이 몇 m 더 짧겠습니까?

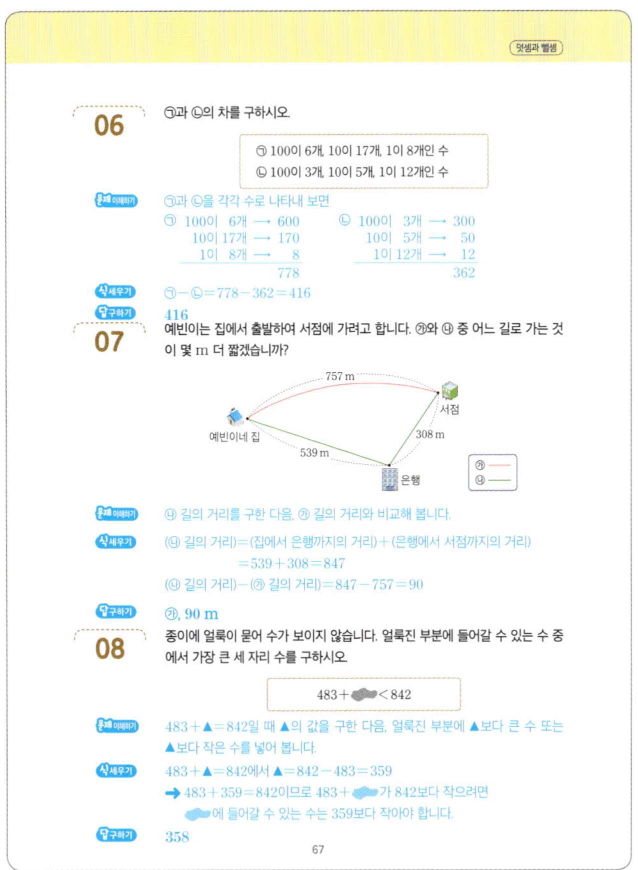

문제 이해하기
㉯ 길의 거리를 구한 다음, ㉮ 길의 거리와 비교해 봅니다.

식 세우기
(㉯ 길의 거리)=(집에서 은행까지의 거리)+(은행에서 서점까지의 거리)
=539+308=847
(㉯ 길의 거리)−(㉮ 길의 거리)=847−757=90

답 구하기
㉮, 90 m

08

종이에 얼룩이 묻어 수가 보이지 않습니다. 얼룩진 부분에 들어갈 수 있는 수 중에서 가장 큰 세 자리 수를 구하시오.

> 483+⬛<842

문제 이해하기
483+▲=842일 때 ▲의 값을 구한 다음, 얼룩진 부분에 ▲보다 큰 수 또는 ▲보다 작은 수를 넣어 봅니다.

식 세우기
483+▲=842에서 ▲=842−483=359
➡ 483+359=842이므로 483+⬛가 842보다 작으려면
⬛에 들어갈 수 있는 수는 359보다 작아야 합니다.

답 구하기
358

단원 마무리

09

다음 세 수를 이용하여 계산 결과가 가장 크게 나오도록 식을 만들어 보시오.

| 483 | 397 | 625 |

□−□+□=□

문제 이해하기
❶ 계산 결과가 가장 크려면 세 수 중에서 가장 작은 수를 빼고 나머지 두 수를 더하면 됩니다.
❷ 수 카드에 적힌 세 수의 크기를 비교해 보면
625>483>397

식 세우기
계산 결과가 가장 큰 식은
625−397+483=228+483
=711

답 구하기
625−397+483=711 (또는 483−397+625=711)

10

문구점에서 학용품을 팔고 받은 돈입니다. 풀, 가위, 자의 가격을 각각 구하시오.

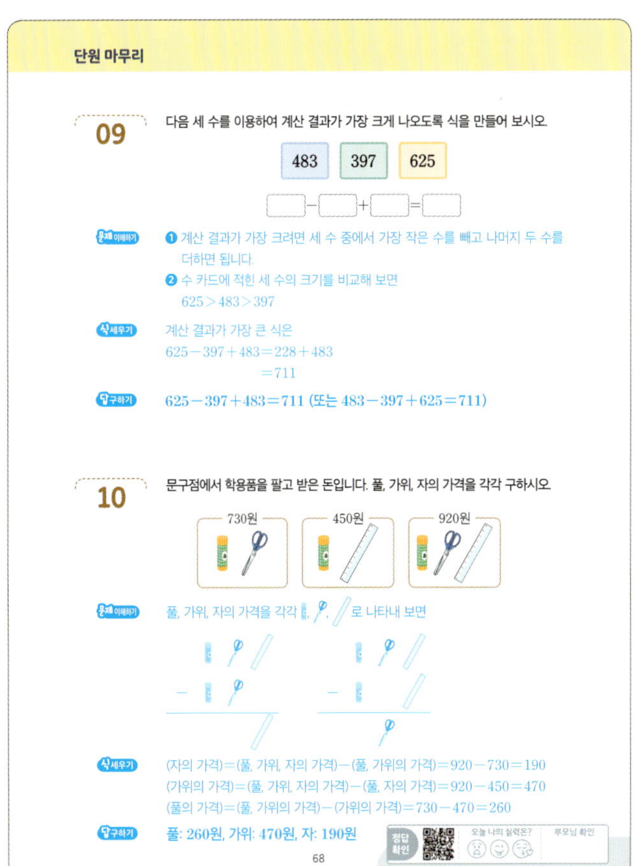

문제 이해하기
풀, 가위, 자의 가격을 각각 🖌, ✂, 📏로 나타내 보면

식 세우기
(자의 가격)=(풀, 가위, 자의 가격)−(풀, 가위의 가격)=920−730=190
(가위의 가격)=(풀, 가위, 자의 가격)−(풀, 자의 가격)=920−450=470
(풀의 가격)=(풀, 가위의 가격)−(가위의 가격)=730−470=260

답 구하기
풀: 260원, 가위: 470원, 자: 190원

15

4주/1일 〔나눗셈〕 똑같이 나누어 주는 나눗셈 ①

초콜릿 8개를 2명에게 똑같이 나누어 주면 한 명이 4개씩 가지게 됩니다.

$$8 \div 2 = 4$$

실력 확인하기 그림을 보고 □ 안에 알맞은 수를 써넣으시오.

1 → $6 \div 2 = \boxed{3}$

2 → $8 \div 4 = \boxed{2}$

3 → $10 \div 2 = \boxed{5}$

4 → $15 \div 5 = \boxed{3}$

5 → $12 \div 4 = \boxed{3}$

6 → $18 \div 3 = \boxed{6}$

1 쿠키 16개를 접시 4개에 똑같이 나누어 담으려고 합니다. 접시 한 개에 쿠키를 몇 개씩 담을 수 있습니까?

〔문제〕이해하기
▶ 전체 쿠키 수: $\boxed{16}$ 개
▶ 쿠키를 나누어 담을 접시 수: $\boxed{4}$ 개
→ 쿠키를 ○로 바꿔서 접시 4개에 똑같이 나누어 그려 보면

〔식〕세우기 (전체 쿠키 수)÷(접시 수)
$= \boxed{16} \div \boxed{4} = \boxed{4}$

〔답〕구하기 $\boxed{4}$ 개

2 물고기 10마리를 어항 5개에 똑같이 나누어 넣으려고 합니다. 어항 한 개에 물고기를 몇 마리씩 넣을 수 있습니까?

〔문제〕이해하기
▶ 전체 물고기 수: $\boxed{10}$ 마리
▶ 물고기를 나누어 넣을 어항 수: $\boxed{5}$ 개

〔식〕세우기 (전체 물고기 수)÷(어항 수)
$= \boxed{10} \div \boxed{5} = \boxed{2}$

〔답〕구하기 $\boxed{2}$ 마리

3 색종이 21장을 3명이 똑같이 나누어 가지려고 합니다. 한 사람이 색종이를 몇 장씩 가질 수 있습니까?

〔문제〕이해하기
▶ 전체 색종이 수: $\boxed{21}$ 장
▶ 색종이를 나누어 가지는 사람 수: $\boxed{3}$ 명

〔식〕세우기 (전체 색종이 수)÷(사람 수)
$= \boxed{21} \div \boxed{3} = \boxed{7}$

〔답〕구하기 $\boxed{7}$ 장

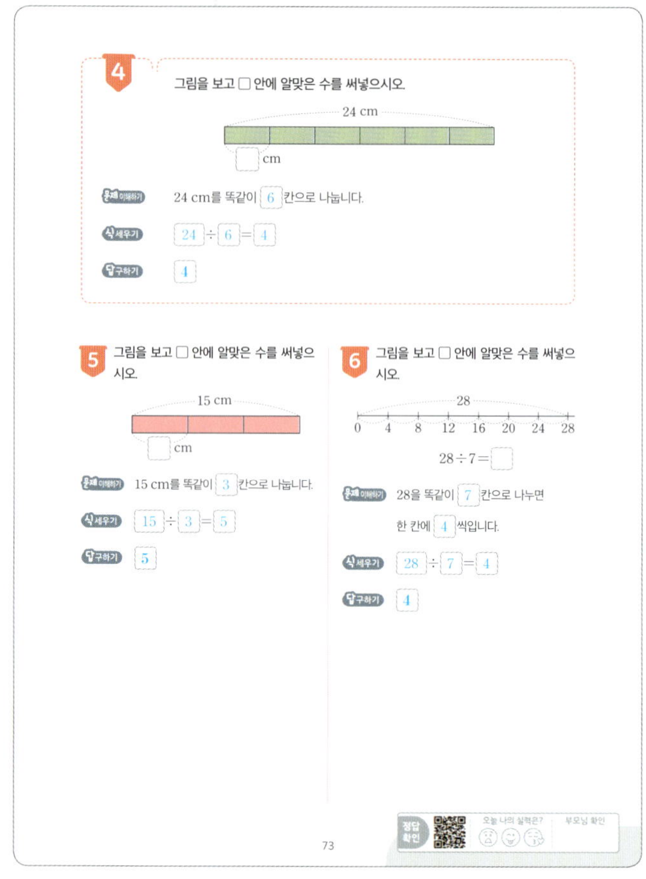

4 그림을 보고 □ 안에 알맞은 수를 써넣으시오.

24 cm

□ cm

〔문제〕이해하기 24 cm를 똑같이 $\boxed{6}$ 칸으로 나눕니다.

〔식〕세우기 $\boxed{24} \div \boxed{6} = \boxed{4}$

〔답〕구하기 $\boxed{4}$

5 그림을 보고 □ 안에 알맞은 수를 써넣으시오.

15 cm

□ cm

〔문제〕이해하기 15 cm를 똑같이 $\boxed{3}$ 칸으로 나눕니다.

〔식〕세우기 $\boxed{15} \div \boxed{3} = \boxed{5}$

〔답〕구하기 $\boxed{5}$

6 그림을 보고 □ 안에 알맞은 수를 써넣으시오.

28
0 4 8 12 16 20 24 28

$28 \div 7 = \boxed{}$

〔문제〕이해하기 28을 똑같이 $\boxed{7}$ 칸으로 나누면 한 칸에 $\boxed{4}$ 씩입니다.

〔식〕세우기 $\boxed{28} \div \boxed{7} = \boxed{4}$

〔답〕구하기 $\boxed{4}$

4주 2일 · 나눗셈

똑같이 나누어 주는 나눗셈 ❷

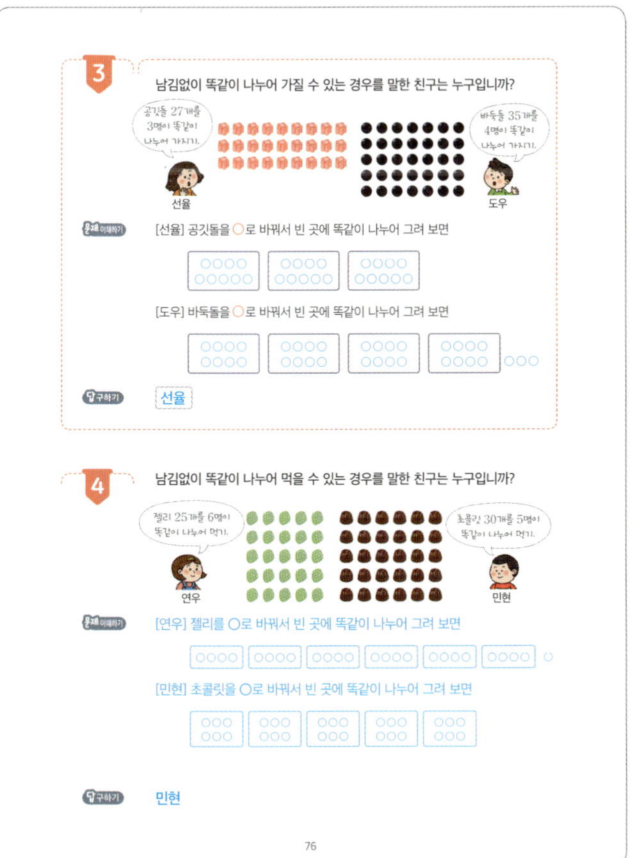

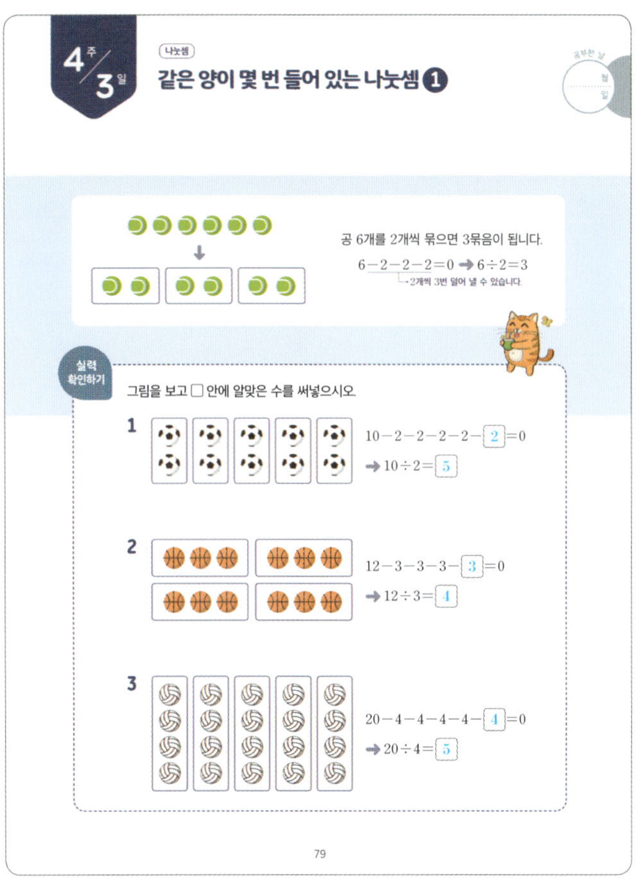
4주 3일
나눗셈
같은 양이 몇 번 들어 있는 나눗셈 ❶
공 6개를 2개씩 묶으면 3묶음이 됩니다.
6-2-2-2=0 ➡ 6÷2=3
2개씩 3번 덜어 낼 수 있습니다.
실력 확인하기
그림을 보고 □ 안에 알맞은 수를 써넣으시오
1 10-2-2-2-2-2= 2 =0
➡ 10÷2= 5
2 12-3-3-3- 3 =0
➡ 12÷3= 4
3 20-4-4-4-4- 4 =0
➡ 20÷4= 5
79

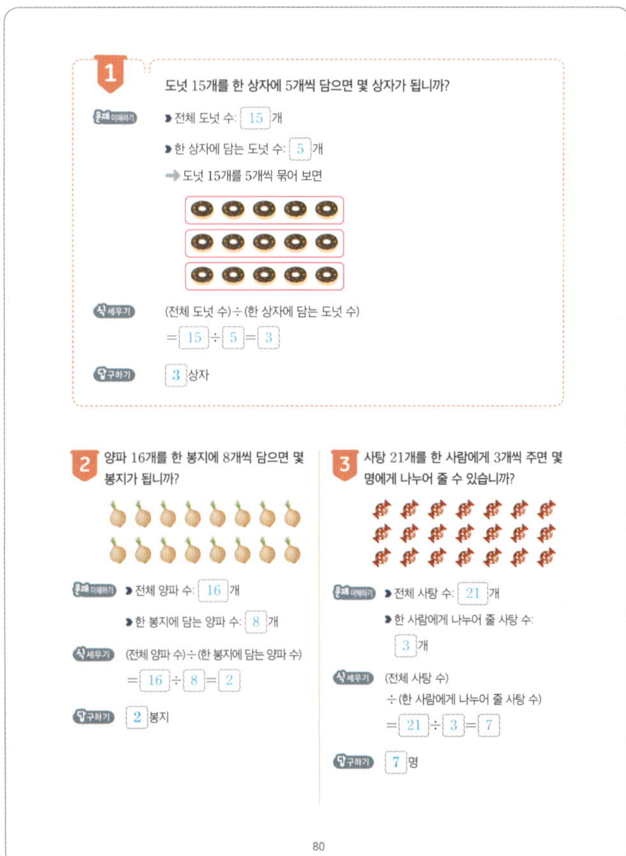
1 도넛 15개를 한 상자에 5개씩 담으면 몇 상자가 됩니까?
➤ 전체 도넛 수: 15 개
➤ 한 상자에 담는 도넛 수: 5 개
➡ 도넛 15개를 5개씩 묶어 보면
(전체 도넛 수)÷(한 상자에 담는 도넛 수)
= 15 ÷ 5 = 3
3 상자

2 양파 16개를 한 봉지에 8개씩 담으면 몇 봉지가 됩니까?
➤ 전체 양파 수: 16 개
➤ 한 봉지에 담는 양파 수: 8 개
(전체 양파 수)÷(한 봉지에 담는 양파 수)
= 16 ÷ 8 = 2
2 봉지

3 사탕 21개를 한 사람에게 3개씩 주면 몇 명에게 나누어 줄 수 있습니까?
➤ 전체 사탕 수: 21 개
➤ 한 사람에게 나누어 줄 사탕 수: 3 개
(전체 사탕 수)÷(한 사람에게 나누어 줄 사탕 수)
= 21 ÷ 3 = 7
7 명
80

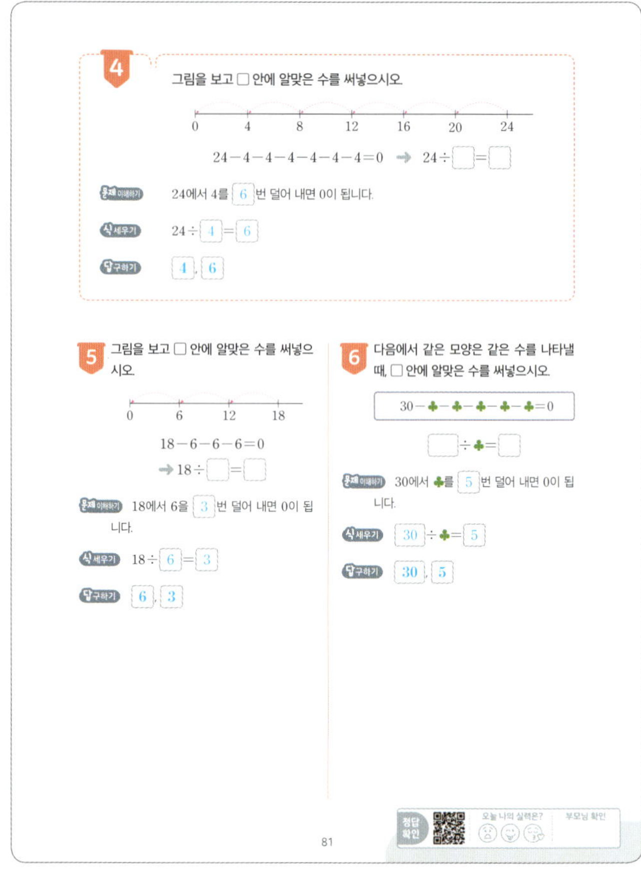
4 그림을 보고 □ 안에 알맞은 수를 써넣으시오.
24-4-4-4-4-4-4=0 ➡ 24÷□=□
24에서 4를 6 번 덜어 내면 0이 됩니다.
24÷ 4 = 6
4 , 6

5 그림을 보고 □ 안에 알맞은 수를 써넣으시오
18-6-6-6=0
➡ 18÷□=□
18에서 6을 3 번 덜어 내면 0이 됩니다.
18÷ 6 = 3
6 , 3

6 다음에서 같은 모양은 같은 수를 나타낼 때, □ 안에 알맞은 수를 써넣으시오.
30-♣-♣-♣-♣-♣=0
□÷♣=□
30에서 ♣를 5 번 덜어 내면 0이 됩니다.
30÷♣= 5
30 , 5
81

재미있는 수학 놀이터
선물은 모두 몇 사람에게 줄 수 있을까?
짱짱 문구점은 다른 동네로 이사를 가게 되었어요. 문구점 주인은 그동안 이용해 준 학생들에게 감사의 의미로 선물을 나누어 주려고 해요. 3일 동안 선물을 받는 학생은 총 몇 명인지 구하여 써 보세요. 단, 한 번 선물을 받은 학생은 다시 받을 수 없다고 합니다.
색연필: 24÷3=8
지우개: 25÷5=5
미니자동차: 18÷2=9
➡ (선물을 받는 전체 학생 수)
=8+5+9=22
학생 한 명당 오늘은 색연필 3자루씩, 내일은 지우개 5개씩, 모레는 미니자동차 2개씩 줘야지. 그럼, 전부 22 명에게 선물을 줄 수 있어.
색연필 24자루   지우개 25개   미니자동차 18개
82

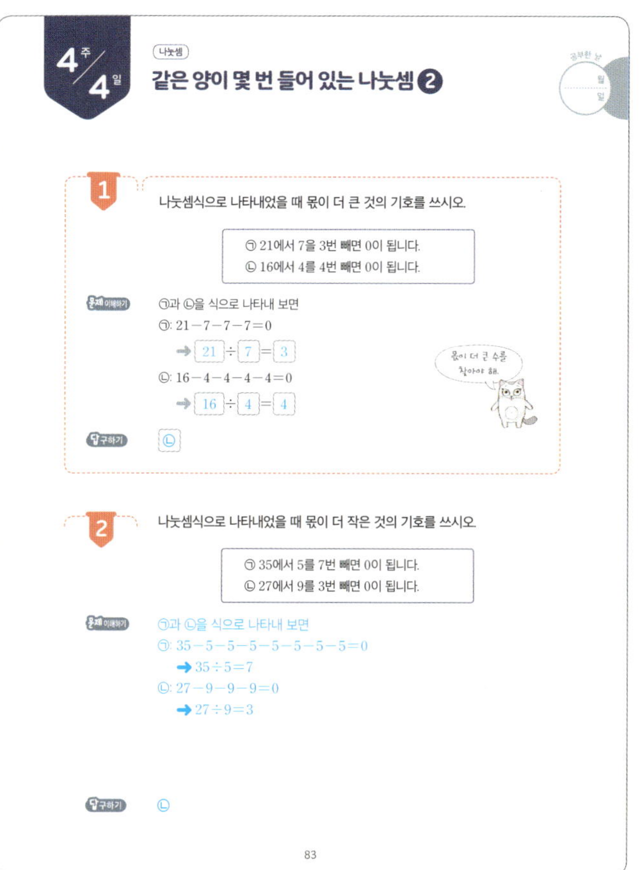

4주 **4**일 〔나눗셈〕

같은 양이 몇 번 들어 있는 나눗셈 ❷

1 나눗셈식으로 나타내었을 때 몫이 더 큰 것의 기호를 쓰시오.

> ㉠ 21에서 7을 3번 빼면 0이 됩니다.
> ㉡ 16에서 4를 4번 빼면 0이 됩니다.

㉠과 ㉡을 식으로 나타내 보면
㉠: $21 - 7 - 7 - 7 = 0$
→ $\boxed{21} \div \boxed{7} = \boxed{3}$
㉡: $16 - 4 - 4 - 4 - 4 = 0$
→ $\boxed{16} \div \boxed{4} = \boxed{4}$

구하기 ㉡

2 나눗셈식으로 나타내었을 때 몫이 더 작은 것의 기호를 쓰시오

> ㉠ 35에서 5를 7번 빼면 0이 됩니다.
> ㉡ 27에서 9를 3번 빼면 0이 됩니다.

㉠과 ㉡을 식으로 나타내 보면
㉠: $35 - 5 - 5 - 5 - 5 - 5 - 5 - 5 = 0$
→ $35 \div 5 = 7$
㉡: $27 - 9 - 9 - 9 = 0$
→ $27 \div 9 = 3$

구하기 ㉡

3 지우개 20개를 한 사람에게 4개씩 주려고 합니다. 몇 명에게 나누어 줄 수 있는지 뺄셈과 나눗셈의 두 가지 방법으로 구하시오.

▶ 전체 지우개 수: $\boxed{20}$ 개

▶ 한 사람에게 주는 지우개 수: $\boxed{4}$ 개

→ 지우개 20개를 4개씩 묶어 보면

• 뺄셈으로 해결하기: $20 - 4 - 4 - 4 - 4 - 4 = 0$

• 나눗셈으로 해결하기: $20 \div 4 = 5$

→ $\boxed{5}$ 명에게 나누어 줄 수 있습니다.

4 구슬 28개를 한 사람에게 7개씩 주려고 합니다. 몇 명에게 나누어 줄 수 있는지 뺄셈과 나눗셈의 두 가지 방법으로 구하시오.

▶ 전체 구슬 수: 28개   ▶ 한 사람에게 주는 구슬 수: 7개
→ 구슬 28개를 7개씩 묶어 보면

• 뺄셈으로 해결하기: $28 - 7 - 7 - 7 - 7 = 0$

• 나눗셈으로 해결하기: $28 \div 7 = 4$

구하기 → 4명에게 나누어 줄 수 있습니다.

5 성윤이는 초콜릿 32개를 사서 2개를 먹고 남은 초콜릿을 한 상자에 5개씩 담아 포장하려고 합니다. 필요한 상자는 몇 개입니까?

먹은 초콜릿 수만큼 /으로 지운 다음, 남은 초콜릿을 5개씩 묶어 보면

(먹고 남은 초콜릿 수) $= \boxed{32} - \boxed{2} = \boxed{30}$

→ (필요한 상자 수) $= \boxed{30} \div \boxed{5} = \boxed{6}$

구하기 $\boxed{6}$ 개

6 수민이는 젤리 25개를 사서 1개를 먹고 남은 젤리를 한 봉지에 6개씩 담아 포장하려고 합니다. 필요한 봉지는 몇 봉지입니까?

먹은 젤리 수만큼 /으로 지운 다음, 남은 젤리를 6개씩 묶어 보면

(먹고 남은 젤리 수) $= 25 - 1 = 24$

→ (필요한 봉지 수) $= 24 \div 6 = 4$

구하기 4봉지

초콜릿 나누기

어린이 요리 교실에서 커다란 초콜릿을 똑같은 크기로 나누는 놀이를 했어요. 놀이를 마쳤을 때 자르다가 부서진 초콜릿도 생겼어요. 똑같은 크기의 정사각형 모양의 초콜릿을 가장 많이 가진 사람은 누구일까요? 이 놀이에서 이긴 사람을 찾아 ○표 하세요.

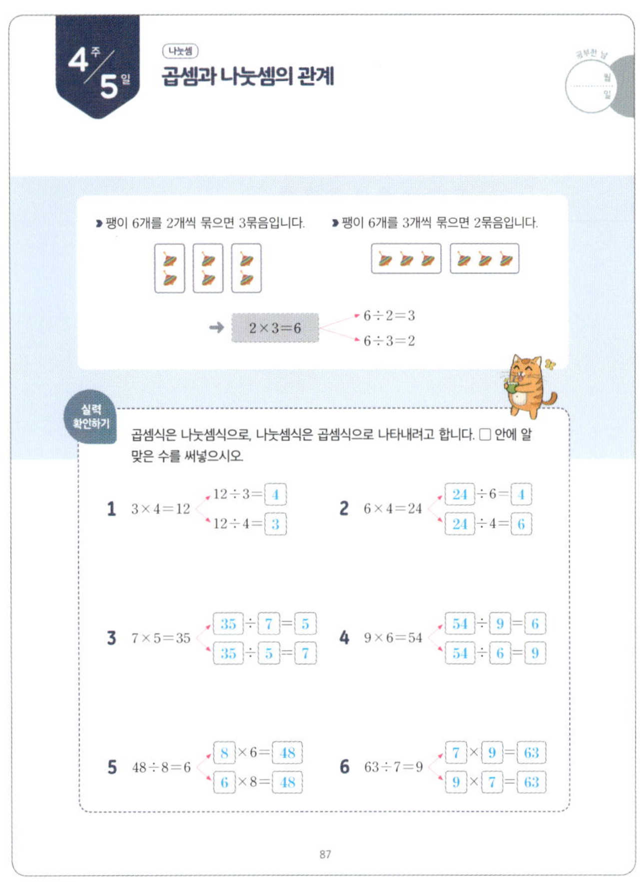
4주 5일 (나눗셈)
곱셈과 나눗셈의 관계

▶ 팽이 6개를 2개씩 묶으면 3묶음입니다.   ▶ 팽이 6개를 3개씩 묶으면 2묶음입니다.

→ 2×3=6   6÷2=3   6÷3=2

실력 확인하기
곱셈식은 나눗셈식으로, 나눗셈식은 곱셈식으로 나타내려고 합니다. □ 안에 알맞은 수를 써넣으시오.

1 3×4=12   12÷3=4   12÷4=3
2 6×4=24   24÷6=4   24÷4=6
3 7×5=35   35÷7=5   35÷5=7
4 9×6=54   54÷9=6   54÷6=9
5 48÷8=6   8×6=48   6×8=48
6 63÷7=9   7×9=63   9×7=63

87

1 머리핀 24개를 한 사람에게 8개씩 주면 몇 명에게 나누어 줄 수 있습니까?
8×3=24
문제 이해하기 8개씩 3줄로 놓인 머리핀 24개를 한 사람에게 8개씩 주면 3 명에게 나누어 줄 수 있습니다.
8×3=24 → 24÷8=3
답구하기 3 명

2 사과 12개를 한 봉지에 6개씩 담으면 몇 봉지에 나누어 담을 수 있습니까?
6×2=12
문제 이해하기 6개씩 2줄로 놓인 사과 12개를 한 봉지에 6개씩 담으면 2 봉지에 담을 수 있습니다.
6×2=12 → 12÷6=2
답구하기 2 봉지

3 귤 36개를 4봉지에 똑같이 나누어 담으면 한 봉지에 몇 개씩 담을 수 있습니까?
9×4=36
문제 이해하기 9개씩 4줄로 놓인 귤 36개를 4봉지에 똑같이 나누어 담으면 한 봉지에 9 개씩 담을 수 있습니다.
9×4=36 → 36÷4=9
답구하기 9 개

88

4 □ 안에 알맞은 수를 써넣으시오.
빵 28개를 7명에게 똑같이 나누어 주면 한 명에게 □ 개씩 줄 수 있습니다.
28÷7=□
문제 이해하기 전체 빵 수: 7개씩 4 줄 → 7×4=28
→ 곱셈식을 나눗셈식으로 나타내 보면
7×4=28
28÷7=4
답구하기 (위에서부터) 4, 4

5 □ 안에 알맞은 수를 써넣으시오.
송편 27개를 9명이 똑같이 나누어 먹으면 한 명이 □ 개씩 먹을 수 있습니다.
27÷9=□
문제 이해하기 전체 송편 수: 9개씩 3 줄
→ 9×3=27
→ 곱셈식을 나눗셈식으로 나타내 보면
27÷9=3
답구하기 (위에서부터) 3, 3

6 □ 안에 알맞은 수를 써넣으시오.
탁구공 40개를 한 사람이 □ 개씩 가지면 8명이 가질 수 있습니다.
40÷□=8
문제 이해하기 전체 탁구공 수: 8개씩 5 줄
→ 8×5=40
→ 곱셈식을 나눗셈식으로 나타내 보면
40÷5=8
답구하기 (위에서부터) 5, 5

89

재미있는 수학 놀이터

어느 팀이 우승했을까?

미래네 반 친구들이 두 팀으로 나누어 수학 골든벨 게임을 하고 있어요. 마지막 문제를 남겨 놓고 양 팀 모두 네 명씩 남아 있어요. 마지막 문제를 보고, 답을 적어 머리 위로 올렸습니다. 정답을 맞힌 친구들이 많은 팀이 우승한 팀일 때, 우승한 팀의 깃발에 ○표 하세요.

<마지막 문제>
다음 그림을 보고 알맞은 곱셈식이나 나눗셈식을 써 보세요.

파랑팀   노랑팀

2×9=18   3×6=18   15÷3=5   18÷6=3

3×5=15   18÷2=9   6×3=18   18÷3=6

90

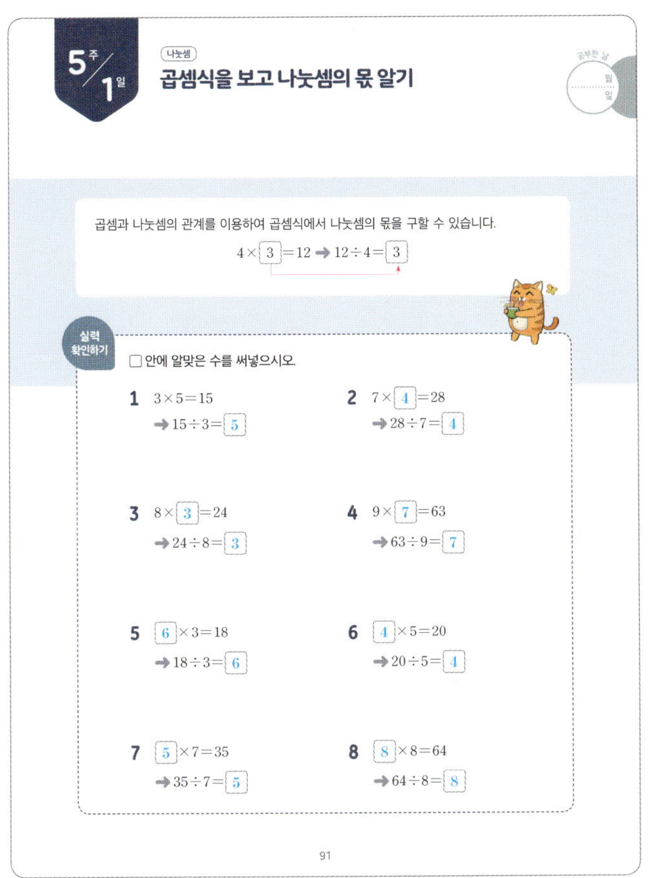

5주 1일 · 나눗셈
곱셈식을 보고 나눗셈의 몫 알기

곱셈과 나눗셈의 관계를 이용하여 곱셈식에서 나눗셈의 몫을 구할 수 있습니다.

$$4 \times \boxed{3} = 12 \ \Rightarrow\ 12 \div 4 = \boxed{3}$$

실력 확인하기

□ 안에 알맞은 수를 써넣으시오.

1 $3 \times 5 = 15$
➡ $15 \div 3 = \boxed{5}$

2 $7 \times \boxed{4} = 28$
➡ $28 \div 7 = \boxed{4}$

3 $8 \times \boxed{3} = 24$
➡ $24 \div 8 = \boxed{3}$

4 $9 \times \boxed{7} = 63$
➡ $63 \div 9 = \boxed{7}$

5 $\boxed{6} \times 3 = 18$
➡ $18 \div 3 = \boxed{6}$

6 $\boxed{4} \times 5 = 20$
➡ $20 \div 5 = \boxed{4}$

7 $\boxed{5} \times 7 = 35$
➡ $35 \div 7 = \boxed{5}$

8 $\boxed{8} \times 8 = 64$
➡ $64 \div 8 = \boxed{8}$

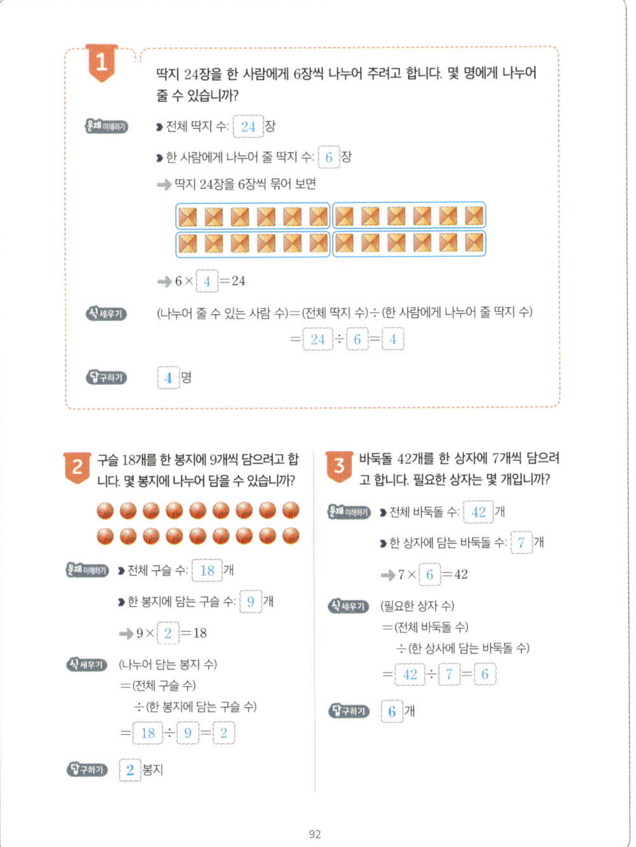

1 딱지 24장을 한 사람에게 6장씩 나누어 주려고 합니다. 몇 명에게 나누어 줄 수 있습니까?

문제 이해하기
▶ 전체 딱지 수: $\boxed{24}$ 장
▶ 한 사람에게 나누어 줄 딱지 수: $\boxed{6}$ 장
➡ 딱지 24장을 6장씩 묶어 보면

➡ $6 \times \boxed{4} = 24$

식 세우기
(나누어 줄 수 있는 사람 수) = (전체 딱지 수) ÷ (한 사람에게 나누어 줄 딱지 수)
$= 24 \div 6 = \boxed{4}$

답 구하기 $\boxed{4}$ 명

2 구슬 18개를 한 봉지에 9개씩 담으려고 합니다. 몇 봉지에 나누어 담을 수 있습니까?

문제 이해하기
▶ 전체 구슬 수: $\boxed{18}$ 개
▶ 한 봉지에 담는 구슬 수: $\boxed{9}$ 개
➡ $9 \times \boxed{2} = 18$

식 세우기
(나누어 담는 봉지 수)
= (전체 구슬 수)
÷ (한 봉지에 담는 구슬 수)
$= 18 \div 9 = \boxed{2}$

답 구하기 $\boxed{2}$ 봉지

3 바둑돌 42개를 한 상자에 7개씩 담으려고 합니다. 필요한 상자는 몇 개입니까?

문제 이해하기
▶ 전체 바둑돌 수: $\boxed{42}$ 개
▶ 한 상자에 담는 바둑돌 수: $\boxed{7}$ 개
➡ $7 \times \boxed{6} = 42$

식 세우기
(필요한 상자 수)
= (전체 바둑돌 수)
÷ (한 상자에 담는 바둑돌 수)
$= 42 \div 7 = \boxed{6}$

답 구하기 $\boxed{6}$ 개

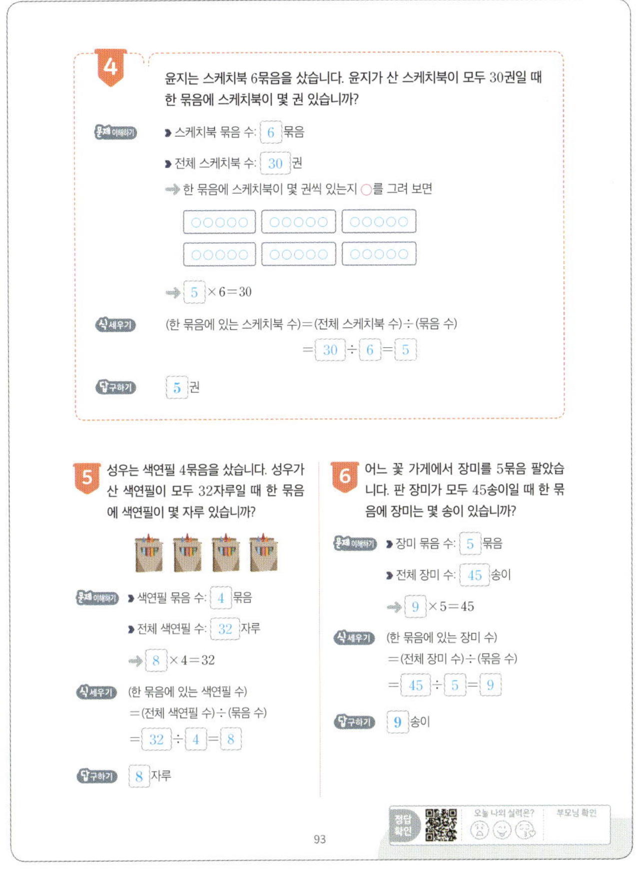

4 윤지는 스케치북 6묶음을 샀습니다. 윤지가 산 스케치북이 모두 30권일 때 한 묶음에 스케치북이 몇 권 있습니까?

문제 이해하기
▶ 스케치북 묶음 수: $\boxed{6}$ 묶음
▶ 전체 스케치북 수: $\boxed{30}$ 권
➡ 한 묶음에 스케치북이 몇 권씩 있는지 ○를 그려 보면

➡ $\boxed{5} \times 6 = 30$

식 세우기
(한 묶음에 있는 스케치북 수) = (전체 스케치북 수) ÷ (묶음 수)
$= 30 \div 6 = \boxed{5}$

답 구하기 $\boxed{5}$ 권

5 성우는 색연필 4묶음을 샀습니다. 성우가 산 색연필이 모두 32자루일 때 한 묶음에 색연필이 몇 자루 있습니까?

문제 이해하기
▶ 색연필 묶음 수: $\boxed{4}$ 묶음
▶ 전체 색연필 수: $\boxed{32}$ 자루
➡ $8 \times 4 = 32$

식 세우기
(한 묶음에 있는 색연필 수)
= (전체 색연필 수) ÷ (묶음 수)
$= 32 \div 4 = \boxed{8}$

답 구하기 $\boxed{8}$ 자루

6 어느 꽃 가게에서 장미를 5묶음 팔았습니다. 판 장미가 모두 45송이일 때 한 묶음에 장미는 몇 송이 있습니까?

문제 이해하기
▶ 장미 묶음 수: $\boxed{5}$ 묶음
▶ 전체 장미 수: $\boxed{45}$ 송이
➡ $\boxed{9} \times 5 = 45$

식 세우기
(한 묶음에 있는 장미 수)
= (전체 장미 수) ÷ (묶음 수)
$= 45 \div 5 = \boxed{9}$

답 구하기 $\boxed{9}$ 송이

21

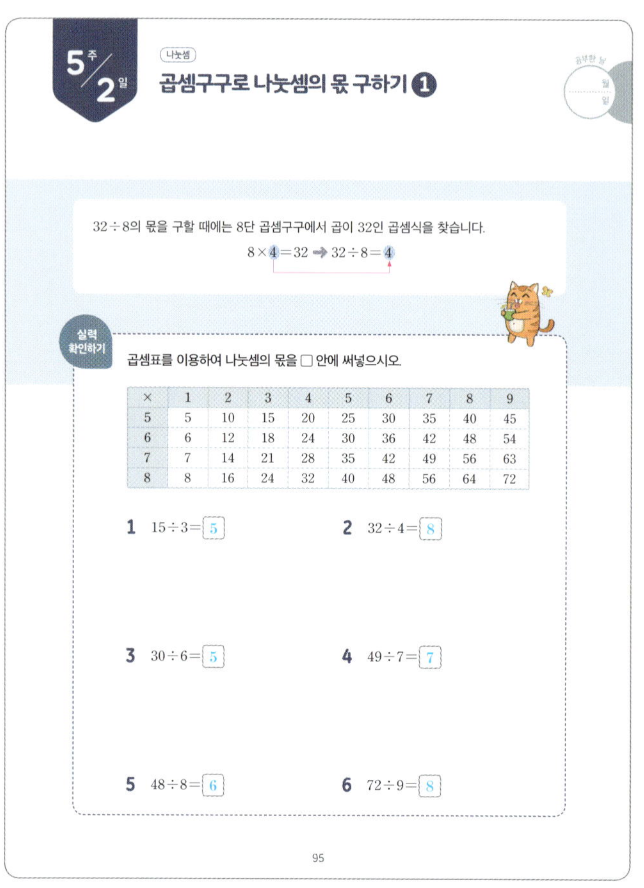

5주 2일 (나눗셈) 곱셈구구로 나눗셈의 몫 구하기 ❶

32÷8의 몫을 구할 때에는 8단 곱셈구구에서 곱이 32인 곱셈식을 찾습니다.

$$8×4=32 ➡ 32÷8=4$$

실력 확인하기

곱셈표를 이용하여 나눗셈의 몫을 □ 안에 써넣으시오.

×	1	2	3	4	5	6	7	8	9
5	5	10	15	20	25	30	35	40	45
6	6	12	18	24	30	36	42	48	54
7	7	14	21	28	35	42	49	56	63
8	8	16	24	32	40	48	56	64	72

1 15÷3= 5   **2** 32÷4= 8

3 30÷6= 5   **4** 49÷7= 7

5 48÷8= 6   **6** 72÷9= 8

95

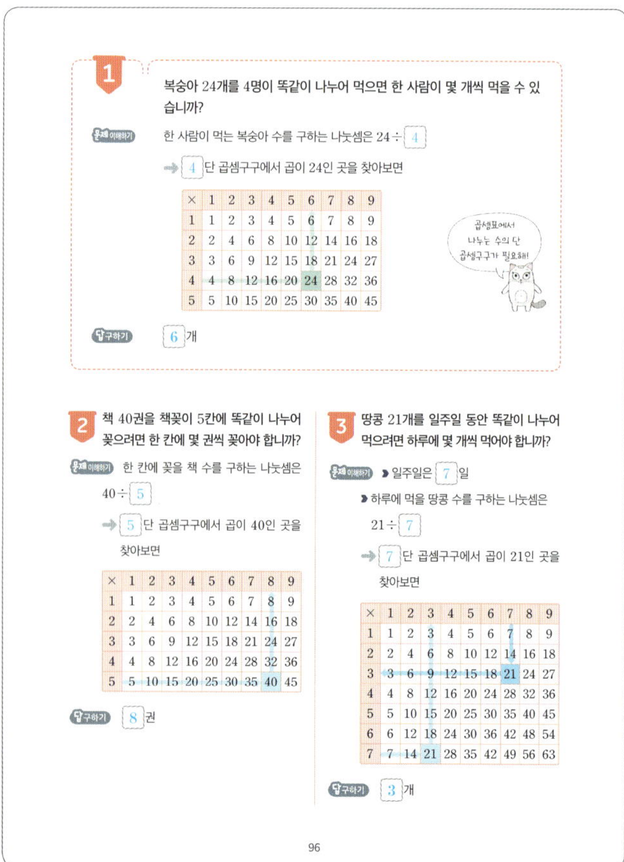

1 복숭아 24개를 4명이 똑같이 나누어 먹으면 한 사람이 몇 개씩 먹을 수 있습니까?

문제 이해하기 한 사람이 먹는 복숭아 수를 구하는 나눗셈은 24÷ 4

➡ 4 단 곱셈구구에서 곱이 24인 곳을 찾아보면

×	1	2	3	4	5	6	7	8	9
1	1	2	3	4	5	6	7	8	9
2	2	4	6	8	10	12	14	16	18
3	3	6	9	12	15	18	21	24	27
4	4	8	12	16	20	24	28	32	36
5	5	10	15	20	25	30	35	40	45

답 구하기 6 개

2 책 40권을 책꽂이 5칸에 똑같이 나누어 꽂으려면 한 칸에 몇 권씩 꽂아야 합니까?

문제 이해하기 한 칸에 꽂을 책 수를 구하는 나눗셈은 40÷ 5

➡ 5 단 곱셈구구에서 곱이 40인 곳을 찾아보면

×	1	2	3	4	5	6	7	8	9
1	1	2	3	4	5	6	7	8	9
2	2	4	6	8	10	12	14	16	18
3	3	6	9	12	15	18	21	24	27
4	4	8	12	16	20	24	28	32	36
5	5	10	15	20	25	30	35	40	45

답 구하기 8 권

3 땅콩 21개를 일주일 동안 똑같이 나누어 먹으려면 하루에 몇 개씩 먹어야 합니까?

문제 이해하기 ➡ 일주일은 7 일

➡ 하루에 먹을 땅콩 수를 구하는 나눗셈은 21÷ 7

➡ 7 단 곱셈구구에서 곱이 21인 곳을 찾아보면

×	1	2	3	4	5	6	7	8	9
1	1	2	3	4	5	6	7	8	9
2	2	4	6	8	10	12	14	16	18
3	3	6	9	12	15	18	21	24	27
4	4	8	12	16	20	24	28	32	36
5	5	10	15	20	25	30	35	40	45
6	6	12	18	24	30	36	42	48	54
7	7	14	21	28	35	42	49	56	63

답 구하기 3 개

96

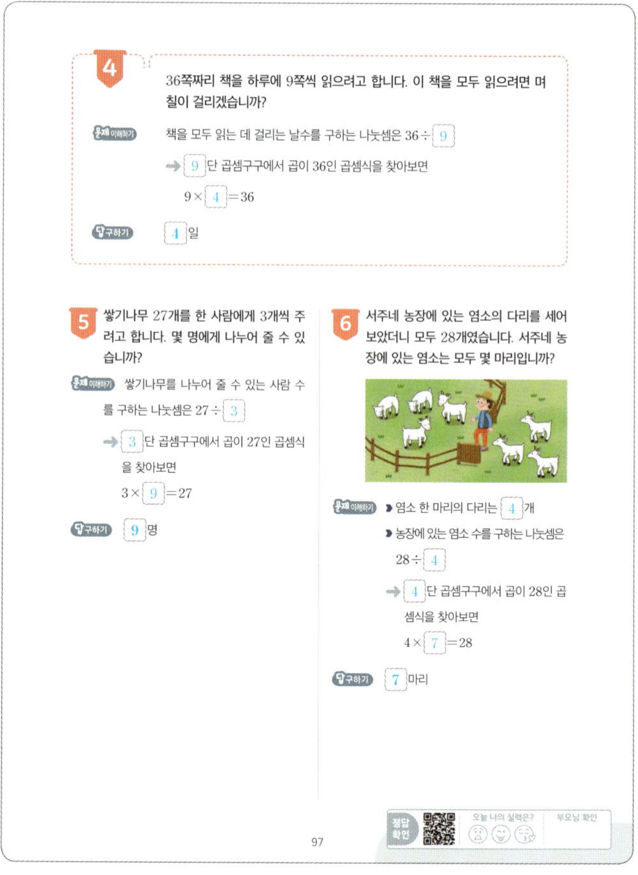

4 36쪽짜리 책을 하루에 9쪽씩 읽으려고 합니다. 이 책을 모두 읽으려면 며칠이 걸리겠습니까?

문제 이해하기 책을 모두 읽는 데 걸리는 날수를 구하는 나눗셈은 36÷ 9

➡ 9 단 곱셈구구에서 곱이 36인 곱셈식을 찾아보면

$$9× 4 =36$$

답 구하기 4 일

5 쌓기나무 27개를 한 사람에게 3개씩 주려고 합니다. 몇 명에게 나누어 줄 수 있습니까?

문제 이해하기 쌓기나무를 나누어 줄 수 있는 사람 수를 구하는 나눗셈은 27÷ 3

➡ 3 단 곱셈구구에서 곱이 27인 곱셈식을 찾아보면

$$3× 9 =27$$

답 구하기 9 명

6 서주네 농장에 있는 염소의 다리를 세어 보았더니 모두 28개였습니다. 서주네 농장에 있는 염소는 모두 몇 마리입니까?

문제 이해하기 ➡ 염소 한 마리의 다리는 4 개

➡ 농장에 있는 염소 수를 구하는 나눗셈은 28÷ 4

➡ 4 단 곱셈구구에서 곱이 28인 곱셈식을 찾아보면

$$4× 7 =28$$

답 구하기 7 마리

97

재미있는 수학 놀이터

의뢰인은 누구?

명탐정이 의뢰인과 비밀리에 만나기로 했어요. 그러나 의뢰인을 본 적이 없기 때문에 찾을 수가 없었어요. 이때 누군가가 명탐정 손에 쪽지를 쥐어 주고 재빨리 사라졌어요. 쪽지의 암호를 풀면 의뢰인이 누구인지 알 수 있답니다. 의뢰인을 찾아 ○표 하세요.

다음을 계산하여 나온 수에 해당하는 암호 글자를 연결하여 읽어 보시오.

27÷3	42÷7	24÷6	12÷4	40÷5
9	6	4	3	8

— 뒤쪽줄넘기

〈암호〉

1	2	3	4	5	6	7	8	9
치	달	넘	줄	변	쭉	리	기	뒤

98

5주 3일 [나눗셈] 곱셈구구로 나눗셈의 몫 구하기 ❷

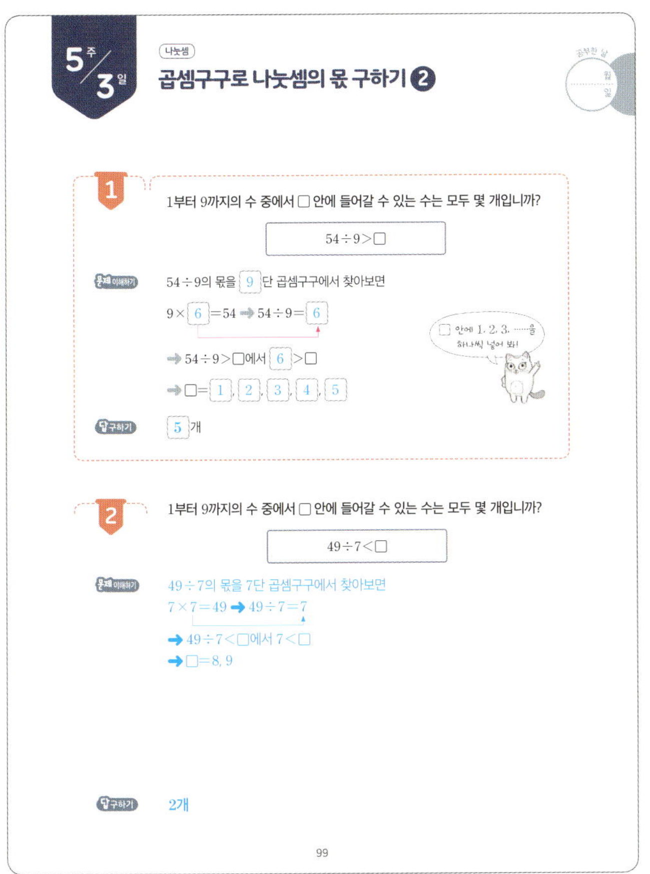

1 1부터 9까지의 수 중에서 □ 안에 들어갈 수 있는 수는 모두 몇 개입니까?

$$54 \div 9 > \square$$

문제 이해하기 54÷9의 몫을 9 단 곱셈구구에서 찾아보면

$9 \times \boxed{6} = 54 \rightarrow 54 \div 9 = \boxed{6}$

$\rightarrow 54 \div 9 > \square$ 에서 $\boxed{6} > \square$

$\rightarrow \square = \boxed{1}, \boxed{2}, \boxed{3}, \boxed{4}, \boxed{5}$

답 구하기 **5** 개

2 1부터 9까지의 수 중에서 □ 안에 들어갈 수 있는 수는 모두 몇 개입니까?

$$49 \div 7 < \square$$

문제 이해하기 49÷7의 몫을 7단 곱셈구구에서 찾아보면

$7 \times 7 = 49 \rightarrow 49 \div 7 = 7$

$\rightarrow 49 \div 7 < \square$ 에서 $7 < \square$

$\rightarrow \square = 8, 9$

답 구하기 2개

99

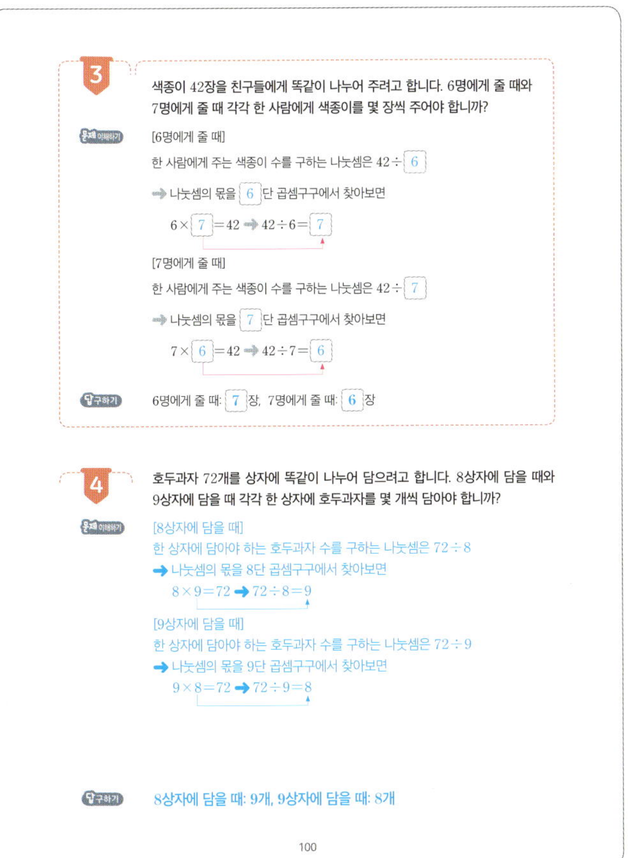

3 색종이가 42장을 친구들에게 똑같이 나누어 주려고 합니다. 6명에게 줄 때와 7명에게 줄 때 각각 한 사람에게 색종이를 몇 장씩 주어야 합니까?

문제 이해하기

[6명에게 줄 때]

한 사람에게 주는 색종이 수를 구하는 나눗셈은 $42 \div \boxed{6}$

$\rightarrow$ 나눗셈의 몫을 $\boxed{6}$ 단 곱셈구구에서 찾아보면

$6 \times \boxed{7} = 42 \rightarrow 42 \div 6 = \boxed{7}$

[7명에게 줄 때]

한 사람에게 주는 색종이 수를 구하는 나눗셈은 $42 \div \boxed{7}$

$\rightarrow$ 나눗셈의 몫을 $\boxed{7}$ 단 곱셈구구에서 찾아보면

$7 \times \boxed{6} = 42 \rightarrow 42 \div 7 = \boxed{6}$

답 구하기 6명에게 줄 때: $\boxed{7}$ 장, 7명에게 줄 때: $\boxed{6}$ 장

4 호두과자 72개를 상자에 똑같이 나누어 담으려고 합니다. 8상자에 담을 때와 9상자에 담을 때 각각 한 상자에 호두과자를 몇 개씩 담아야 합니까?

문제 이해하기

[8상자에 담을 때]

한 상자에 담아야 하는 호두과자 수를 구하는 나눗셈은 $72 \div 8$

$\rightarrow$ 나눗셈의 몫을 8단 곱셈구구에서 찾아보면

$8 \times 9 = 72 \rightarrow 72 \div 8 = 9$

[9상자에 담을 때]

한 상자에 담아야 하는 호두과자 수를 구하는 나눗셈은 $72 \div 9$

$\rightarrow$ 나눗셈의 몫을 9단 곱셈구구에서 찾아보면

$9 \times 8 = 72 \rightarrow 72 \div 9 = 8$

답 구하기 8상자에 담을 때: 9개, 9상자에 담을 때: 8개

100

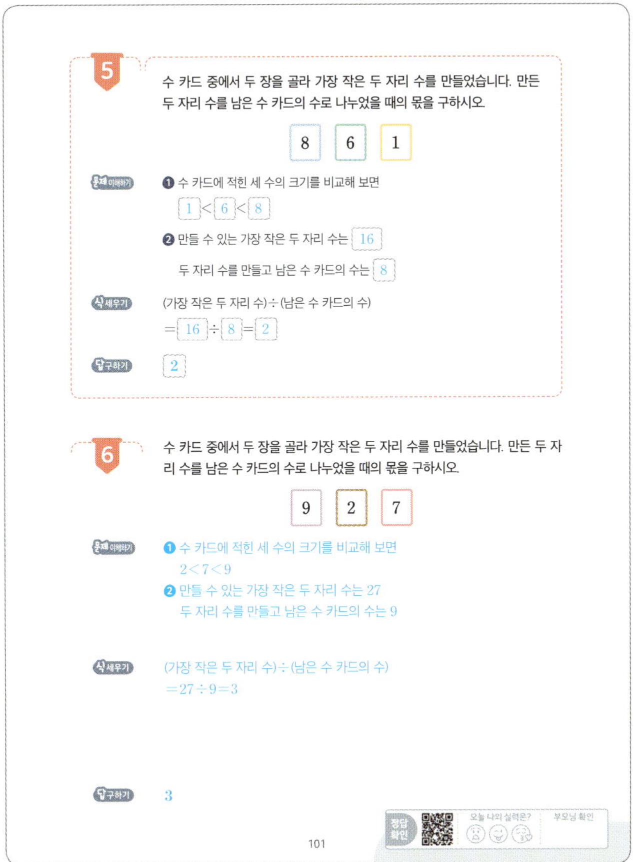

5 수 카드 중에서 두 장을 골라 가장 작은 두 자리 수를 만들었습니다. 만든 두 자리 수를 남은 수 카드의 수로 나누었을 때의 몫을 구하시오.

$$\boxed{8} \quad \boxed{6} \quad \boxed{1}$$

문제 이해하기

❶ 수 카드에 적힌 세 수의 크기를 비교해 보면

$\boxed{1} < \boxed{6} < \boxed{8}$

❷ 만들 수 있는 가장 작은 두 자리 수는 $\boxed{16}$

두 자리 수를 만들고 남은 수 카드의 수는 $\boxed{8}$

식 세우기 (가장 작은 두 자리 수)÷(남은 수 카드의 수)

$= \boxed{16} \div \boxed{8} = \boxed{2}$

답 구하기 $\boxed{2}$

6 수 카드 중에서 두 장을 골라 가장 작은 두 자리 수를 만들었습니다. 만든 두 자리 수를 남은 수 카드의 수로 나누었을 때의 몫을 구하시오.

$$\boxed{9} \quad \boxed{2} \quad \boxed{7}$$

문제 이해하기

❶ 수 카드에 적힌 세 수의 크기를 비교해 보면

$2 < 7 < 9$

❷ 만들 수 있는 가장 작은 두 자리 수는 27

두 자리 수를 만들고 남은 수 카드의 수는 9

식 세우기 (가장 작은 두 자리 수)÷(남은 수 카드의 수)

$= 27 \div 9 = 3$

답 구하기 3

정답 확인 / 오늘 나의 실력은? / 부모님 확인

101

재미있는 **수학 놀이터**

언제 만나게 될까?

나무늘보와 거북이가 일정한 빠르기로 느릿느릿 걷고 있어요. 거북이가 나무늘보보다 24 m 앞에서 출발한다고 했을 때 둘은 몇 분 후에 만나게 될까요? 만나기까지 걸린 시간만큼 색칠하세요.

102

23

5주 4일 (나눗셈) 단원 마무리

01 승혁이는 잡은 잠자리 16마리를 2통에 똑같이 나누어 넣으려고 합니다. 한 통에 잠자리를 몇 마리씩 넣을 수 있습니까?

[문제 이해하기] 한 통에 잠자리를 몇 마리씩 넣을 수 있는지 ○를 그려 보면

[식 세우기] $16 \div 2 = 8$

[답 구하기] 8마리

02 곱셈표에서 $54 \div 6$의 몫을 구하는 데 필요한 곱을 찾아 색칠하고, □ 안에 알맞은 수를 써넣으시오.

×	2	3	4	5	6	7	8	9
2	4	6	8	10	12	14	16	18
3	6	9	12	15	18	21	24	27
4	8	12	16	20	24	28	32	36
5	10	15	20	25	30	35	40	45
6	12	18	24	30	36	42	48	54

$54 \div 6 = \square$

[문제 이해하기] 곱셈표의 6단 곱셈구구에서 곱이 54인 곳을 찾아 색칠해 봅니다.

[식 세우기] 나눗셈의 몫을 곱셈구구로 구해 보면
$6 \times 9 = 54 \rightarrow 54 \div 6 = 9$

[답 구하기] 54에 색칠, 9

단원 마무리

03 길이가 32 cm인 철사를 남김없이 사용하여 가장 큰 정사각형 한 개를 만들었습니다. 이 정사각형의 한 변은 몇 cm입니까?

[문제 이해하기] 정사각형의 네 변의 길이는 모두 같습니다.
→ 가장 큰 정사각형을 만든 철사의 길이를 그림으로 나타내 보면

철사 32 cm
한 변의 길이

[식 세우기] (가장 큰 정사각형의 한 변의 길이) = (철사의 길이) $\div 4$
$= 32 \div 4 = 8$

[답 구하기] 8 cm

04 고구마를 색깔이 같은 바구니에 남김없이 똑같이 나누어 담으려고 합니다. 어느 바구니에 담아야 하는지 기호를 써 보시오.

[문제 이해하기] 전체 고구마는 24개이고, ㉮ 바구니는 4개, ㉯ 바구니는 5개입니다.
㉮: 고구마를 ○로 바꿔서 빈 곳에 똑같이 나누어 그려 보면

㉯: 고구마를 ○로 바꿔서 빈 곳에 똑같이 나누어 그려 보면

[답 구하기] ㉮

05 세 장의 수 카드를 한 번씩만 사용하여 곱셈식과 나눗셈식을 각각 만들어 보시오

42	7	6

[문제 이해하기] ❶ 수 카드에 적힌 세 수의 크기를 비교해 보면 $6 < 7 < 42$
❷ 작은 두 수의 곱이 가장 큰 수가 되는지 확인해 보면
$6 \times 7 = 42$ 또는 $7 \times 6 = 42$
→ 곱셈식을 나눗셈식으로 나타내 보면
$42 \div 6 = 7$ 또는 $42 \div 7 = 6$

[답 구하기] $6 \times 7 = 42$ (또는 $7 \times 6 = 42$), $42 \div 6 = 7$ (또는 $42 \div 7 = 6$)

(나눗셈)

06 다음에서 같은 모양은 같은 수를 나타낼 때, ★에 알맞은 수를 구하시오.

$$32 - ♥ - ♥ - ♥ - ♥ - ♥ - ♥ - ♥ - ♥ = 0 \qquad ♥ \div 2 = ★$$

[문제 이해하기] ★을 구하려면 ♥를 알아야 합니다. → 먼저 ♥를 구합니다.

[식 세우기] 32에서 ♥를 8번 빼면 0이 되므로
$32 \div ♥ = 8 \rightarrow ♥ \times 8 = 32$
$4 \times 8 = 32$이므로 ♥ $= 4$
→ ♥ $\div 2 = ★$에서 ★ $= 4 \div 2 = 2$

[답 구하기] 2

07 1부터 9까지의 수 중에서 □ 안에 공통으로 들어갈 수 있는 수를 모두 구하시오.

$$㉠ \ 20 \div 4 < \square \qquad ㉡ \ 48 \div 6 > \square$$

[문제 이해하기] ㉠ $20 \div 4$의 몫을 4단 곱셈구구에서 찾아보면
$4 \times 5 = 20 \rightarrow 20 \div 4 = 5$
$20 \div 4 < \square$에서 $5 < \square \rightarrow \square = 6, 7, 8, 9$
㉡ $48 \div 6$의 몫을 6단 곱셈구구에서 찾아보면
$6 \times 8 = 48 \rightarrow 48 \div 6 = 8$
$48 \div 6 > \square$에서 $8 > \square \rightarrow \square = 1, 2, 3, 4, 5, 6, 7$

[답 구하기] 6, 7

08 수형이는 초콜릿을 한 봉지에 몇 개씩 담을 수 있습니까?

[문제 이해하기] 초콜릿을 4봉지에 똑같이 나누어 담으려면 전체 초콜릿 수를 알아야 합니다.
→ 서윤이의 말을 이용하여 전체 초콜릿 수를 구합니다.

[식 세우기] (전체 초콜릿 수) = (한 상자에 있는 초콜릿 수) $\times$ (상자 수)
$= 6 \times 6 = 36$
→ (한 봉지에 담을 수 있는 초콜릿 수) = (전체 초콜릿 수) $\div$ (봉지 수)
$= 36 \div 4 = 9$

[답 구하기] 9개

단원 마무리

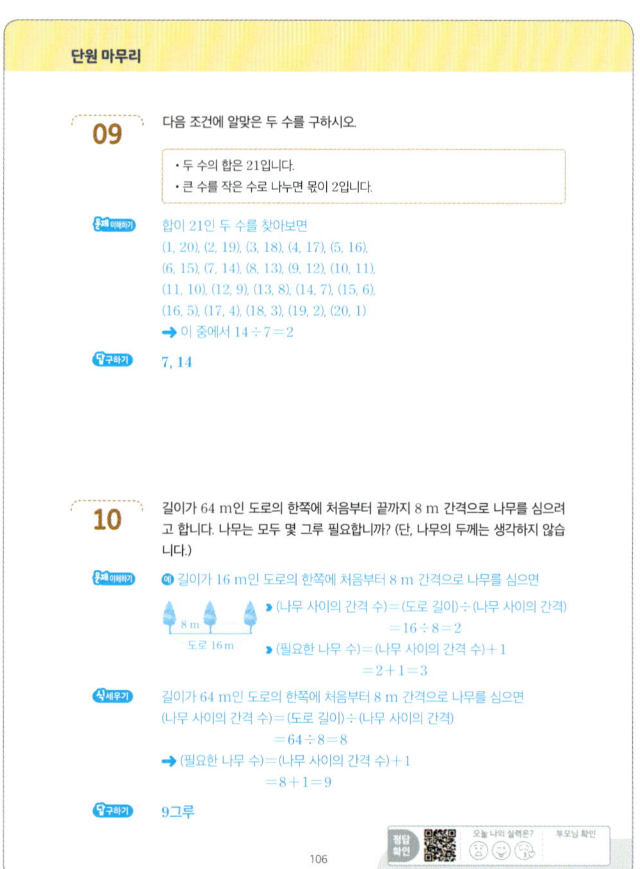

09 다음 조건에 알맞은 두 수를 구하시오.

- 두 수의 합은 21입니다.
- 큰 수를 작은 수로 나누면 몫이 2입니다.

[문제 이해하기] 합이 21인 두 수를 찾아보면
(1, 20), (2, 19), (3, 18), (4, 17), (5, 16),
(6, 15), (7, 14), (8, 13), (9, 12), (10, 11),
(11, 10), (12, 9), (13, 8), (14, 7), (15, 6),
(16, 5), (17, 4), (18, 3), (19, 2), (20, 1)
→ 이 중에서 $14 \div 7 = 2$

[답 구하기] 7, 14

10 길이가 64 m인 도로의 한쪽에 처음부터 끝까지 8 m 간격으로 나무를 심으려고 합니다. 나무는 모두 몇 그루 필요합니까? (단, 나무의 두께는 생각하지 않습니다.)

[문제 이해하기] 예) 길이가 16 m인 도로의 한쪽에 처음부터 8 m 간격으로 나무를 심으면
8 m / 도로 16 m
▸ (나무 사이의 간격 수) = (도로 길이) $\div$ (나무 사이의 간격)
$= 16 \div 8 = 2$
▸ (필요한 나무 수) = (나무 사이의 간격 수) $+ 1$
$= 2 + 1 = 3$

[식 세우기] 길이가 64 m인 도로의 한쪽에 처음부터 8 m 간격으로 나무를 심으면
(나무 사이의 간격 수) = (도로 길이) $\div$ (나무 사이의 간격)
$= 64 \div 8 = 8$
→ (필요한 나무 수) = (나무 사이의 간격 수) $+ 1$
$= 8 + 1 = 9$

[답 구하기] 9그루

정답 확인 / 오늘 나의 실력은? / 부모님 확인

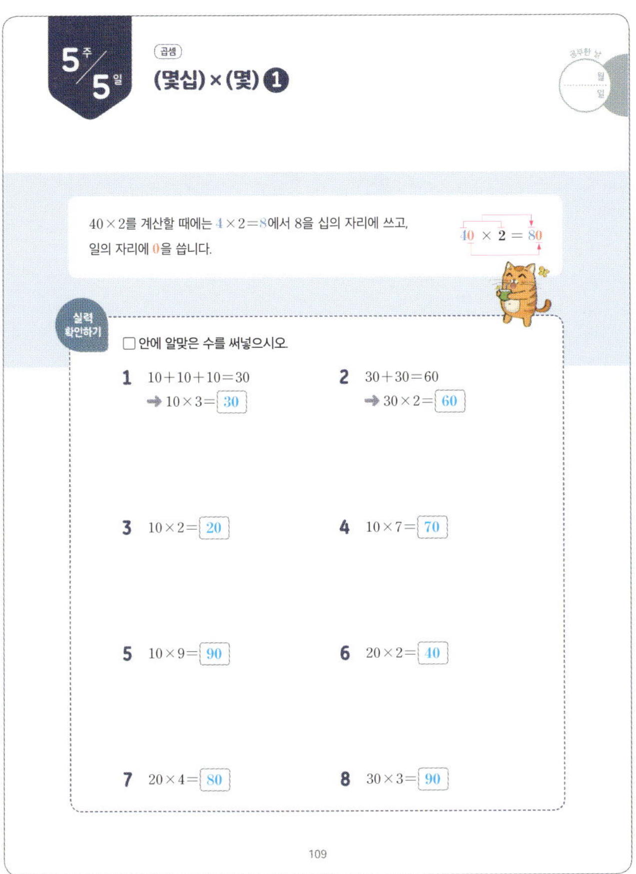

⑤주 ⑤일 (금샘) **(몇십)×(몇) ❶**

40×2를 계산할 때에는 $4 \times 2 = 8$에서 8을 십의 자리에 쓰고, 일의 자리에 0을 씁니다.

$4 \ 0 \times 2 = 8 \ 0$

실력 확인하기

☐ 안에 알맞은 수를 써넣으시오.

1 $10 + 10 + 10 = 30$ → $10 \times 3 = \boxed{30}$

2 $30 + 30 = 60$ → $30 \times 2 = \boxed{60}$

3 $10 \times 2 = \boxed{20}$

4 $10 \times 7 = \boxed{70}$

5 $10 \times 9 = \boxed{90}$

6 $20 \times 2 = \boxed{40}$

7 $20 \times 4 = \boxed{80}$

8 $30 \times 3 = \boxed{90}$

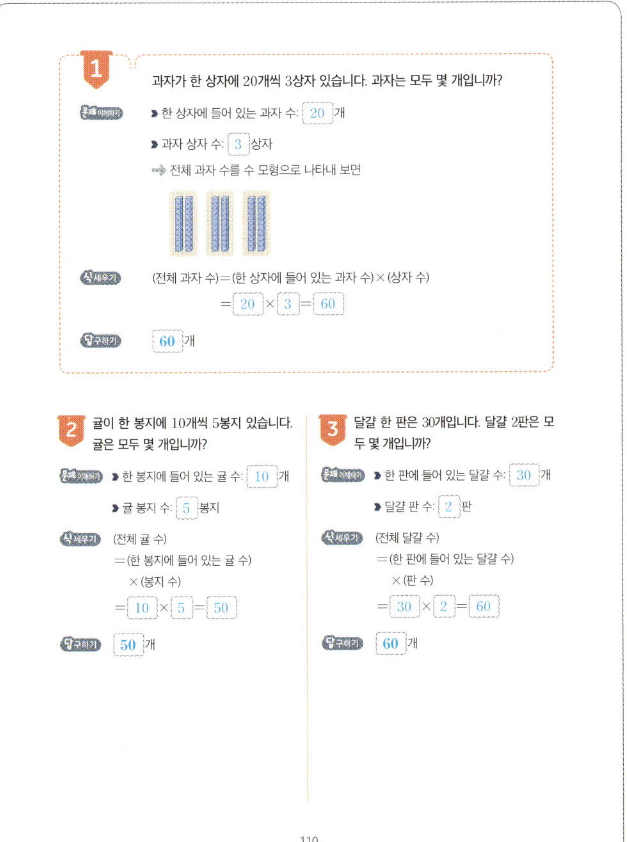

1 과자가 한 상자에 20개씩 3상자 있습니다. 과자는 모두 몇 개입니까?

문제 이해하기
▶ 한 상자에 들어 있는 과자 수: $\boxed{20}$ 개
▶ 과자 상자 수: $\boxed{3}$ 상자
➡ 전체 과자 수를 수 모형으로 나타내어 보면

식 세우기
(전체 과자 수) = (한 상자에 들어 있는 과자 수) × (상자 수)
= $\boxed{20} \times \boxed{3} = \boxed{60}$

답 구하기 $\boxed{60}$ 개

2 귤이 한 봉지에 10개씩 5봉지 있습니다. 귤은 모두 몇 개입니까?

문제 이해하기
▶ 한 봉지에 들어 있는 귤 수: $\boxed{10}$ 개
▶ 귤 봉지 수: $\boxed{5}$ 봉지

식 세우기
(전체 귤 수)
= (한 봉지에 들어 있는 귤 수) × (봉지 수)
= $\boxed{10} \times \boxed{5} = \boxed{50}$

답 구하기 $\boxed{50}$ 개

3 달걀 한 판은 30개입니다. 달걀 2판은 모두 몇 개입니까?

문제 이해하기
▶ 한 판에 들어 있는 달걀 수: $\boxed{30}$ 개
▶ 달걀 판 수: $\boxed{2}$ 판

식 세우기
(전체 달걀 수)
= (한 판에 들어 있는 달걀 수) × (판 수)
= $\boxed{30} \times \boxed{2} = \boxed{60}$

답 구하기 $\boxed{60}$ 개

4 진아는 수수깡을 30개 가지고 있고, 선재는 진아의 3배만큼 가지고 있습니다. 선재가 가지고 있는 수수깡은 모두 몇 개입니까?

문제 이해하기
▶ 진아가 가지고 있는 수수깡 수: $\boxed{30}$ 개
▶ 선재가 가지고 있는 수수깡 수: 진아의 $\boxed{3}$ 배
➡ 진아와 선재의 수수깡 수를 수 모형으로 나타내어 보면

진아　선재

식 세우기
(선재가 가지고 있는 수수깡 수) = (진아가 가지고 있는 수수깡 수) × $\boxed{3}$
= $\boxed{30} \times \boxed{3} = \boxed{90}$

답 구하기 $\boxed{90}$ 개

5 연수는 색종이를 10장 가지고 있고, 민주는 연수의 4배만큼 가지고 있습니다. 민주가 가지고 있는 색종이는 모두 몇 장입니까?

문제 이해하기
▶ 연수가 가지고 있는 색종이 수: $\boxed{10}$ 장
▶ 민주가 가지고 있는 색종이 수: 연수의 $\boxed{4}$ 배

식 세우기
(민주가 가지고 있는 색종이 수)
= (연수가 가지고 있는 색종이 수) × $\boxed{4}$
= $\boxed{10} \times \boxed{4} = \boxed{40}$

답 구하기 $\boxed{40}$ 장

6 길이가 40 cm인 초록색 테이프가 있습니다. 빨간색 테이프의 길이가 초록색 테이프의 길이의 2배일 때 빨간색 테이프의 길이는 몇 cm입니까?

문제 이해하기
▶ 초록색 테이프 길이: $\boxed{40}$ cm
▶ 빨간색 테이프 길이:
초록색 테이프 길이의 $\boxed{2}$ 배

식 세우기
(빨간색 테이프 길이)
= (초록색 테이프 길이) × $\boxed{2}$
= $\boxed{40} \times \boxed{2} = \boxed{80}$

답 구하기 $\boxed{80}$ cm

정답 확인 / 오늘 나의 실력은? / 부모님 확인

6주/1일 〔곱셈〕 (몇십)×(몇) ❷

공부한 날 | 월 | 일

1 보기 와 같이 곱셈식을 쓰시오.

보기

60
$30 \times 2 = 60$

80

문제 이해하기

❶ 두 수의 곱이 6이 되는 경우는
$3 \times 2, 2 \times 3, 6 \times 1, 1 \times 6$

➡ 보기 는 이 중에서 ❸×2의 곱해지는 수 3에 0을 1 개 붙인 것입니다.

❷ 두 수의 곱이 8이 되는 경우는
$4 \times 2, \ 2 \times 4, \ 8 \times 1, \ 1 \times 8$

답구하기 예 $40 \times 2 = 80$

2 1번의 보기 와 같이 곱셈식을 쓰시오.

90

문제 이해하기

두 수의 곱이 9가 되는 경우는
$3 \times 3, 9 \times 1, 1 \times 9$

답구하기 예 $30 \times 3 = 90$

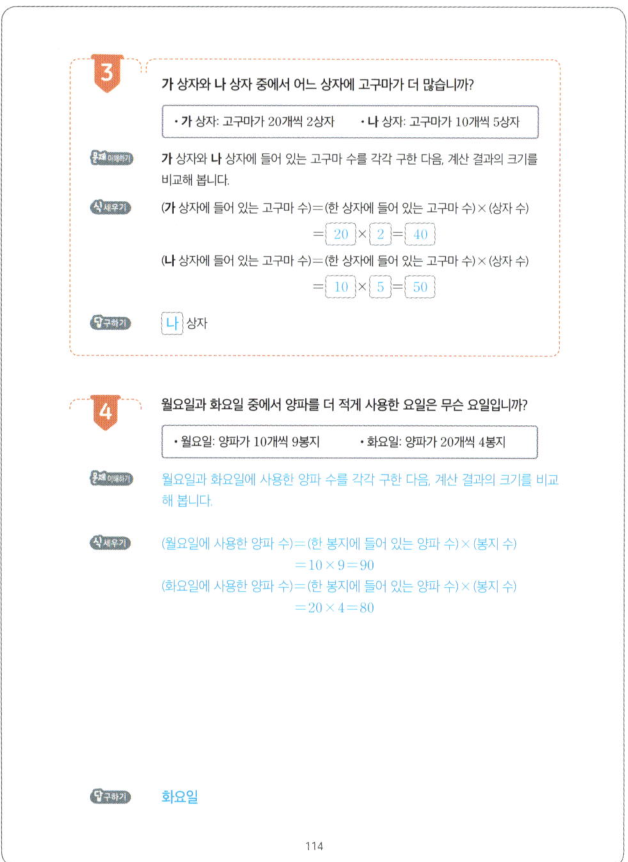

3 가 상자와 나 상자 중에서 어느 상자에 고구마가 더 많습니까?

- 가 상자: 고구마가 20개씩 2상자
- 나 상자: 고구마가 10개씩 5상자

문제 이해하기
가 상자와 나 상자에 들어 있는 고구마 수를 각각 구한 다음, 계산 결과의 크기를 비교해 봅니다.

식 세우기
(가 상자에 들어 있는 고구마 수)=(한 상자에 들어 있는 고구마 수)×(상자 수)
$= 20 \times 2 = 40$

(나 상자에 들어 있는 고구마 수)=(한 상자에 들어 있는 고구마 수)×(상자 수)
$= 10 \times 5 = 50$

답구하기 나 상자

4 월요일과 화요일 중에서 양파를 더 적게 사용한 요일은 무슨 요일입니까?

- 월요일: 양파가 10개씩 9봉지
- 화요일: 양파가 20개씩 4봉지

문제 이해하기
월요일과 화요일에 사용한 양파 수를 각각 구한 다음, 계산 결과의 크기를 비교해 봅니다.

식 세우기
(월요일에 사용한 양파 수)=(한 봉지에 들어 있는 양파 수)×(봉지 수)
$= 10 \times 9 = 90$

(화요일에 사용한 양파 수)=(한 봉지에 들어 있는 양파 수)×(봉지 수)
$= 20 \times 4 = 80$

답구하기 화요일

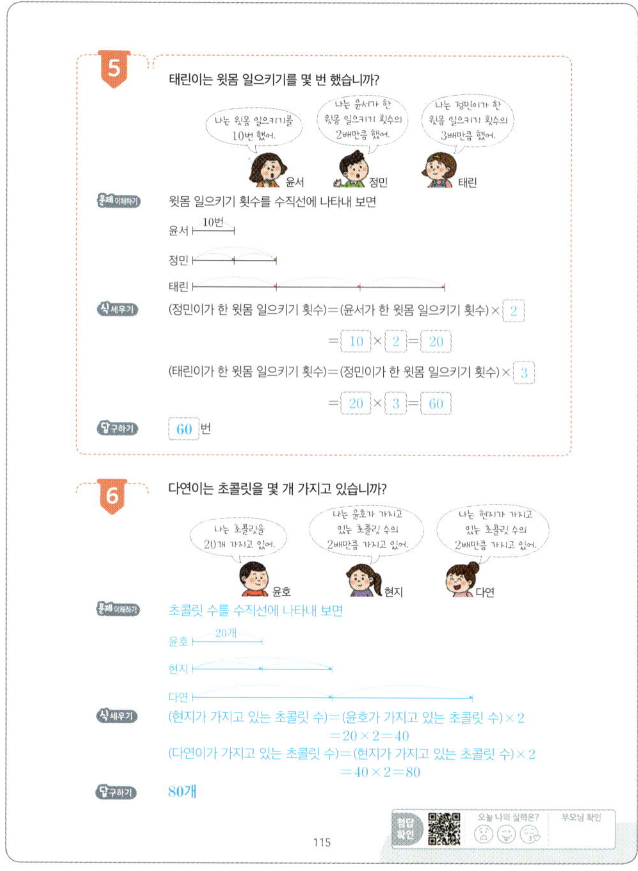

5 태린이는 윗몸 일으키기를 몇 번 했습니까?

문제 이해하기
윗몸 일으키기 횟수를 수직선에 나타내 보면

윤서 |— 10번 —|

정민 |————————|

태린 |————————————————|

식 세우기
(정민이가 한 윗몸 일으키기 횟수)=(윤서가 한 윗몸 일으키기 횟수)× 2
$= 10 \times 2 = 20$

(태린이가 한 윗몸 일으키기 횟수)=(정민이가 한 윗몸 일으키기 횟수)× 3
$= 20 \times 3 = 60$

답구하기 60 번

6 다연이는 초콜릿을 몇 개 가지고 있습니까?

문제 이해하기
초콜릿 수를 수직선에 나타내 보면

윤호 |— 20개 —|

현지 |————————|

다연 |————————————————|

식 세우기
(현지가 가지고 있는 초콜릿 수)=(윤호가 가지고 있는 초콜릿 수)×2
$= 20 \times 2 = 40$

(다연이가 가지고 있는 초콜릿 수)=(현지가 가지고 있는 초콜릿 수)×2
$= 40 \times 2 = 80$

답구하기 80개

정답 확인 | 오늘 나의 실력은? | 부모님 확인

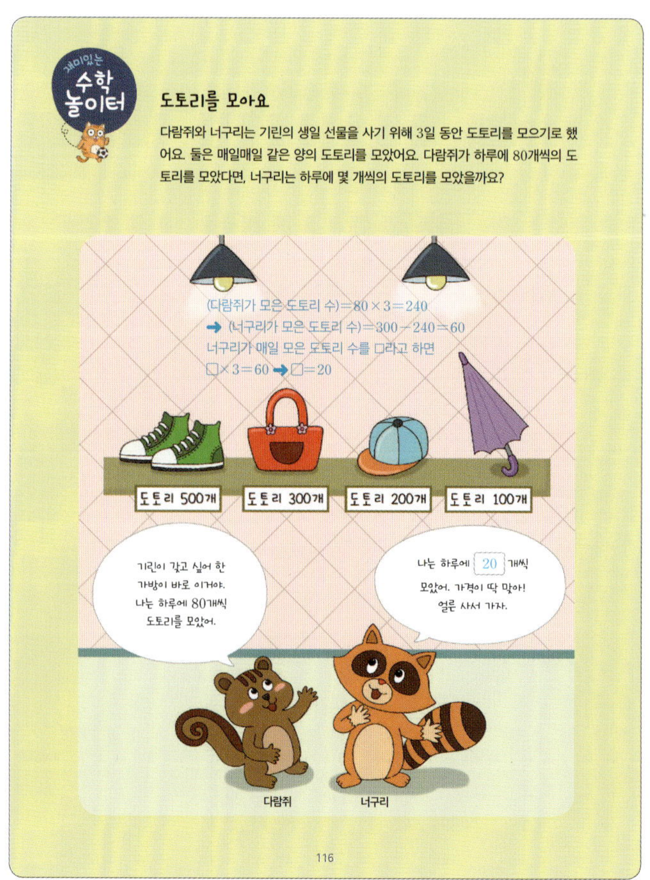

재미있는 수학 놀이터

도토리를 모아요

다람쥐와 너구리는 기린의 생일 선물을 사기 위해 3일 동안 도토리를 모으기로 했어요. 둘은 매일매일 같은 양의 도토리를 모았어요. 다람쥐가 하루에 80개씩의 도토리를 모았다면, 너구리는 하루에 몇 개씩의 도토리를 모았을까요?

6주 2일 (곱셈) 올림이 없는 (몇십몇) × (몇) ❶

공부한 날   월   일

12×3을 계산할 때에는 $2×3=6$에서 6을 일의 자리에 쓰고,
$1×3=3$에서 3을 십의 자리에 씁니다.

$$\begin{array}{ccc} & 1 & 2 \\ \times & & 3 \\ \hline & 3 & 6 \end{array}$$

실력 확인하기

계산을 하시오.

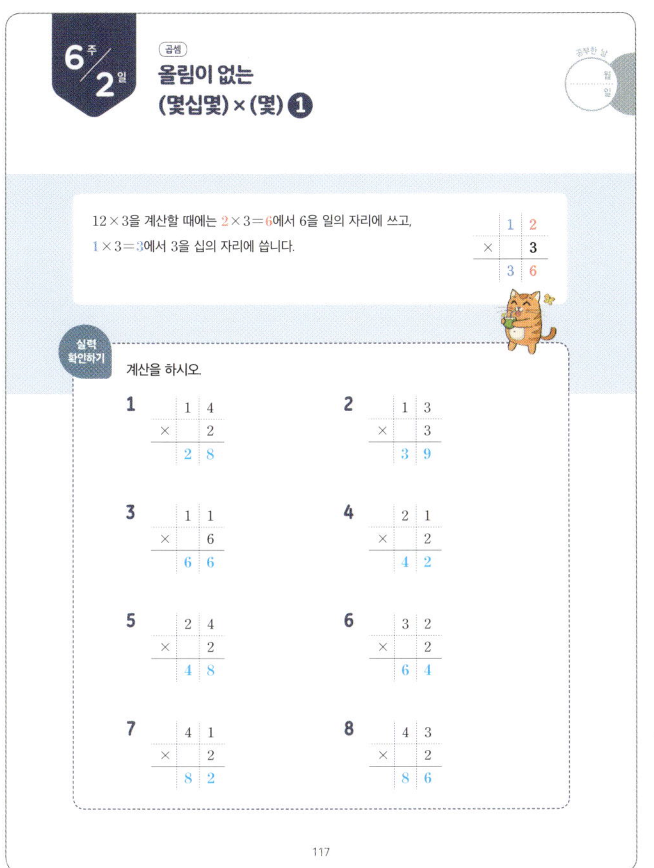

1
$$\begin{array}{ccc} & 1 & 4 \\ \times & & 2 \\ \hline & 2 & 8 \end{array}$$

2
$$\begin{array}{ccc} & 1 & 3 \\ \times & & 3 \\ \hline & 3 & 9 \end{array}$$

3
$$\begin{array}{ccc} & 1 & 1 \\ \times & & 6 \\ \hline & 6 & 6 \end{array}$$

4
$$\begin{array}{ccc} & 2 & 1 \\ \times & & 2 \\ \hline & 4 & 2 \end{array}$$

5
$$\begin{array}{ccc} & 2 & 4 \\ \times & & 2 \\ \hline & 4 & 8 \end{array}$$

6
$$\begin{array}{ccc} & 3 & 2 \\ \times & & 2 \\ \hline & 6 & 4 \end{array}$$

7
$$\begin{array}{ccc} & 4 & 1 \\ \times & & 2 \\ \hline & 8 & 2 \end{array}$$

8
$$\begin{array}{ccc} & 4 & 3 \\ \times & & 2 \\ \hline & 8 & 6 \end{array}$$

117

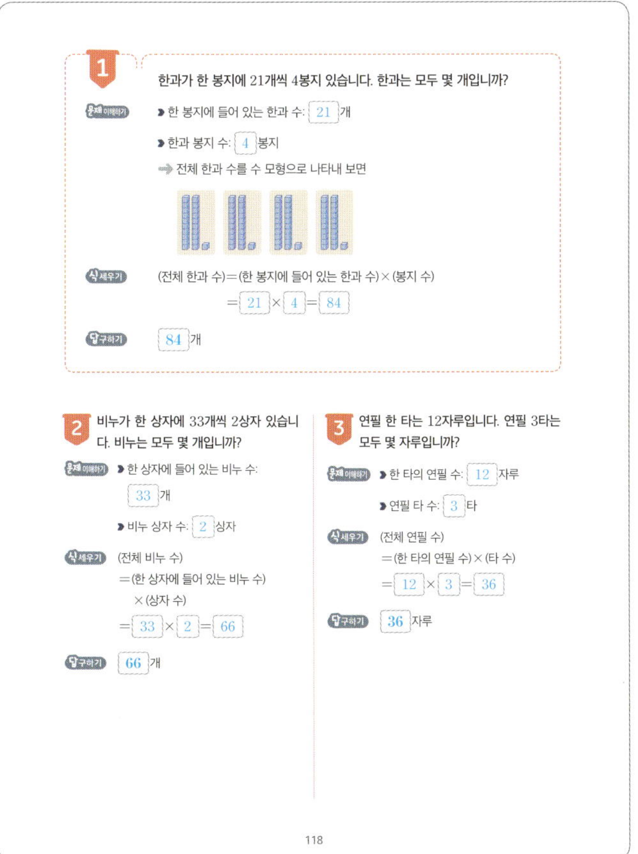

1 한과가 한 봉지에 21개씩 4봉지 있습니다. 한과는 모두 몇 개입니까?

문제 이해하기
▶ 한 봉지에 들어 있는 한과 수: 21 개
▶ 한과 봉지 수: 4 봉지
➡ 전체 한과 수를 수 모형으로 나타내 보면

식 세우기 (전체 한과 수)=(한 봉지에 들어 있는 한과 수)×(봉지 수)
= 21 × 4 = 84

답 구하기 84 개

2 비누가 한 상자에 33개씩 2상자 있습니다. 비누는 모두 몇 개입니까?

문제 이해하기
▶ 한 상자에 들어 있는 비누 수: 33 개
▶ 비누 상자 수: 2 상자

식 세우기 (전체 비누 수)
=(한 상자에 들어 있는 비누 수)×(상자 수)
= 33 × 2 = 66

답 구하기 66 개

3 연필 한 타는 12자루입니다. 연필 3타는 모두 몇 자루입니까?

문제 이해하기
▶ 한 타의 연필 수: 12 자루
▶ 연필 타 수: 3 타

식 세우기 (전체 연필 수)
=(한 타의 연필 수)×(타 수)
= 12 × 3 = 36

답 구하기 36 자루

118

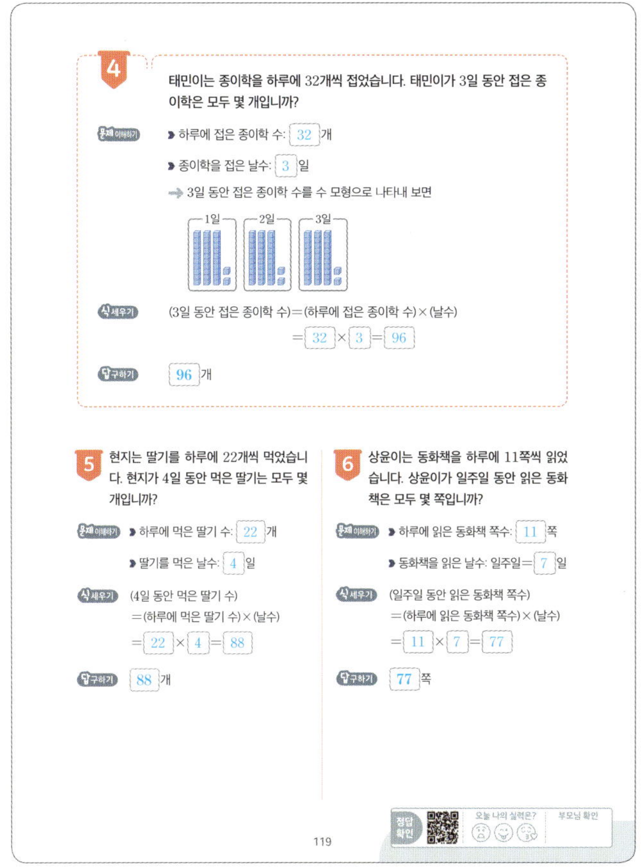

4 태민이는 종이학을 하루에 32개씩 접었습니다. 태민이가 3일 동안 접은 종이학은 모두 몇 개입니까?

문제 이해하기
▶ 하루에 접은 종이학 수: 32 개
▶ 종이학을 접은 날수: 3 일
➡ 3일 동안 접은 종이학 수를 수 모형으로 나타내 보면

식 세우기 (3일 동안 접은 종이학 수)=(하루에 접은 종이학 수)×(날수)
= 32 × 3 = 96

답 구하기 96 개

5 현지는 딸기를 하루에 22개씩 먹었습니다. 현지가 4일 동안 먹은 딸기는 모두 몇 개입니까?

문제 이해하기
▶ 하루에 먹은 딸기 수: 22 개
▶ 딸기를 먹은 날수: 4 일

식 세우기 (4일 동안 먹은 딸기 수)
=(하루에 먹은 딸기 수)×(날수)
= 22 × 4 = 88

답 구하기 88 개

6 상윤이는 동화책을 하루에 11쪽씩 읽었습니다. 상윤이가 일주일 동안 읽은 동화책은 모두 몇 쪽입니까?

문제 이해하기
▶ 하루에 읽은 동화책 쪽수: 11 쪽
▶ 동화책을 읽은 날수: 일주일= 7 일

식 세우기 (일주일 동안 읽은 동화책 쪽수)
=(하루에 읽은 동화책 쪽수)×(날수)
= 11 × 7 = 77

답 구하기 77 쪽

정답 확인   오늘 나의 실력은?   부모님 확인

119

6주 3일
공부한 날
올림이 없는
(몇십몇)×(몇) ❷

1 코끼리 나이는 곰 나이의 3배입니다. 이처럼 어떤 동물 나이가 다른 동물 나이의 3배가 되는 경우를 찾아보시오.

동물 | 곰 | 코끼리 | 기린 | 사자 | 앵무새
나이(살) | 10 | 30 | 11 | 13 | 39

문제 이해하기
기린, 사자, 앵무새 중에서 앵무새 나이가 가장 많습니다.
➜ 기린과 사자 나이에 각각 3을 곱하여 앵무새 나이가 되는 동물이 있는지 찾아봅니다.

식 세우기
(기린 나이의 3배)=(기린 나이)×3
= 11 ×3= 33
(사자 나이의 3배)=(사자 나이)×3
= 13 ×3= 39

답 구하기
앵무새 나이는 사자 나이의 3배입니다.

2 우럭 수는 숭어 수의 2배입니다. 이처럼 어떤 물고기 수가 다른 물고기 수의 2배가 되는 경우를 찾아보시오.

물고기 | 숭어 | 우럭 | 농어 | 민어 | 광어
수(마리) | 24 | 48 | 22 | 23 | 46

문제 이해하기
농어, 민어, 광어 중에서 광어 수가 가장 많습니다.
➜ 농어와 민어 수에 각각 2를 곱하여 광어 수가 되는 물고기가 있는지 찾아봅니다.

식 세우기
(농어 수의 2배)=(농어 수)×2=22×2=44
(민어 수의 2배)=(민어 수)×2=23×2=46

답 구하기
광어 수는 민어 수의 2배입니다.

121

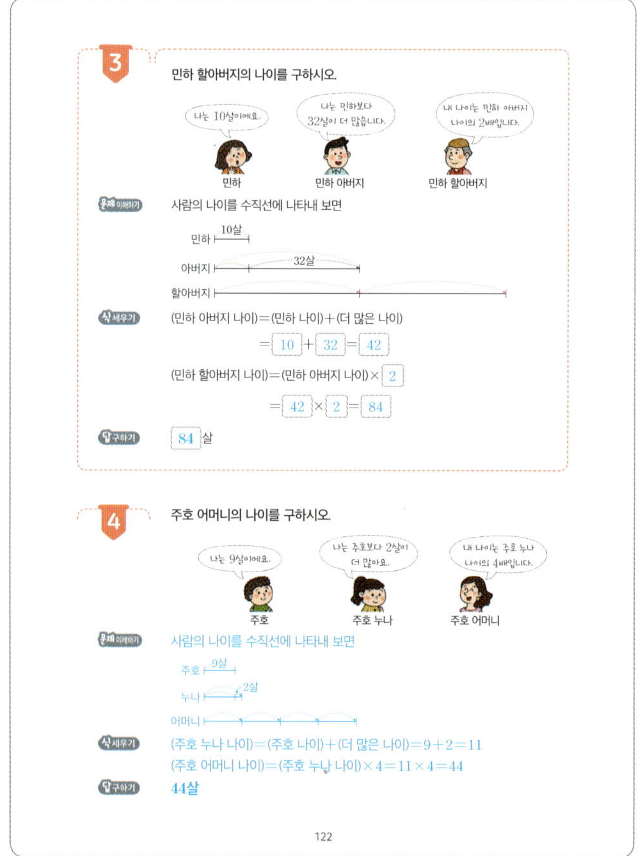
3 민하 할아버지의 나이를 구하시오.

나는 10살이에요.
나는 민하보다 32살이 더 많습니다.
내 나이는 민하 아버지 나이의 2배입니다.

민하
민하 아버지
민하 할아버지

문제 이해하기
사람의 나이를 수직선에 나타내 보면
민하 10살
아버지 32살
할아버지

식 세우기
(민하 아버지 나이)=(민하 나이)+(더 많은 나이)
= 10 + 32 = 42
(민하 할아버지 나이)=(민하 아버지 나이)× 2
= 42 × 2 = 84

답 구하기
84 살

4 주호 어머니의 나이를 구하시오.

나는 9살이에요.
나는 주호보다 2살이 더 많아요.
내 나이는 주호 누나 나이의 4배입니다.

주호
주호 누나
주호 어머니

문제 이해하기
사람의 나이를 수직선에 나타내 보면
주호 9살
누나 2살
어머니

식 세우기
(주호 누나 나이)=(주호 나이)+(더 많은 나이)=9+2=11
(주호 어머니 나이)=(주호 누나 나이)×4=11×4=44

답 구하기
44살

122

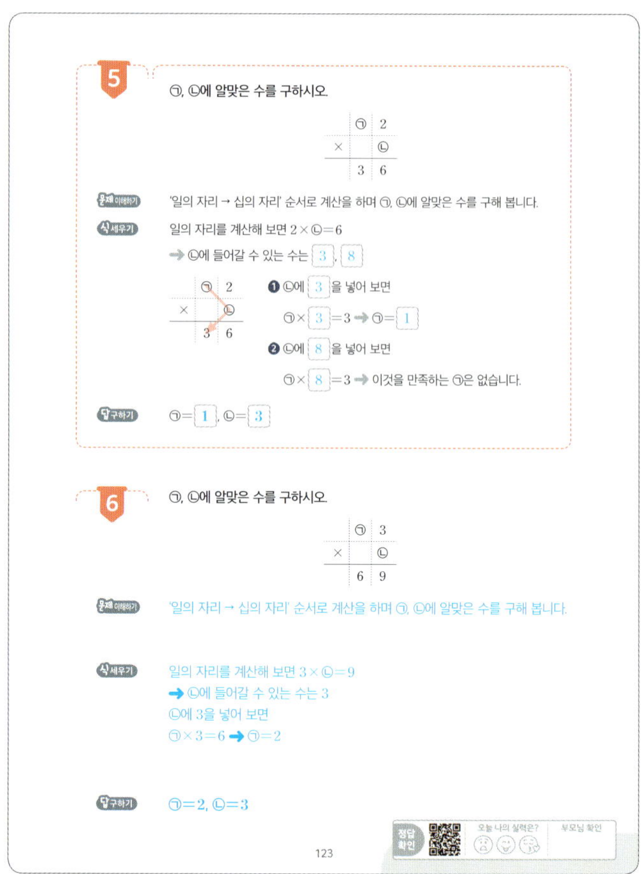
5 ㉠, ㉡에 알맞은 수를 구하시오.

㉠ 2
× ㉡
3 6

문제 이해하기
'일의 자리 → 십의 자리' 순서로 계산을 하며 ㉠, ㉡에 알맞은 수를 구해 봅니다.

식 세우기
일의 자리를 계산해 보면 2×㉡=6
➜ ㉡에 들어갈 수 있는 수는 3 , 8

㉠ 2
× ㉡
3 6

❶ ㉡에 3 을 넣어 보면
㉠× 3 =3 → ㉠= 1

❷ ㉡에 8 을 넣어 보면
㉠× 8 =3 → 이것을 만족하는 ㉠은 없습니다.

답 구하기
㉠= 1 , ㉡= 3

6 ㉠, ㉡에 알맞은 수를 구하시오.

㉠ 3
× ㉡
6 9

문제 이해하기
'일의 자리 → 십의 자리' 순서로 계산을 하며 ㉠, ㉡에 알맞은 수를 구해 봅니다.

식 세우기
일의 자리를 계산해 보면 3×㉡=9
➜ ㉡에 들어갈 수 있는 수는 3
㉡에 3을 넣어 보면
㉠×3=6 ➜ ㉠=2

답 구하기
㉠=2, ㉡=3

123

재미있는 수학 놀이터

과녁 쏘기 게임의 승자는?

미래와 친구들이 과녁 쏘기 게임을 해요. 총 세 발을 쏘아 합계 점수가 높은 사람이 이기는 게임입니다. 세 발 모두 과녁을 맞히면 합계 점수가 2배로 뛰어올라요. 이 게임에서 승자는 누구인지 찾아 ○표 하세요.

10
30
30+30=60

10
30
10+10+1=21
➜ 21×2=42

10
30
30+10+1=41
➜ 41×2=82

미래
대한
수아

124

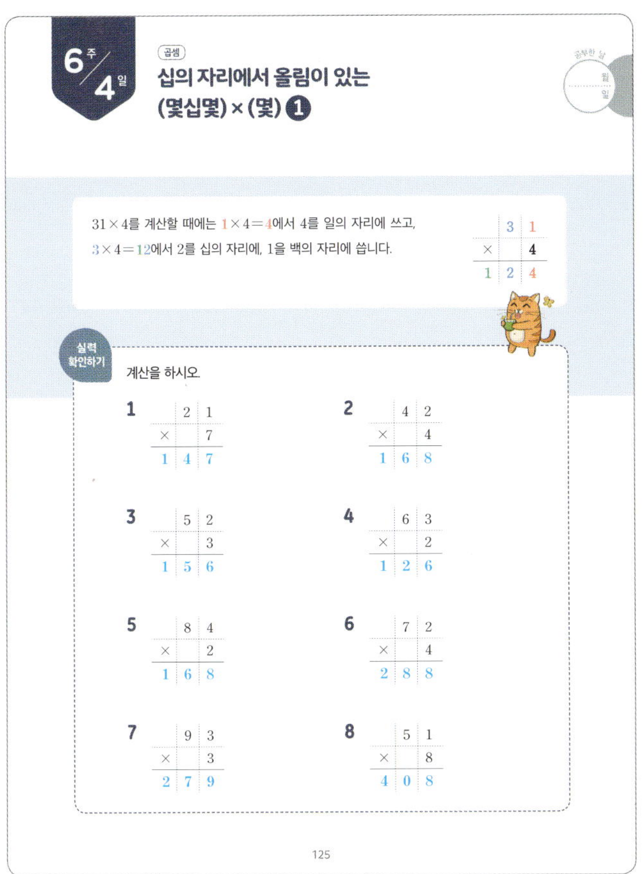

6주 4일
(급셈)
십의 자리에서 올림이 있는
(몇십몇) × (몇) ❶

31×4를 계산할 때에는 $1 \times 4 = 4$에서 4를 일의 자리에 쓰고,
$3 \times 4 = 12$에서 2를 십의 자리에, 1을 백의 자리에 씁니다.

실력
확인하기
계산을 하시오.

1 21 × 7 = 147
2 42 × 4 = 168
3 52 × 3 = 156
4 63 × 2 = 126
5 84 × 2 = 168
6 72 × 4 = 288
7 93 × 3 = 279
8 51 × 8 = 408

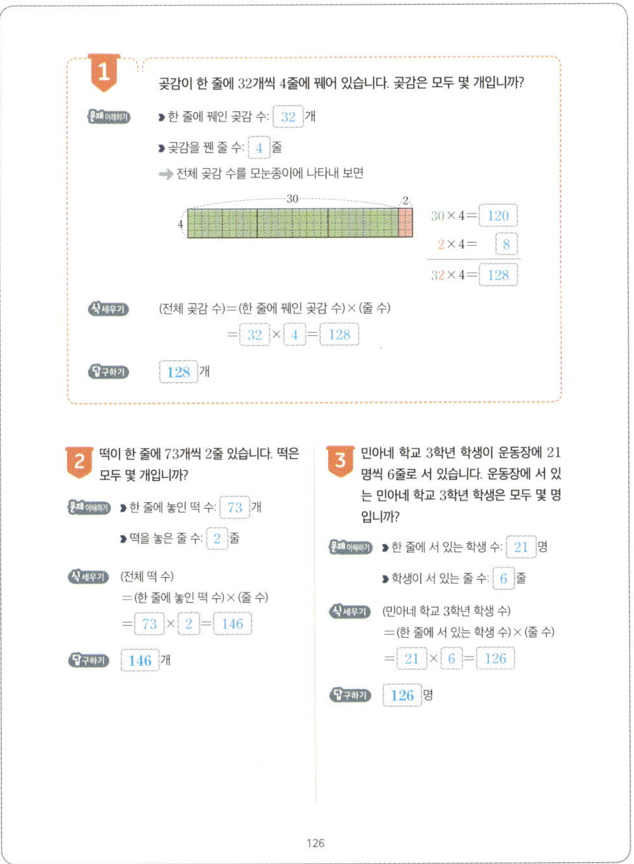

1 곶감이 한 줄에 32개씩 4줄에 꿰어 있습니다. 곶감은 모두 몇 개입니까?
➤ 한 줄에 꿴 곶감 수: 32 개
➤ 곶감을 꿴 줄 수: 4 줄
➤ 전체 곶감 수를 모눈종이에 나타내 보면
30 × 4 = 120
2 × 4 = 8
32 × 4 = 128
(전체 곶감 수) = (한 줄에 꿴 곶감 수) × (줄 수)
= 32 × 4 = 128
128 개

2 떡이 한 줄에 73개씩 2줄 있습니다. 떡은 모두 몇 개입니까?
➤ 한 줄에 놓인 떡 수: 73 개
➤ 떡을 놓은 줄 수: 2 줄
(전체 떡 수)
= (한 줄에 놓인 떡 수) × (줄 수)
= 73 × 2 = 146
146 개

3 민아네 학교 3학년 학생이 운동장에 21명씩 6줄로 서 있습니다. 운동장에 서 있는 민아네 학교 3학년 학생은 모두 몇 명입니까?
➤ 한 줄에 서 있는 학생 수: 21 명
➤ 학생이 서 있는 줄 수: 6 줄
(민아네 학교 3학년 학생 수)
= (한 줄에 서 있는 학생 수) × (줄 수)
= 21 × 6 = 126
126 명

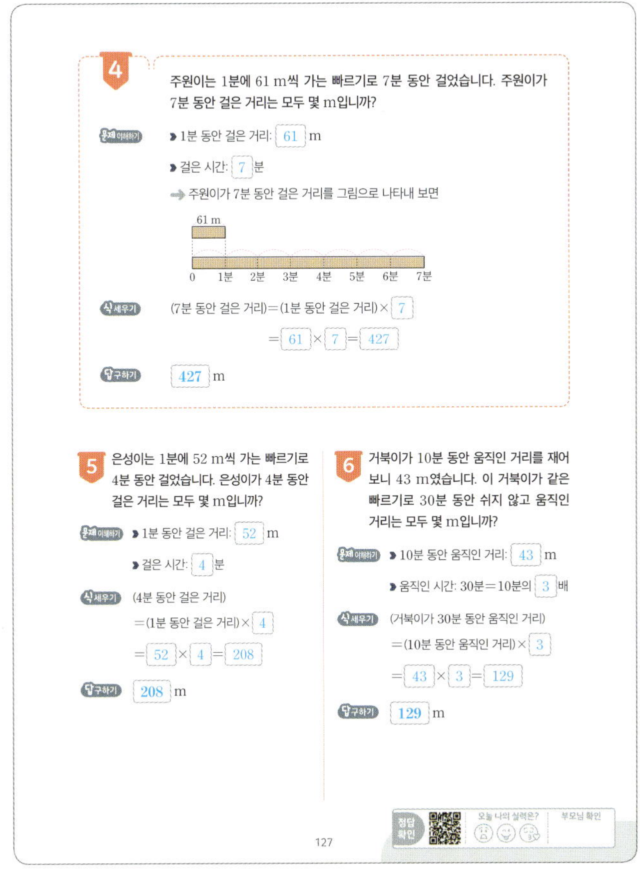

4 주원이는 1분에 61 m씩 가는 빠르기로 7분 동안 걸었습니다. 주원이가 7분 동안 걸은 거리는 모두 몇 m입니까?
➤ 1분 동안 걸은 거리: 61 m
➤ 걸은 시간: 7 분
➤ 주원이가 7분 동안 걸은 거리를 그림으로 나타내 보면
61 m
0 1분 2분 3분 4분 5분 6분 7분
(7분 동안 걸은 거리) = (1분 동안 걸은 거리) × 7
= 61 × 7 = 427
427 m

5 은성이는 1분에 52 m씩 가는 빠르기로 4분 동안 걸었습니다. 은성이가 4분 동안 걸은 거리는 모두 몇 m입니까?
➤ 1분 동안 걸은 거리: 52 m
➤ 걸은 시간: 4 분
(4분 동안 걸은 거리)
= (1분 동안 걸은 거리) × 4
= 52 × 4 = 208
208 m

6 거북이가 10분 동안 움직인 거리를 재어 보니 43 m였습니다. 이 거북이가 같은 빠르기로 30분 동안 쉬지 않고 움직인 거리는 모두 몇 m입니까?
➤ 10분 동안 움직인 거리: 43 m
➤ 움직인 시간: 30분은 10분의 3 배
(거북이가 30분 동안 움직인 거리)
= (10분 동안 움직인 거리) × 3
= 43 × 3 = 129
129 m

재미있는
수학
놀이터

공연장에 들어갈 수 있는 인원은?

어린이 뮤지컬을 하고 있는 직사각형 모양의 공연장이 있습니다. 이 공연장에는 가로 길이와 세로 길이의 곱만큼 관객이 들어갈 수 있다고 합니다. 그렇다면 A구역에는 몇 명의 관객이 들어갈 수 있는지 계산하여 써 보세요.

21 × 7 = 147
8 × 7 = 56
A구역 147 명
B구역 56 명
C구역 105 명
D구역 40 명
7
5
21
8
21 × 5 = 105
8 × 5 = 40

29

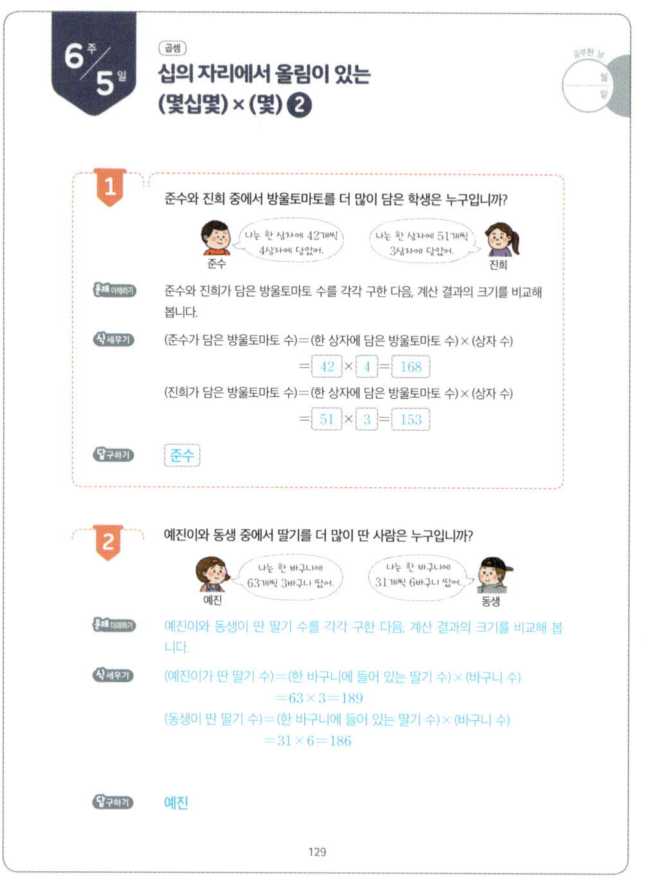
6주
5일
곱셈
십의 자리에서 올림이 있는
(몇십몇) × (몇) ❷

1 준수와 진희 중에서 방울토마토를 더 많이 담은 학생은 누구입니까?

준수
나는 한 상자에 42개씩
4상자에 담았어.

진희
나는 한 상자에 51개씩
3상자에 담았어.

문제 이해하기
준수와 진희가 담은 방울토마토 수를 각각 구한 다음, 계산 결과의 크기를 비교해 봅니다.

식 세우기
(준수가 담은 방울토마토 수)=(한 상자에 담은 방울토마토 수)×(상자 수)
=42×4=168
(진희가 담은 방울토마토 수)=(한 상자에 담은 방울토마토 수)×(상자 수)
=51×3=153

답 구하기
준수

2 예진이와 동생 중에서 딸기를 더 많이 딴 사람은 누구입니까?

예진
나는 한 바구니에
63개씩 3바구니 땄어.

동생
나는 한 바구니에
31개씩 6바구니 땄어.

문제 이해하기
예진이와 동생이 딴 딸기 수를 각각 구한 다음, 계산 결과의 크기를 비교해 봅니다.

식 세우기
(예진이가 딴 딸기 수)=(한 바구니에 들어 있는 딸기 수)×(바구니 수)
=63×3=189
(동생이 딴 딸기 수)=(한 바구니에 들어 있는 딸기 수)×(바구니 수)
=31×6=186

답 구하기
예진

129

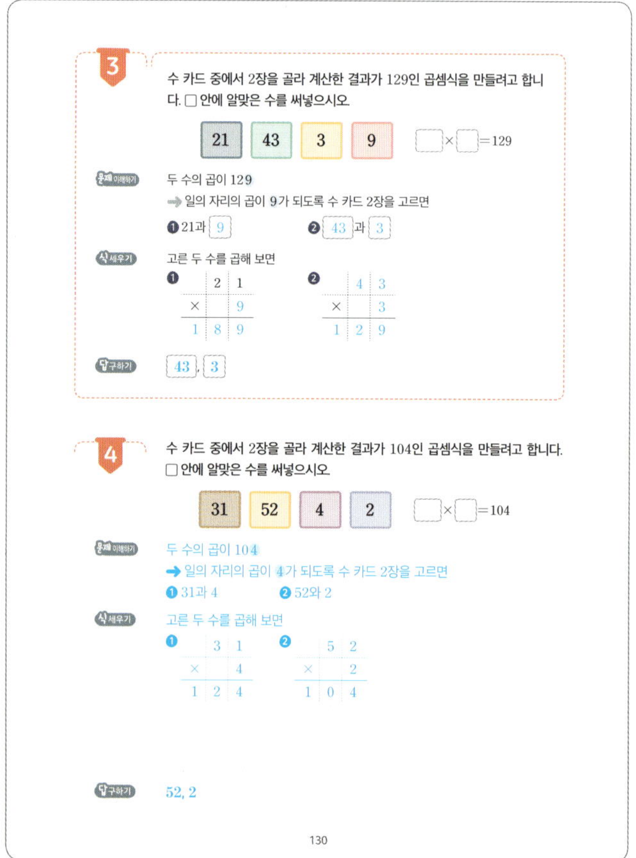
3 수 카드 중에서 2장을 골라 계산한 결과가 129인 곱셈식을 만들려고 합니다. □ 안에 알맞은 수를 써넣으시오.

21   43   3   9   □ × □ =129

문제 이해하기
두 수의 곱이 129
➡ 일의 자리의 곱이 9가 되도록 수 카드 2장을 고르면
❶ 21과 9   ❷ 43과 3

식 세우기
고른 두 수를 곱해 보면
❶   2 1
  ×   9
  1 8 9
❷   4 3
  ×   3
  1 2 9

답 구하기
43, 3

4 수 카드 중에서 2장을 골라 계산한 결과가 104인 곱셈식을 만들려고 합니다. □ 안에 알맞은 수를 써넣으시오.

31   52   4   2   □ × □ =104

문제 이해하기
두 수의 곱이 104
➡ 일의 자리의 곱이 4가 되도록 수 카드 2장을 고르면
❶ 31과 4   ❷ 52와 2

식 세우기
고른 두 수를 곱해 보면
❶   3 1
  ×   4
  1 2 4
❷   5 2
  ×   2
  1 0 4

답 구하기
52, 2

130

5 한 장의 길이가 32 cm인 종이 테이프 4장을 2 cm씩 겹쳐서 이어 붙였습니다. 이어 붙인 종이 테이프 전체의 길이는 몇 cm입니까?

32 cm   32 cm   32 cm   32 cm
2 cm   2 cm   2 cm

문제 이해하기
종이 테이프 2장을 이어 붙이면 겹쳐진 부분은 1 군데
종이 테이프 3장을 이어 붙이면 겹쳐진 부분은 2 군데
종이 테이프 4장을 이어 붙이면 겹쳐진 부분은 3 군데

식 세우기
(종이 테이프 4장의 길이)=(종이 테이프 한 장의 길이)×(장수)
=32×4=128
(겹쳐진 부분의 길이)=2×3=6
➡ (이어 붙인 종이 테이프 전체의 길이)
=128−6=122

답 구하기
122 cm

6 한 장의 길이가 53 cm인 종이 테이프 3장을 5 cm씩 겹쳐서 이어 붙였습니다. 이어 붙인 종이 테이프 전체의 길이는 몇 cm입니까?

53 cm   53 cm   53 cm
5 cm   5 cm

문제 이해하기
종이 테이프 3장을 이어 붙이면 겹쳐진 부분은 2군데

식 세우기
(종이 테이프 3장의 길이)=(종이 테이프 한 장의 길이)×(장수)
=53×3=159
(겹쳐진 부분의 길이)=5×2=10
➡ (이어 붙인 종이 테이프 전체의 길이)
=159−10=149

답 구하기
149 cm

131

재미있는
수학
놀이터

필요한 도넛과 우유의 개수는?

미래초등학교 3학년 4개 반 전원이 체험 학습을 가는 날이에요. 버스가 출발하기 전에 각 반 대표 2명씩은 반 친구들 한 명당 먹을 도넛 두 개와 우유 한 개씩을 받아 와야 해요. 학교에서 3학년 모든 학생의 간식으로 준비한 도넛과 우유는 각각 몇 개였는지 계산하여 써 보세요.

우리 반도 모두 31명이에요.

우리 반은 모두 31명이에요.

4반 대표

3반 대표

우리 반은 남자 17명, 여자 14명 이에요.

우리 반은 남자 15명, 여자 16명 이에요.

2반 대표

1반 대표

선생님

248 개   124 개
62×4=248   31×4=124

3학년 반 별 학생 수: 31명
➡ (반 별 받아야 하는 도넛 수)=31×2=62(개)
(반 별 받아야 하는 우유 수)=31개

132

30

7주 1일 （공셈） 일의 자리에서 올림이 있는 (몇십몇) × (몇) ❶

17×3을 계산할 때에는 7×3=21에서 1을 일의 자리에 쓰고, 1×3=3에서 3에 올림한 수 2를 더하여 5를 십의 자리에 씁니다.

$$\begin{array}{r} \overset{2}{1}\,7 \\ \times\ \ \ 3 \\ \hline 5\,1 \end{array}$$

실력 확인하기

계산을 하시오.

1. $\begin{array}{r} \overset{1}{1}\,3 \\ \times\ \ 5 \\ \hline 6\,5 \end{array}$
   2. $\begin{array}{r} \overset{2}{1}\,4 \\ \times\ \ 6 \\ \hline 8\,4 \end{array}$

3. $\begin{array}{r} \overset{2}{1}\,3 \\ \times\ \ 7 \\ \hline 9\,1 \end{array}$
   4. $\begin{array}{r} \overset{1}{2}\,4 \\ \times\ \ 3 \\ \hline 7\,2 \end{array}$

5. $\begin{array}{r} \overset{1}{2}\,5 \\ \times\ \ 2 \\ \hline 5\,0 \end{array}$
   6. $\begin{array}{r} \overset{2}{2}\,7 \\ \times\ \ 3 \\ \hline 8\,1 \end{array}$

7. $\begin{array}{r} \overset{1}{3}\,9 \\ \times\ \ 2 \\ \hline 7\,8 \end{array}$
   8. $\begin{array}{r} \overset{1}{4}\,8 \\ \times\ \ 2 \\ \hline 9\,6 \end{array}$

---

1 사탕이 한 봉지에 14개씩 7봉지 있습니다. 사탕은 모두 몇 개입니까?

문제 이해하기
▶ 한 봉지에 들어 있는 사탕 수: 14 개
▶ 사탕이 들어 있는 봉지 수: 7 봉지
➡ 전체 사탕 수를 수 모형으로 나타내 보면

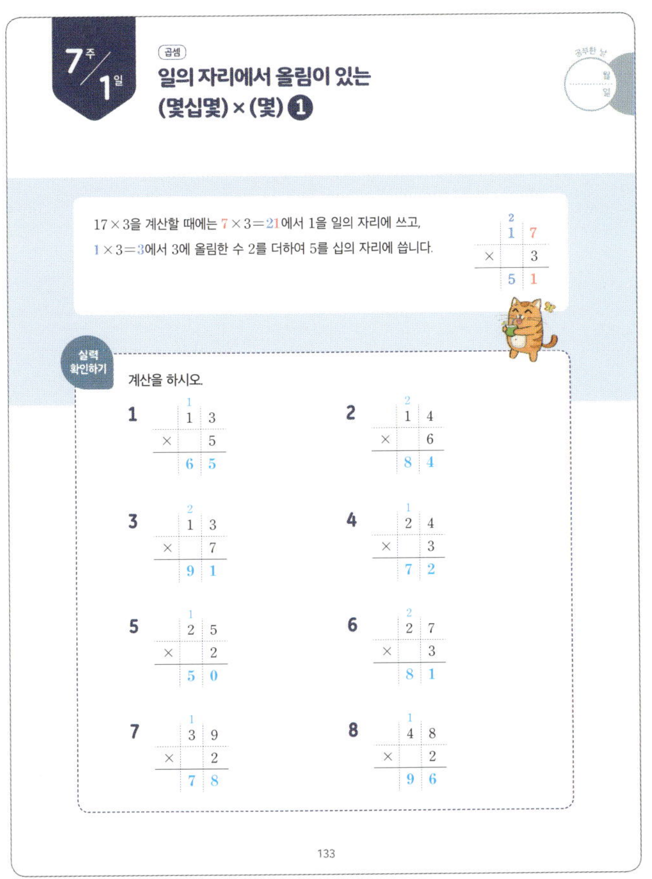

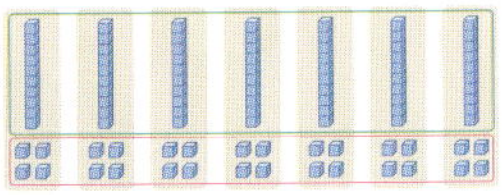

식 세우기
(전체 사탕 수)=(한 봉지에 들어 있는 사탕 수)×(봉지 수)
= 14 × 7 = 98

답 구하기 98 개

2 공깃돌이 한 상자에 25개씩 3상자 있습니다. 공깃돌은 모두 몇 개입니까?

문제 이해하기
▶ 한 상자에 들어 있는 공깃돌 수: 25 개
▶ 공깃돌이 들어 있는 상자 수: 3 상자

식 세우기
(전체 공깃돌 수)
=(한 상자에 들어 있는 공깃돌 수)×(상자 수)
= 25 × 3 = 75

답 구하기 75 개

3 명주네 가족이 주말농장에서 딴 오이를 한 봉지에 18개씩 담았더니 5봉지가 되었습니다. 명주네 가족이 딴 오이는 모두 몇 개입니까?

문제 이해하기
▶ 한 봉지에 담은 오이 수: 18 개
▶ 오이를 담은 봉지 수: 5 봉지

식 세우기
(명주네 가족이 딴 오이 수)
=(한 봉지에 담은 오이 수)×(봉지 수)
= 18 × 5 = 90

답 구하기 90 개

---

4 모든 변의 길이가 같은 삼각형이 있습니다. 이 삼각형의 한 변이 28 cm일 때 세 변의 길이의 합은 몇 cm입니까?

문제 이해하기
▶ 세 변의 길이가 모두 같습니다.
▶ 삼각형의 한 변의 길이: 28 cm
➡ 삼각형의 세 변을 겹치지 않게 이어 붙인 것을 수직선에 나타내 보면

삼각형의 한 변
28 cm

식 세우기
(삼각형의 세 변의 길이의 합)=(한 변의 길이)×3
= 28 × 3 = 84

답 구하기 84 cm

5 모든 변의 길이가 같은 오각형이 있습니다. 이 오각형의 한 변이 13 cm일 때 다섯 변의 길이의 합은 몇 cm입니까?

문제 이해하기
▶ 다섯 변의 길이가 모두 같습니다.
▶ 오각형의 한 변의 길이: 13 cm

식 세우기
(오각형의 다섯 변의 길이의 합)
=(한 변의 길이)× 5
= 13 × 5 = 65

답 구하기 65 cm

6 한 변이 24 cm인 정사각형 모양의 종이가 있습니다. 이 종이의 네 변의 길이의 합은 몇 cm입니까?

문제 이해하기
▶ 정사각형의 네 변의 길이는 모두 (같습니다 , 다릅니다).
▶ 정사각형 모양 종이의 한 변의 길이: 24 cm

식 세우기
(종이의 네 변의 길이의 합)
=(한 변의 길이)× 4
= 24 × 4 = 96

답 구하기 96 cm

재미있는 수학 놀이터

은혜 갚은 호랑이

사냥꾼이 노루 1마리와 토끼 3마리를 잡아서 산에서 내려오다가 굶주려 있는 호랑이를 발견했어요. 사냥꾼은 딱한 마음이 들어 사냥한 것을 모두 호랑이에게 주었습니다. 그 후 호랑이는 2주 동안 매일 자신이 받았던 것만큼 사냥꾼에게 돌려주었습니다. 사냥꾼이 호랑이에게 받은 노루와 토끼는 모두 몇 마리인지 쓰세요.

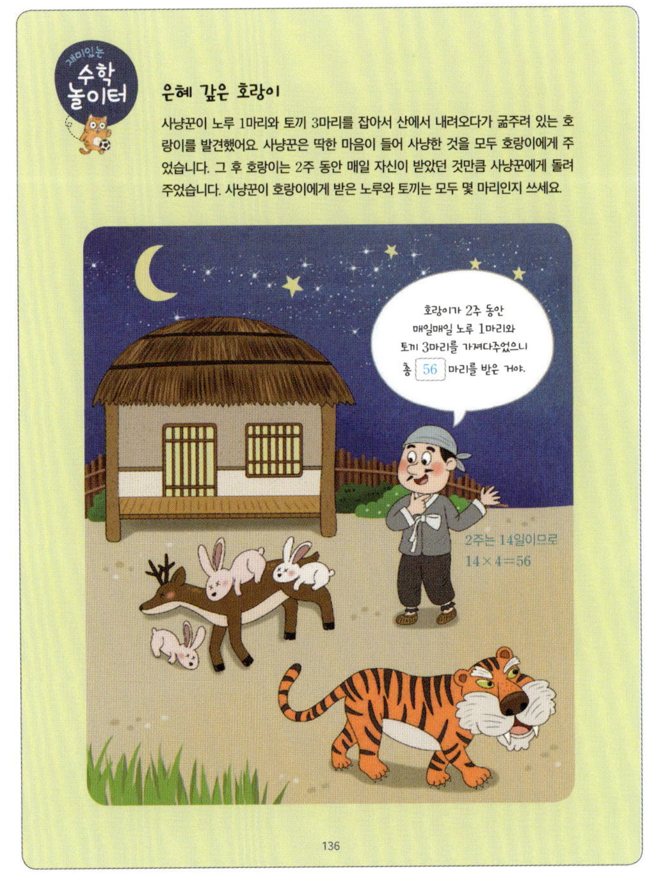

31

7주 2일

[공부] 일의 자리에서 올림이 있는
(몇십몇) × (몇) ❷

1 3장의 수 카드 중에서 2장을 골라 한 번씩만 사용하여 가장 작은 두 자리 수를 만들었습니다. 만든 두 자리 수와 남은 수 카드의 수의 곱을 구하시오.

| 3 | 4 | 2 |

[문제 이해하기]
❶ 수 카드에 적힌 세 수의 크기를 비교해 보면
2 < 3 < 4
❷ 만들 수 있는 가장 작은 두 자리 수는 23
두 자리 수를 만들고 남은 수 카드의 수는 4

[식 세우기]
(가장 작은 두 자리 수) × (남은 수 카드의 수)
= 23 × 4 = 92

[답 구하기] 92

2 3장의 수 카드 중에서 2장을 골라 한 번씩만 사용하여 가장 작은 두 자리 수를 만들었습니다. 만든 두 자리 수와 남은 수 카드의 수의 곱을 구하시오.

| 1 | 6 | 5 |

[문제 이해하기]
❶ 수 카드에 적힌 세 수의 크기를 비교해 보면
1 < 5 < 6
❷ 만들 수 있는 가장 작은 두 자리 수는 15
두 자리 수를 만들고 남은 수 카드의 수는 6

[식 세우기]
(가장 작은 두 자리 수) × (남은 수 카드의 수)
= 15 × 6 = 90

[답 구하기] 90

137

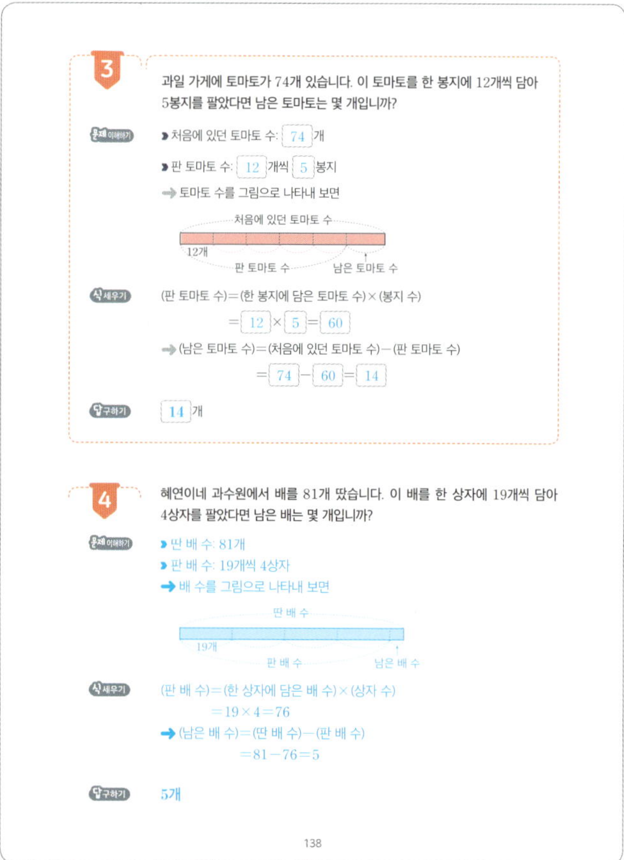

3 과일 가게에 토마토가 74개 있습니다. 이 토마토를 한 봉지에 12개씩 담아 5봉지를 팔았다면 남은 토마토는 몇 개입니까?

[문제 이해하기]
▶ 처음에 있던 토마토 수: 74 개
▶ 판 토마토 수: 12 개씩 5 봉지
➡ 토마토 수를 그림으로 나타내 보면

처음에 있던 토마토 수
12개
판 토마토 수   남은 토마토 수

[식 세우기]
(판 토마토 수) = (한 봉지에 담은 토마토 수) × (봉지 수)
= 12 × 5 = 60
➡ (남은 토마토 수) = (처음에 있던 토마토 수) − (판 토마토 수)
= 74 − 60 = 14

[답 구하기] 14 개

4 혜연이네 과수원에서 배를 81개 땄습니다. 이 배를 한 상자에 19개씩 담아 4상자를 팔았다면 남은 배는 몇 개입니까?

[문제 이해하기]
▶ 딴 배 수: 81개
▶ 판 배 수: 19개씩 4상자
➡ 배 수를 그림으로 나타내 보면

딴 배 수
19개
판 배 수   남은 배 수

[식 세우기]
(판 배 수) = (한 상자에 담은 배 수) × (상자 수)
= 19 × 4 = 76
➡ (남은 배 수) = (딴 배 수) − (판 배 수)
= 81 − 76 = 5

[답 구하기] 5개

138

5 어떤 수에 3을 곱해야 할 것을 잘못하여 3으로 나누었더니 14가 되었습니다. 바르게 계산하면 얼마입니까?

[문제 이해하기]
▶ 바른 계산: 어떤 수에 3을 (더합니다 , 곱합니다).
▶ 잘못한 계산: 어떤 수를 3으로 나누었더니 14가 되었습니다.

[식 세우기]
어떤 수를 □라고 하면
□ ÷ 3 = 14
14 × 3 = □
➡ □ = 42 이므로 바르게 계산한 식은
42 × 3 = 126

[답 구하기] 126

6 어떤 수에 2를 곱해야 할 것을 잘못하여 2로 나누었더니 36이 되었습니다. 바르게 계산하면 얼마입니까?

[문제 이해하기]
▶ 바른 계산: 어떤 수에 2를 곱합니다.
▶ 잘못한 계산: 어떤 수를 2로 나누었더니 36이 되었습니다.

[식 세우기]
어떤 수를 □라고 하면
□ ÷ 2 = 36
36 × 2 = □
➡ □ = 72이므로 바르게 계산한 식은
72 × 2 = 144

[답 구하기] 144

139

재미있는 **수학 놀이터**

통나무 자르기

두 나무꾼이 통나무를 자르고 있어요. 삼돌 나무꾼은 굵은 통나무를 네 도막 내고, 순돌 나무꾼은 조금 가느다란 통나무를 여섯 도막 내야 합니다. 두 나무꾼 중 누가 더 빨리 일을 끝냈을까요? 먼저 일을 끝낸 나무꾼에게 ○표 해 보세요.

140

7주 3일

급셈

십의 자리와 일의 자리에서 올림이 있는
(몇십몇) × (몇) ❶

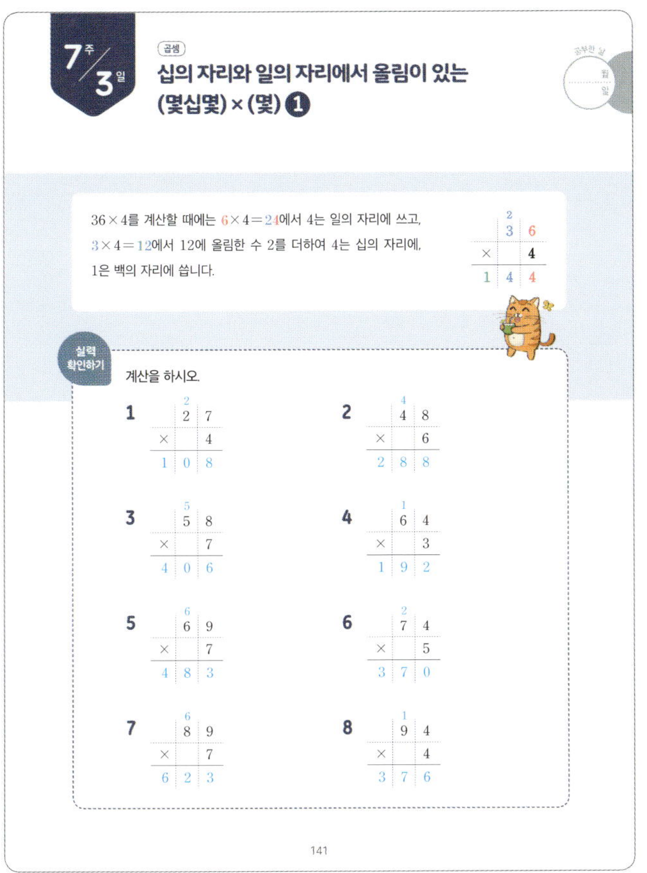

36×4를 계산할 때에는 6×4=24에서 4는 일의 자리에 쓰고,
3×4=12에서 12에 올림한 수 2를 더하여 4는 십의 자리에,
1은 백의 자리에 씁니다.

실력 확인하기

계산을 하시오.

1 $27 \times 4 = 108$

2 $48 \times 6 = 288$

3 $58 \times 7 = 406$

4 $64 \times 3 = 192$

5 $69 \times 7 = 483$

6 $74 \times 5 = 370$

7 $89 \times 7 = 623$

8 $94 \times 4 = 376$

141

---

1 민희네 학교 3학년 학생들이 현장 체험 학습을 하려고 버스 한 대에 39명씩 6대 탔습니다. 민희네 학교 3학년 학생은 모두 몇 명입니까?

문제 이해하기
- 버스 한 대에 탄 학생 수: 39 명
- 학생이 탄 버스 수: 6 대
- 3학년 학생 수를 수 모형으로 나타내어 보면

$30×6= 180$
$9×6= 54$
$39×6= 234$

식 세우기 (민희네 학교 3학년 학생 수)=(버스 한 대에 탄 학생 수)×(버스 수)
= 39 × 6 = 234

답 구하기 234 명

2 석민이네 학교 3학년은 한 반에 28명씩 7개 반이 있습니다. 석민이네 학교 3학년 학생은 모두 몇 명입니까?

문제 이해하기
- 3학년 한 반의 학생 수: 28 명
- 3학년 반 수: 7 개 반

식 세우기 (석민이네 학교 3학년 학생 수)
=(한 반의 학생 수)×(반 수)
= 28 × 7 = 196

답 구하기 196 명

3 은별이네 아파트는 한 동에 46가구씩 다섯 동이 있습니다. 은별이네 아파트는 모두 몇 가구입니까?

문제 이해하기
- 아파트 한 동의 가구 수: 46 가구
- 아파트 동 수: 5 개 동

식 세우기 (은별이네 아파트 가구 수)
=(한 동의 가구 수)×(동 수)
= 46 × 5 = 230

답 구하기 230 가구

142

---

4 영규네 집에서 문방구까지의 거리는 57 m입니다. 영규네 집에서 공원까지의 거리는 문방구까지의 거리의 4배입니다. 영규네 집에서 공원까지의 거리는 몇 m입니까?

문제 이해하기
- 영규네 집에서 문방구까지의 거리: 57 m
- 영규네 집에서 공원까지의 거리: 집에서 문방구까지의 거리의 4 배
- 영규네 집에서 문방구와 공원까지의 거리를 수직선에 나타내어 보면

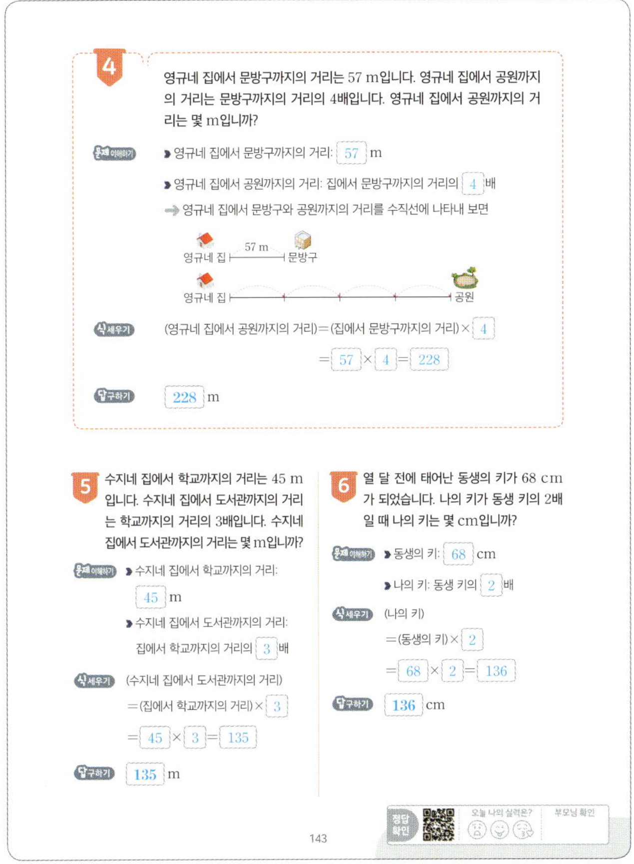

식 세우기 (영규네 집에서 공원까지의 거리)=(집에서 문방구까지의 거리)× 4
= 57 × 4 = 228

답 구하기 228 m

5 수지네 집에서 학교까지의 거리는 45 m입니다. 수지네 집에서 도서관까지의 거리는 학교까지의 거리의 3배입니다. 수지네 집에서 도서관까지의 거리는 몇 m입니까?

문제 이해하기
- 수지네 집에서 학교까지의 거리: 45 m
- 수지네 집에서 도서관까지의 거리: 집에서 학교까지의 거리의 3 배

식 세우기 (수지네 집에서 도서관까지의 거리)
=(집에서 학교까지의 거리)× 3
= 45 × 3 = 135

답 구하기 135 m

6 열 달 전에 태어난 동생의 키가 68 cm가 되었습니다. 나의 키가 동생 키의 2배일 때 나의 키는 몇 cm입니까?

문제 이해하기
- 동생의 키: 68 cm
- 나의 키: 동생 키의 2 배

식 세우기 (나의 키)
=(동생의 키)× 2
= 68 × 2 = 136

답 구하기 136 cm

143

재미있는 수학 놀이터

주문을 받아 주세요

"바삭해 치킨집"에 갑자기 주문이 몰려들었어요. 주문받은 치킨 세트는 1시간 내에 만들어서 배달해야 합니다. 주문받은 치킨 세트를 만들려면 치킨 몇 조각이 필요할까요? 필요한 치킨 조각을 써 보세요.

- (32세트에 필요한 치킨 조각 수)
=32×7=224
- (4세트에 필요한 치킨 조각 수)
=4×7=28
→ (전체 필요한 치킨 조각 수)
=224+28=252

144

7주 4일

곱셈

십의 자리와 일의 자리에서 올림이 있는 (몇십몇) × (몇) ❷

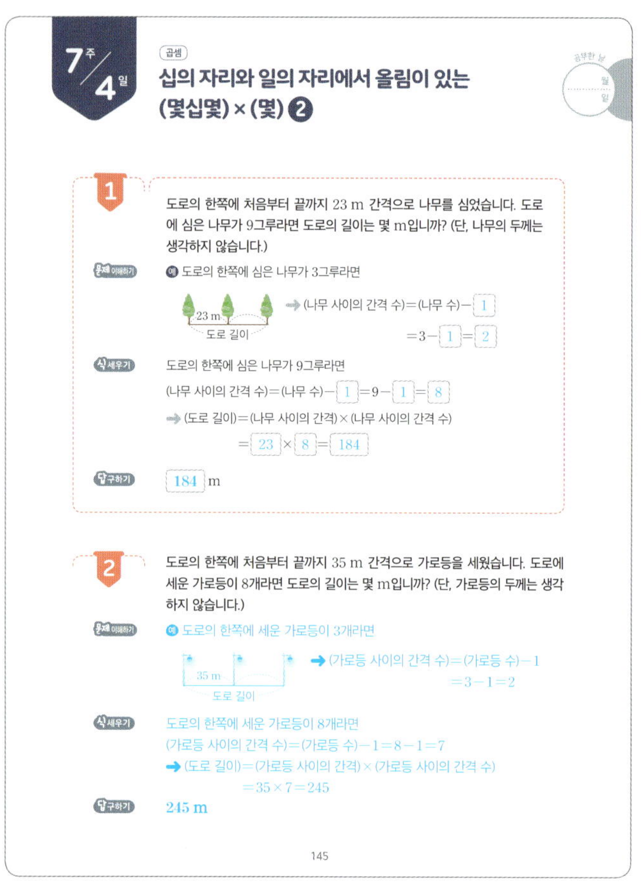

1 도로의 한쪽에 처음부터 끝까지 23 m 간격으로 나무를 심었습니다. 도로에 심은 나무가 9그루라면 도로의 길이는 몇 m입니까? (단, 나무의 두께는 생각하지 않습니다.)

문제 이해하기 도로의 한쪽에 심은 나무가 3그루라면

→ (나무 사이의 간격 수)=(나무 수)−1
=3−1=2

식 세우기 도로의 한쪽에 심은 나무가 9그루라면
(나무 사이의 간격 수)=(나무 수)−1=9−1=8
→ (도로 길이)=(나무 사이의 간격)×(나무 사이의 간격 수)
=23×8=184

답구하기 184 m

2 도로의 한쪽에 처음부터 끝까지 35 m 간격으로 가로등을 세웠습니다. 도로에 세운 가로등이 8개라면 도로의 길이는 몇 m입니까? (단, 가로등의 두께는 생각하지 않습니다.)

문제 이해하기 도로의 한쪽에 세운 가로등이 3개라면

→ (가로등 사이의 간격 수)=(가로등 수)−1
=3−1=2

식 세우기 도로의 한쪽에 세운 가로등이 8개라면
(가로등 사이의 간격 수)=(가로등 수)−1=8−1=7
→ (도로 길이)=(가로등 사이의 간격)×(가로등 사이의 간격 수)
=35×7=245

답구하기 245 m

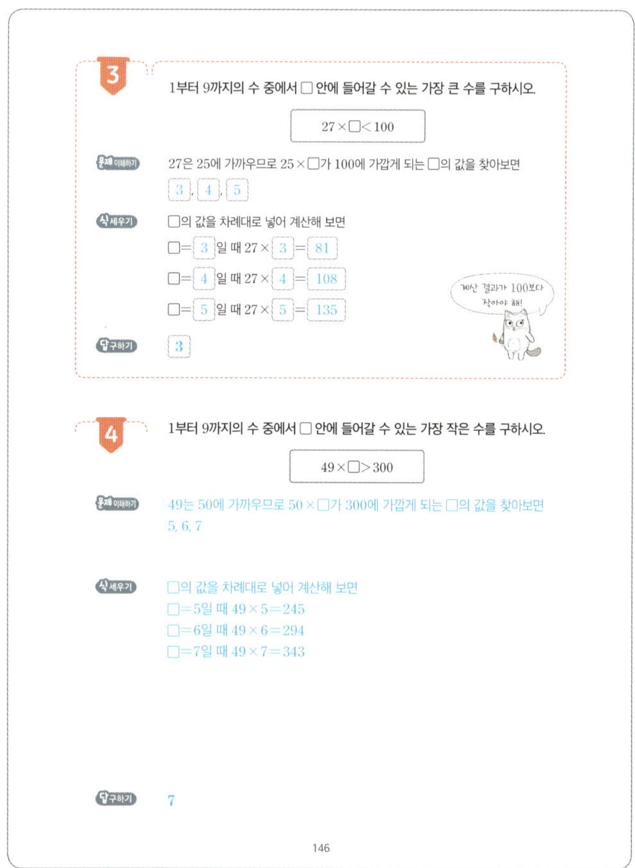

3 1부터 9까지의 수 중에서 □ 안에 들어갈 수 있는 가장 큰 수를 구하시오.

27×□<100

문제 이해하기 27은 25에 가까우므로 25×□가 100에 가깝게 되는 □의 값을 찾아보면
3, 4, 5

식 세우기 □의 값을 차례대로 넣어 계산해 보면
□=3일 때 27×3=81
□=4일 때 27×4=108
□=5일 때 27×5=135

답구하기 3

4 1부터 9까지의 수 중에서 □ 안에 들어갈 수 있는 가장 작은 수를 구하시오.

49×□>300

문제 이해하기 49는 50에 가까우므로 50×□가 300에 가깝게 되는 □의 값을 찾아보면
5, 6, 7

식 세우기 □의 값을 차례대로 넣어 계산해 보면
□=5일 때 49×5=245
□=6일 때 49×6=294
□=7일 때 49×7=343

답구하기 7

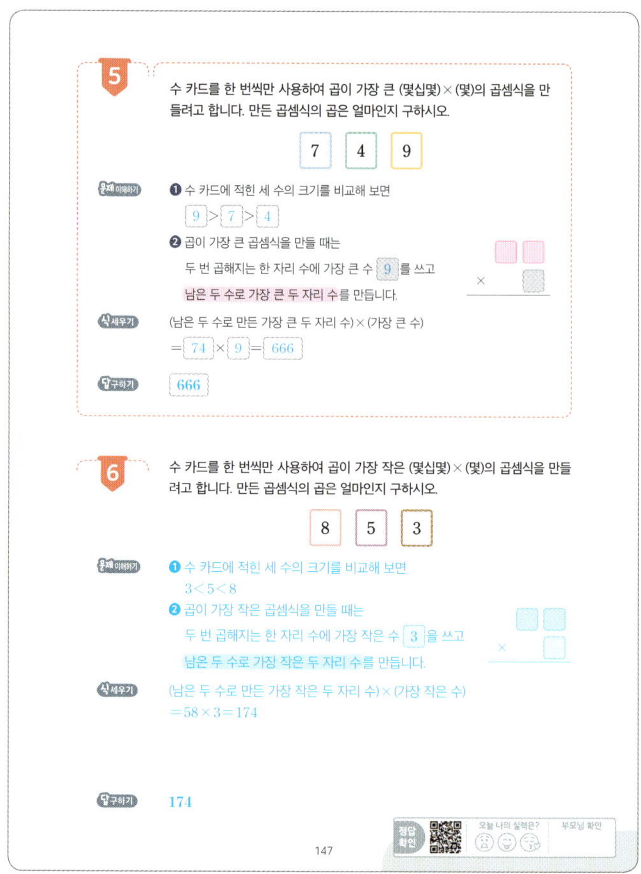

5 수 카드를 한 번씩만 사용하여 곱이 가장 큰 (몇십몇) × (몇)의 곱셈식을 만들려고 합니다. 만든 곱셈식의 곱은 얼마인지 구하시오.

7 4 9

문제 이해하기 ❶ 수 카드에 적힌 세 수의 크기를 비교해 보면
9 > 7 > 4

❷ 곱이 가장 큰 곱셈식을 만들 때는
두 번 곱해지는 한 자리 수에 가장 큰 수 9 를 쓰고
남은 두 수로 가장 큰 두 자리 수를 만듭니다.

식 세우기 (남은 두 수로 만든 가장 큰 두 자리 수)×(가장 큰 수)
=74×9=666

답구하기 666

6 수 카드를 한 번씩만 사용하여 곱이 가장 작은 (몇십몇) × (몇)의 곱셈식을 만들려고 합니다. 만든 곱셈식의 곱은 얼마인지 구하시오.

8 5 3

문제 이해하기 ❶ 수 카드에 적힌 세 수의 크기를 비교해 보면
3<5<8

❷ 곱이 가장 작은 곱셈식을 만들 때는
두 번 곱해지는 한 자리 수에 가장 작은 수 3 을 쓰고
남은 두 수로 가장 작은 두 자리 수를 만듭니다.

식 세우기 (남은 두 수로 만든 가장 작은 두 자리 수)×(가장 작은 수)
=58×3=174

답구하기 174

재미있는 **수학놀이터**

필요한 줄의 길이는?

미래네 마을에서는 꽃밭을 가꾸고 있어요. 그런데 누군가 자꾸 꽃밭에 함부로 들어가는 일이 발생하여 꽃밭을 둘러싼 줄을 치려고 합니다. 가장 긴 줄이 필요한 꽃밭을 찾아 ○표 하세요.

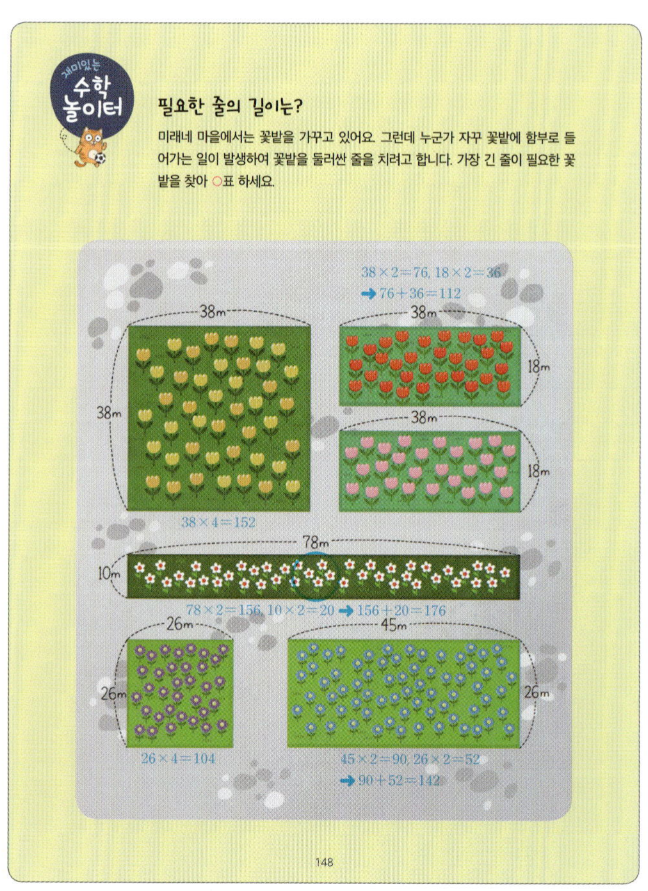

34

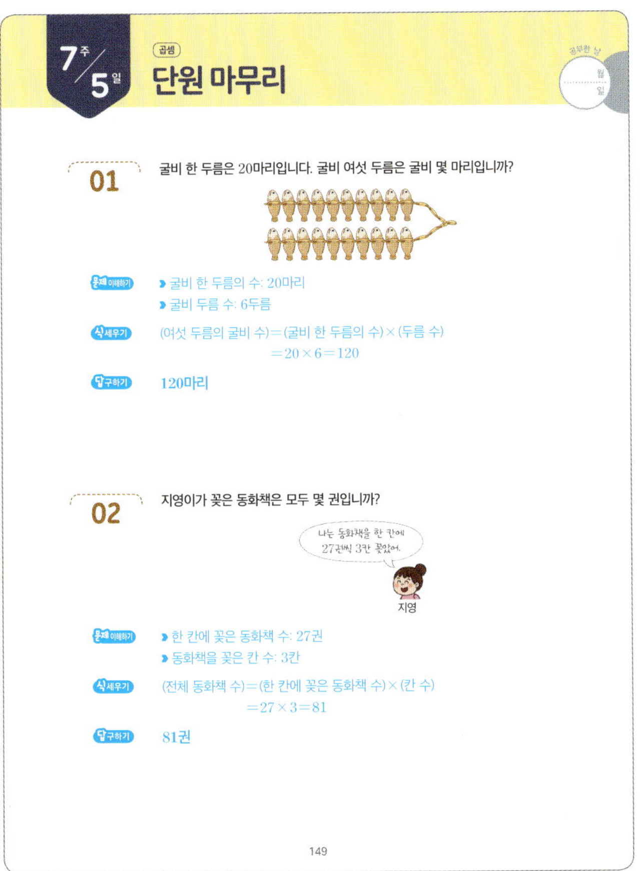

7주 5일 — 단원 마무리

01 굴비 한 두름은 20마리입니다. 굴비 여섯 두름은 굴비 몇 마리입니까?

문제 이해하기
- 굴비 한 두름의 수: 20마리
- 굴비 두름 수: 6두름

식 세우기
(여섯 두름의 굴비 수)=(굴비 한 두름의 수)×(두름 수)
=20×6=120

답 구하기
120마리

02 지영이가 꽂은 동화책은 모두 몇 권입니까?

문제 이해하기
- 한 칸에 꽂은 동화책 수: 27권
- 동화책을 꽂은 칸 수: 3칸

식 세우기
(전체 동화책 수)=(한 칸에 꽂은 동화책 수)×(칸 수)
=27×3=81

답 구하기
81권

149

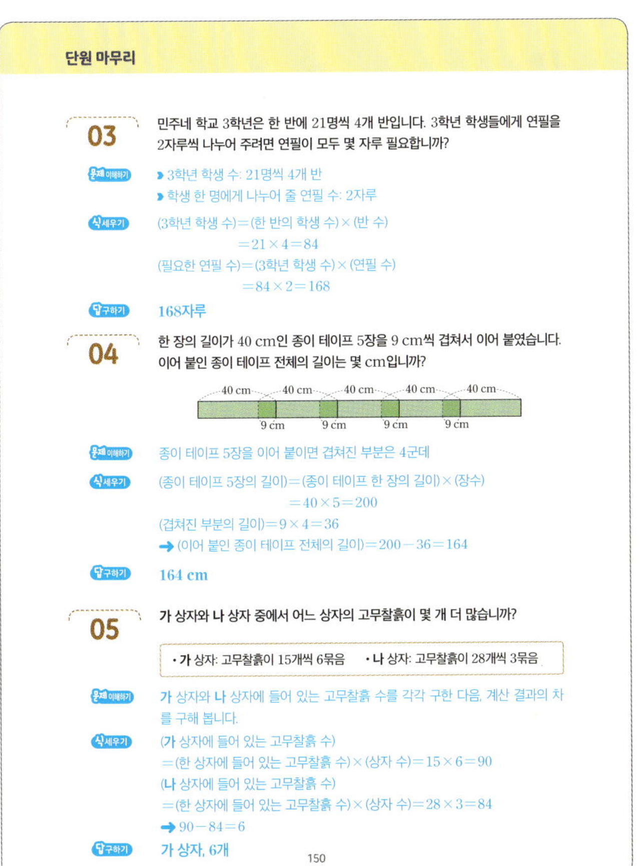

단원 마무리

03 민주네 학교 3학년은 한 반에 21명씩 4개 반입니다. 3학년 학생들에게 연필을 2자루씩 나누어 주려면 연필이 모두 몇 자루 필요합니까?

문제 이해하기
- 3학년 학생 수: 21명씩 4개 반
- 학생 한 명에게 나누어 줄 연필 수: 2자루

식 세우기
(3학년 학생 수)=(한 반의 학생 수)×(반 수)
=21×4=84
(필요한 연필 수)=(3학년 학생 수)×(연필 수)
=84×2=168

답 구하기
168자루

04 한 장의 길이가 40 cm인 종이 테이프 5장을 9 cm씩 겹쳐서 이어 붙였습니다. 이어 붙인 종이 테이프 전체의 길이는 몇 cm입니까?

문제 이해하기
- 종이 테이프 5장을 이어 붙이면 겹쳐진 부분은 4군데

식 세우기
(종이 테이프 5장의 길이)=(종이 테이프 한 장의 길이)×(장수)
=40×5=200
(겹쳐진 부분의 길이)=9×4=36
(이어 붙인 종이 테이프 전체의 길이)=200-36=164

답 구하기
164 cm

05 가 상자와 나 상자 중에서 어느 상자의 고무찰흙이 몇 개 더 많습니까?

- 가 상자: 고무찰흙이 15개씩 6묶음
- 나 상자: 고무찰흙이 28개씩 3묶음

문제 이해하기
가 상자와 나 상자에 들어 있는 고무찰흙 수를 각각 구한 다음, 계산 결과의 차를 구해 봅니다.

식 세우기
(가 상자에 들어 있는 고무찰흙 수)
=(한 상자에 들어 있는 고무찰흙 수)×(상자 수)=15×6=90
(나 상자에 들어 있는 고무찰흙 수)
=(한 상자에 들어 있는 고무찰흙 수)×(상자 수)=28×3=84
90-84=6

답 구하기
가 상자, 6개

150

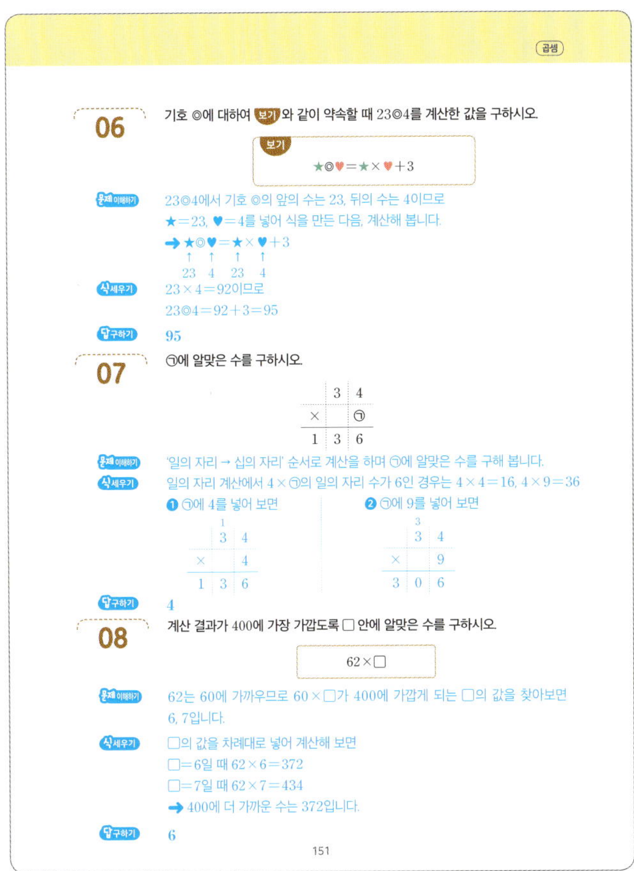

06 기호 ◎에 대하여 보기 와 같이 약속할 때 23◎4를 계산한 값을 구하시오.

보기
★◎♥=★×♥+3

문제 이해하기
23◎4에서 기호 ◎의 앞의 수는 23, 뒤의 수는 4이므로
★=23, ♥=4를 넣어 식을 만든 다음, 계산해 봅니다.
→ ★◎♥=★×♥+3
　　23 4　　23 4

식 세우기
23×4=92이므로
23◎4=92+3=95

답 구하기
95

07 ㉠에 알맞은 수를 구하시오.

```
    3 4
  ×   ㉠
  1 3 6
```

문제 이해하기
'일의 자리 → 십의 자리' 순서로 계산을 하며 ㉠에 알맞은 수를 구해 봅니다.

식 세우기
일의 자리 계산에서 4×㉠의 일의 자리 수가 6인 경우는 4×4=16, 4×9=36
① ㉠에 4를 넣어 보면
```
      1
    3 4
  ×   4
  1 3 6
```
② ㉠에 9를 넣어 보면
```
      3
    3 4
  ×   9
  3 0 6
```

답 구하기
4

08 계산 결과가 400에 가장 가깝도록 □ 안에 알맞은 수를 구하시오.

62×□

문제 이해하기
62는 60에 가까우므로 60×□가 400에 가깝게 되는 □의 값을 찾아보면 6, 7입니다.

식 세우기
□의 값을 차례대로 넣어 계산해 보면
□=6일 때 62×6=372
□=7일 때 62×7=434
→ 400에 더 가까운 수는 372입니다.

답 구하기
6

151

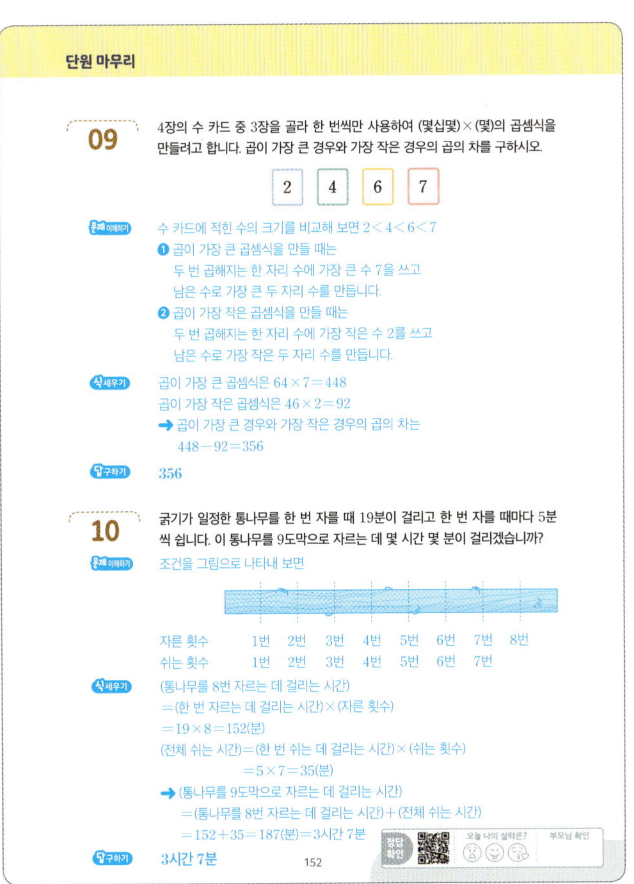

단원 마무리

09 4장의 수 카드 중 3장을 골라 한 번씩만 사용하여 (몇십몇)×(몇)의 곱셈식을 만들려고 합니다. 곱이 가장 큰 경우와 가장 작은 경우의 곱의 차를 구하시오.

2　4　6　7

문제 이해하기
수 카드에 적힌 수의 크기를 비교해 보면 2<4<6<7
① 곱이 가장 큰 곱셈식을 만들 때는
　두 번 곱해지는 한 자리 수에 가장 큰 수 7을 쓰고
　남은 수로 가장 큰 두 자리 수를 만듭니다.
② 곱이 가장 작은 곱셈식을 만들 때는
　두 번 곱해지는 한 자리 수에 가장 작은 수 2를 쓰고
　남은 수로 가장 작은 두 자리 수를 만듭니다.

식 세우기
곱이 가장 큰 곱셈식은 64×7=448
곱이 가장 작은 곱셈식은 46×2=92
→ 곱이 가장 큰 경우와 가장 작은 경우의 곱의 차는
　448-92=356

답 구하기
356

10 굵기가 일정한 통나무를 한 번 자를 때 19분이 걸리고 한 번 자를 때마다 5분씩 쉽니다. 이 통나무를 9도막으로 자르는 데 몇 시간 몇 분이 걸리겠습니까?

문제 이해하기
조건을 그림으로 나타내 보면

자른 횟수	1번	2번	3번	4번	5번	6번	7번	8번
쉬는 횟수	1번	2번	3번	4번	5번	6번	7번	

식 세우기
(통나무를 8번 자르는 데 걸리는 시간)
=(한 번 자르는 데 걸리는 시간)×(자른 횟수)
=19×8=152(분)
(전체 쉬는 시간)=(한 번 쉬는 데 걸리는 시간)×(쉬는 횟수)
=5×7=35(분)
→ (통나무를 9도막으로 자르는 데 걸리는 시간)
=(통나무를 8번 자르는 데 걸리는 시간)+(전체 쉬는 시간)
=152+35=187(분)=3시간 7분

답 구하기
3시간 7분

152

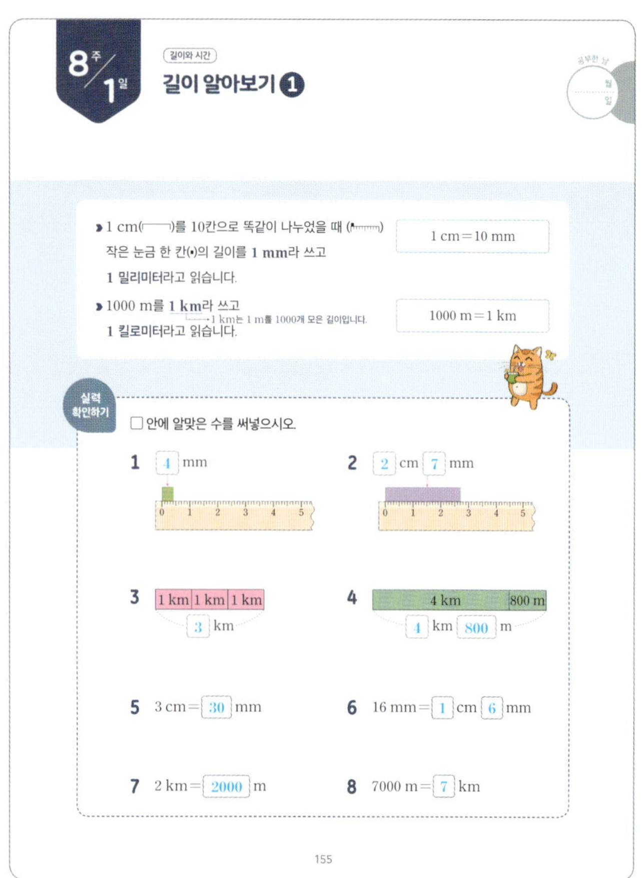

8주 1일
길이와 시간
길이 알아보기 ❶

▶ 1 cm(⎯)를 10칸으로 똑같이 나누었을 때 (⎯)
작은 눈금 한 칸의 길이를 1 mm라 쓰고
1 밀리미터라고 읽습니다.
1 cm = 10 mm

▶ 1000 m를 1 km라 쓰고
1 킬로미터라고 읽습니다.
1 km는 1 m를 1000개 모은 길이입니다.
1000 m = 1 km

실력 확인하기
□ 안에 알맞은 수를 써넣으시오.

1 4 mm

2 2 cm 7 mm

3 1 km 1 km 1 km
   3 km

4 4 km 800 m
   4 km 800 m

5 3 cm = 30 mm

6 16 mm = 1 cm 6 mm

7 2 km = 2000 m

8 7000 m = 7 km

155

1 연필의 길이는 몇 cm 몇 mm입니까?

문제 이해하기
▶ 자의 눈금 2에서 10까지의 길이는 1 cm가 8 칸입니다.
▶ 자의 작은 눈금은 1 mm가 5 칸입니다.

답구하기 8 cm 5 mm

2 지우개의 길이는 몇 mm입니까?
지우개

문제 이해하기
▶ 자의 눈금 7에서 10까지의 길이는 1 cm가 3 칸입니다.
▶ 자의 작은 눈금은 1 mm가 2 칸입니다.
➡ 지우개의 길이는 3 cm 2 mm

답구하기 32 mm

3 보기 중에서 옳은 문장을 찾아 기호를 써 보시오.

보기
㉠ 손톱의 길이는 약 7 cm입니다.
㉡ 500원짜리 동전의 두께는 약 1 cm입니다.
㉢ 나의 한 뼘은 약 13 cm입니다.

문제 이해하기
엄지손가락 너비가 1 cm 정도임을 이용하여 알맞은 단위인지 판단해 봅니다.
1 cm

답구하기 ㉢

156

4 수직선을 보고 □ 안에 알맞은 수를 써넣으시오.
□ km □ m
5 km   6 km

문제 이해하기
수직선에서 1 km를 10 칸으로 나누었으므로
작은 눈금 한 칸은 100 m입니다.
➡ 가 가리키는 곳은 5 km에서 작은 눈금이 6 칸 더 간 곳입니다.

답구하기 5 , 600

5 수직선을 보고 □ 안에 알맞은 수를 써넣으시오.
2 km 400 m
2 km   3 km □ m

문제 이해하기
수직선에서 400 m를 4 칸으로 나누었으므로 작은 눈금 한 칸은 100 m입니다.
➡ 가 가리키는 곳은 2 km 400 m에서 작은 눈금이 3 칸 더 간 곳입니다.

답구하기 2700

6 보기 중에서 km 단위를 사용하여 길이를 나타내는 것이 가장 알맞은 것을 찾아 기호를 써 보시오.

보기
㉠ 자전거의 길이
㉡ 농구 골대의 높이
㉢ 서울에서 제주도까지의 거리

문제 이해하기
양팔을 벌린 만큼의 길이가 1 m 정도입니다.
1 m

1 km는 1 m가 1000개 모인 길이임을 이용하여 알맞은 단위인지 판단해 봅니다.

답구하기 ㉢

정답 확인   오늘 나의 실력은?   부모님 확인

157

재미있는 수학 놀이터

줄다리기의 승리팀은?

운동회에서 줄다리기 경기가 열렸어요. 미래가 있는 1반과 영민이가 있는 2반의 결승전이 열리고 있습니다. 경기를 중계하는 두 학생의 말로 보아, 어느 팀이 승리했을까요? 승리한 팀의 깃발에 ○표 하세요.

네!
가운데에 있던 승리의 매듭이
1반 쪽으로
62 cm 8 mm만큼
이동했습니다.

1반
2반

그러나
다시 2반으로
642 mm만큼
이동하고 경기가
끝났습니다.

(1반 쪽으로 움직인 거리)
=62 cm 8 mm

(2반 쪽으로 움직인 거리)
=642 mm
=64 cm 2 mm

158

⑧주 2일 · 길이와 시간

길이 알아보기 ❷

1 민재가 기르는 봉선화의 키는 14 cm 2 mm이고, 준서가 기르는 봉선화는 민재의 봉선화보다 3 cm 7 mm 더 큽니다. 준서가 기르는 봉선화의 키는 몇 cm 몇 mm입니까?

문제 이해하기 민재와 준서가 기르는 봉선화 키를 수직선에 나타내 보면

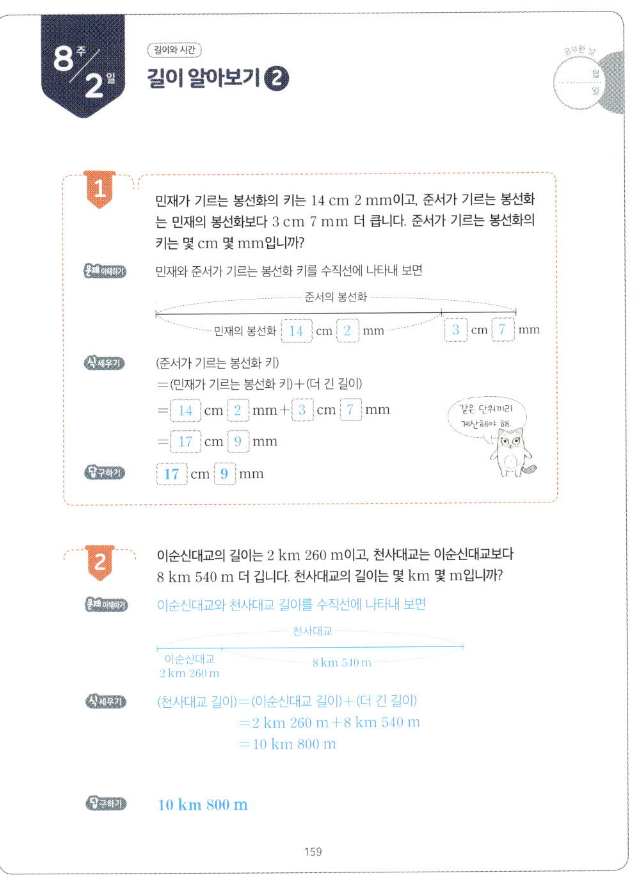

식 세우기
(준서가 기르는 봉선화 키)
=(민재가 기르는 봉선화 키)+(더 긴 길이)
= 14 cm 2 mm + 3 cm 7 mm
= 17 cm 9 mm

구하기 17 cm 9 mm

2 이순신대교의 길이는 2 km 260 m이고, 천사대교는 이순신대교보다 8 km 540 m 더 깁니다. 천사대교의 길이는 몇 km 몇 m입니까?

문제 이해하기 이순신대교와 천사대교 길이를 수직선에 나타내 보면

식 세우기
(천사대교 길이)=(이순신대교 길이)+(더 긴 길이)
= 2 km 260 m + 8 km 540 m
= 10 km 800 m

구하기 10 km 800 m

3 수정이가 가지고 있는 빨간색 크레파스의 길이는 5 cm 8 mm이고, 파란색 크레파스의 길이는 4 cm 3 mm입니다. 빨간색 크레파스는 파란색 크레파스보다 몇 cm 몇 mm 더 깁니까?

문제 이해하기 빨간색과 파란색 크레파스를 그림으로 나타내 보면

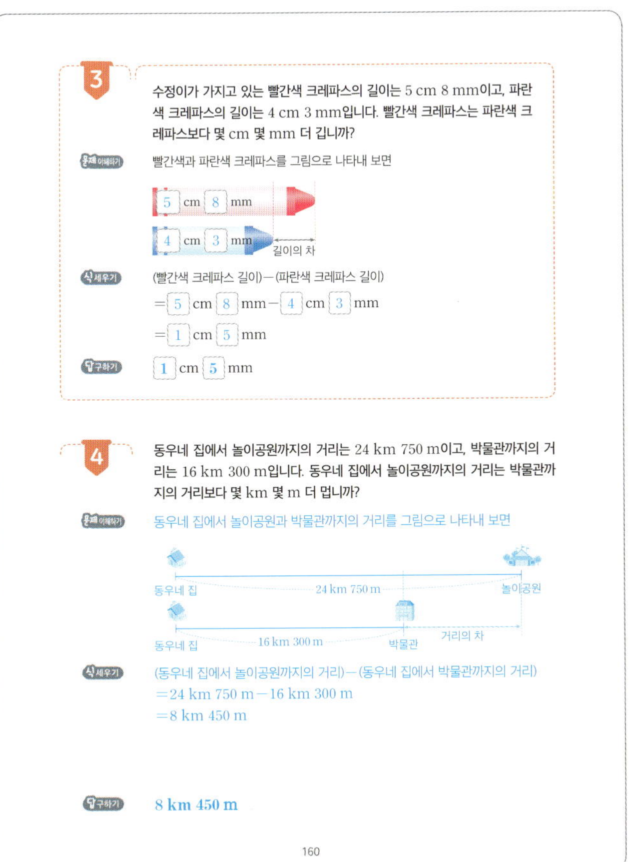

식 세우기
(빨간색 크레파스 길이)−(파란색 크레파스 길이)
= 5 cm 8 mm − 4 cm 3 mm
= 1 cm 5 mm

구하기 1 cm 5 mm

4 동우네 집에서 놀이공원까지의 거리는 24 km 750 m이고, 박물관까지의 거리는 16 km 300 m입니다. 동우네 집에서 놀이공원까지의 거리는 박물관까지의 거리보다 몇 km 몇 m 더 멉니까?

문제 이해하기 동우네 집에서 놀이공원과 박물관까지의 거리를 그림으로 나타내 보면

식 세우기
(동우네 집에서 놀이공원까지의 거리)−(동우네 집에서 박물관까지의 거리)
= 24 km 750 m − 16 km 300 m
= 8 km 450 m

구하기 8 km 450 m

5 은우네 가족은 집에서 출발하여 미술관에 가려고 합니다. 경로 1과 경로 2 중 어느 경로가 더 짧습니까?

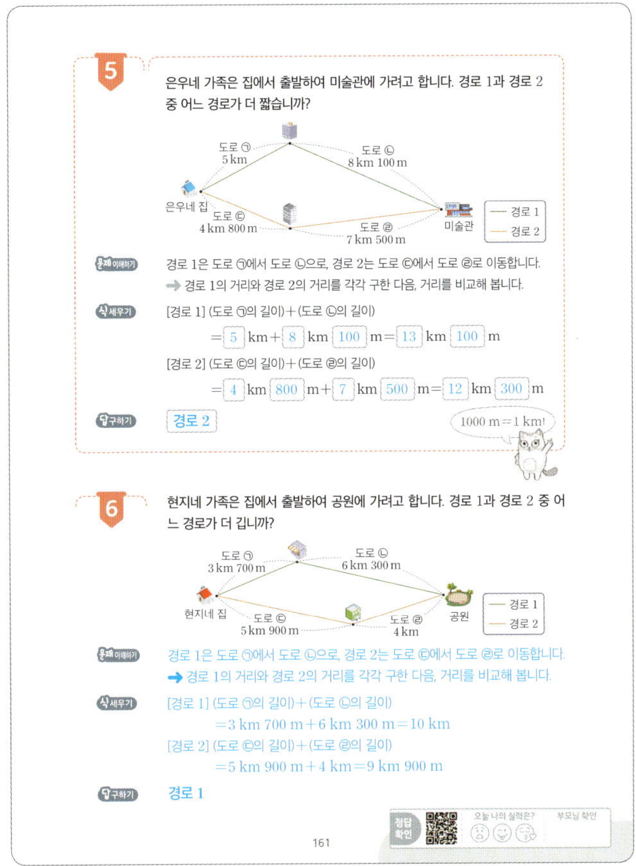

문제 이해하기 경로 1은 도로 ㉠에서 도로 ㉡으로, 경로 2는 도로 ㉢에서 도로 ㉣로 이동합니다.
➡ 경로 1의 거리와 경로 2의 거리를 각각 구한 다음, 거리를 비교해 봅니다.

식 세우기
[경로 1] (도로 ㉠의 길이)+(도로 ㉡의 길이)
= 5 km + 8 km 100 m = 13 km 100 m
[경로 2] (도로 ㉢의 길이)+(도로 ㉣의 길이)
= 4 km 800 m + 7 km 500 m = 12 km 300 m

구하기 경로 2

6 현지네 가족은 집에서 출발하여 공원에 가려고 합니다. 경로 1과 경로 2 중 어느 경로가 더 깁니까?

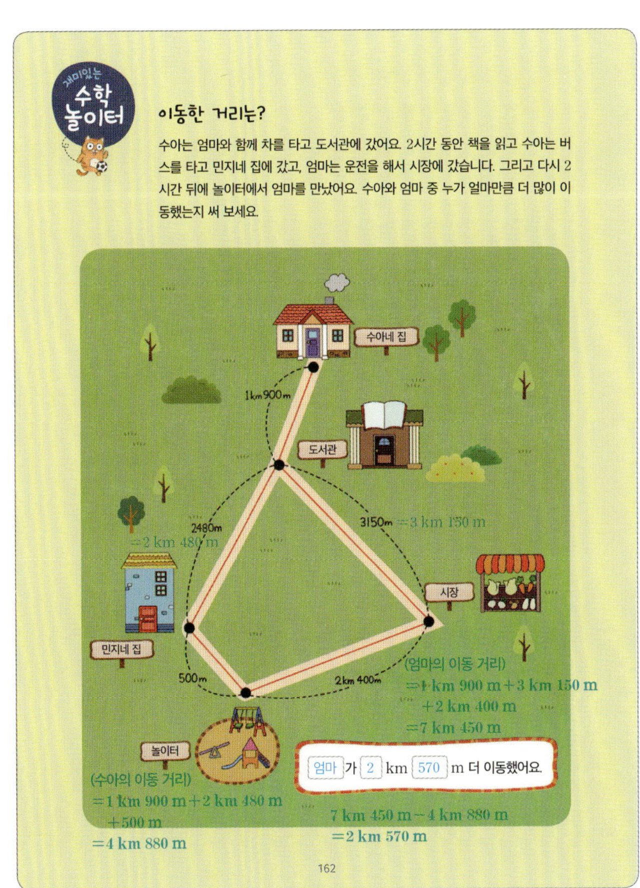

문제 이해하기 경로 1은 도로 ㉠에서 도로 ㉡으로, 경로 2는 도로 ㉢에서 도로 ㉣로 이동합니다.
➡ 경로 1의 거리와 경로 2의 거리를 각각 구한 다음, 거리를 비교해 봅니다.

식 세우기
[경로 1] (도로 ㉠의 길이)+(도로 ㉡의 길이)
= 3 km 700 m + 6 km 300 m = 10 km
[경로 2] (도로 ㉢의 길이)+(도로 ㉣의 길이)
= 5 km 900 m + 4 km = 9 km 900 m

구하기 경로 1

재미있는 수학 놀이터

이동한 거리는?

수아는 엄마와 함께 차를 타고 도서관에 갔어요. 2시간 동안 책을 읽고 수아는 버스를 타고 민지네 집에 갔고, 엄마는 운전을 해서 시장에 갔습니다. 그리고 다시 2시간 뒤에 놀이터에서 엄마를 만났어요. 수아와 엄마 중 누가 얼마만큼 더 많이 이동했는지 써 보세요.

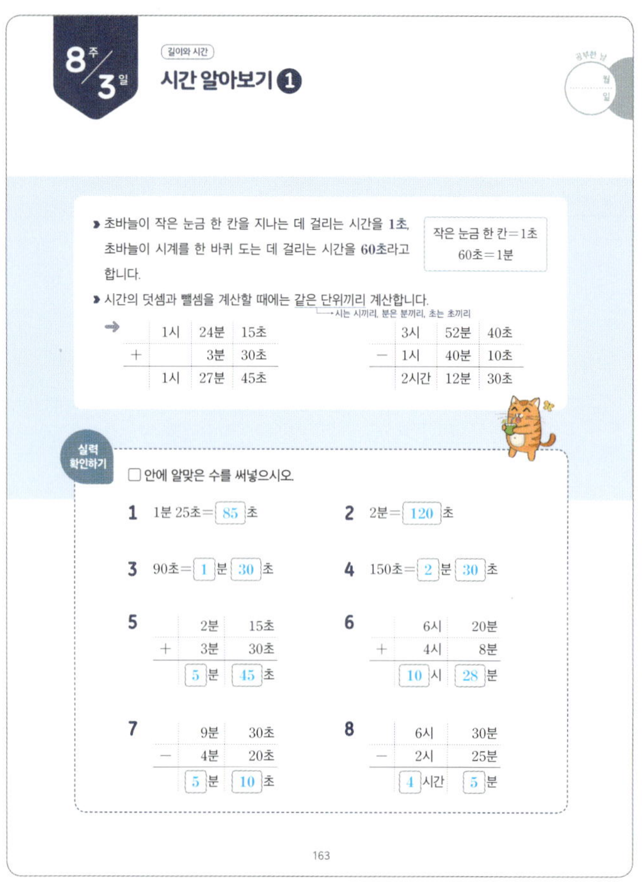

8주 3일 〔길이와 시간〕 시간 알아보기 ❶

공부한 날 / 월 / 일

▶ 초바늘이 작은 눈금 한 칸을 지나는 데 걸리는 시간을 **1초**, 초바늘이 시계를 한 바퀴 도는 데 걸리는 시간을 **60초**라고 합니다.

> 작은 눈금 한 칸＝1초
> 60초＝1분

▶ 시간의 덧셈과 뺄셈을 계산할 때에는 같은 단위끼리 계산합니다.
→ 시는 시끼리, 분은 분끼리, 초는 초끼리

	1시	24분	15초
+		3분	30초
	1시	27분	45초

	3시	52분	40초
−	1시	40분	10초
	2시간	12분	30초

실력 확인하기

☐ 안에 알맞은 수를 써넣으시오.

1 1분 25초＝ 85 초

2 2분＝ 120 초

3 90초＝ 1 분 30 초

4 150초＝ 2 분 30 초

5

	2분	15초
+	3분	30초
	5 분	45 초

6

	6시	20분
+	4시	8분
	10 시	28 분

7

	9분	30초
−	4분	20초
	5 분	10 초

8

	6시	30분
−	2시	25분
	4 시간	5 분

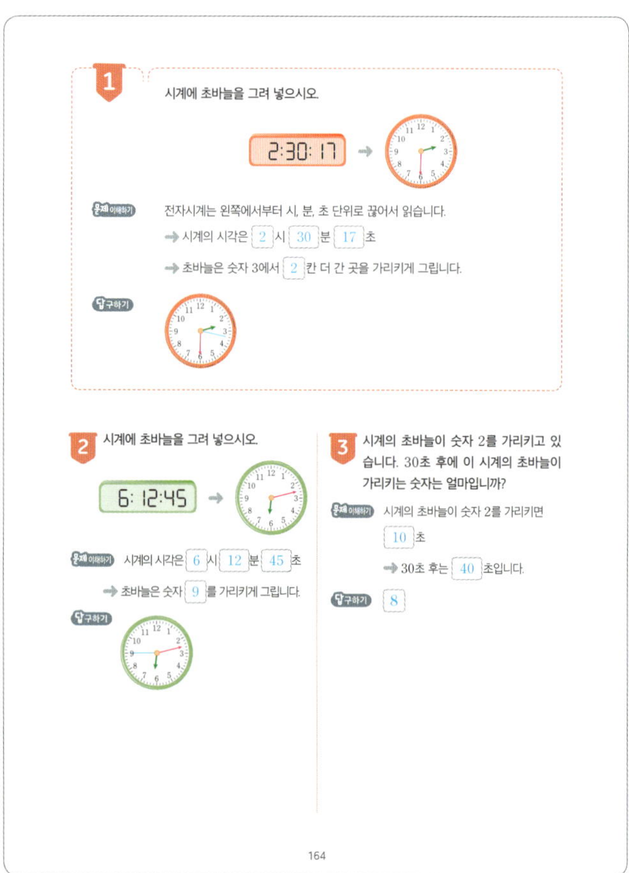

1 시계에 초바늘을 그려 넣으시오.

2:30:17 →

문제 이해하기 전자시계는 왼쪽에서부터 시, 분, 초 단위로 끊어서 읽습니다.
→ 시계의 시각은 2 시 30 분 17 초
→ 초바늘은 숫자 3에서 2 칸 더 간 곳을 가리키게 그립니다.

답 구하기

2 시계에 초바늘을 그려 넣으시오.

6:12:45 →

문제 이해하기 시계의 시각은 6 시 12 분 45 초
→ 초바늘은 숫자 9 를 가리키게 그립니다.

답 구하기

3 시계의 초바늘이 숫자 2를 가리키고 있습니다. 30초 후에 이 시계의 초바늘이 가리키는 숫자는 얼마입니까?

문제 이해하기 시계의 초바늘이 숫자 2를 가리키면
10 초
→ 30초 후는 40 초입니다.

답 구하기 8

4 〔보기〕 중에서 가장 긴 시간을 찾아 기호를 써 보시오.

> **보기**
> ㉠ 105초   ㉡ 2분 10초   ㉢ 149초

문제 이해하기 1분＝ 60 초입니다.
➡ ㉡의 시간 단위를 '몇 초'로 바꾸어 보면
㉡ 2분 10초＝ 130 초

답 구하기 ㉢

5 〔보기〕 중에서 가장 짧은 시간을 찾아 기호를 써 보시오.

> **보기**
> ㉠ 1분 20초   ㉡ 100초   ㉢ 2분

문제 이해하기 60초＝ 1 분입니다.
➡ ㉡의 시간 단위를 '몇 분 몇 초'로 바꾸어 보면
㉡ 100초＝ 1 분 40 초

답 구하기 ㉠

6 다음 대화를 읽고 오래 매달리기 기록이 가장 좋은 사람은 누구인지 쓰시오.

문제 이해하기
▶ 매달린 시간이 길수록 기록이 (좋습니다 , 나쁩니다).
▶ 윤호의 기록 단위를 '몇 분 몇 초'로 바꾸어 보면
165초＝ 2 분 45 초

답 구하기 민주

정답 확인 오늘 나의 실력은? 부모님 확인

재미있는 수학 놀이터

토끼와 거북이

토끼와 거북이가 달리기 시합을 하기로 했어요. 오후 2시에 동시에 출발했어요. 그런데 토끼는 거북이가 느릿느릿 움직이는 것을 보고 언덕의 나무 그늘에서 낮잠을 잤어요. 토끼와 거북이의 대화를 읽고, 각각 몇 시 몇 분에 결승선에 도착했는지 쓰세요.

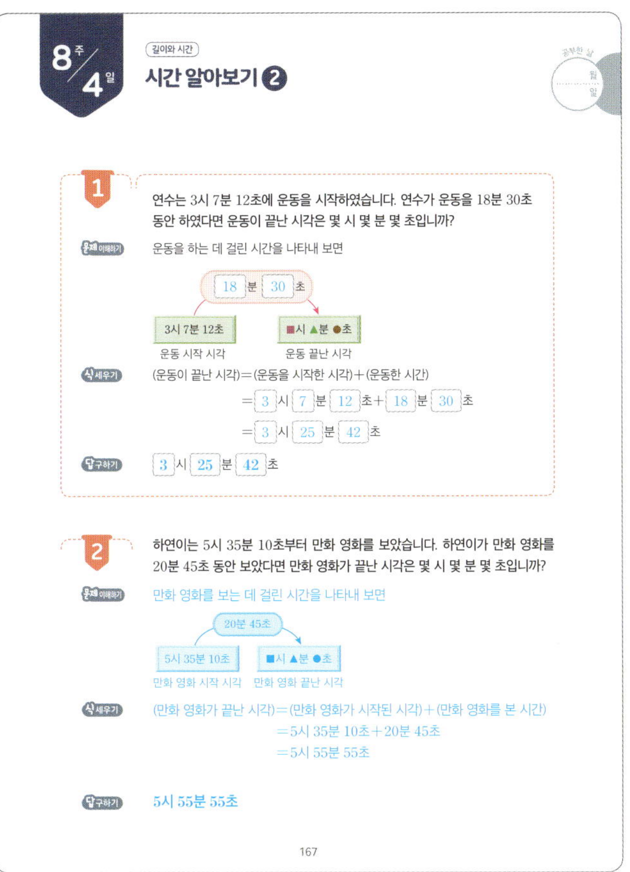
8주
4일
길이와 시간
시간 알아보기 ❷

1 연수는 3시 7분 12초에 운동을 시작하였습니다. 연수가 운동을 18분 30초 동안 하였다면 운동이 끝난 시각은 몇 시 몇 분 몇 초입니까?

운동을 하는 데 걸린 시간을 나타내 보면
18 분 30 초
3시 7분 12초
운동 시작 시각
▲시 ▲분 ●초
운동 끝난 시각
(운동이 끝난 시각)=(운동을 시작한 시각)+(운동한 시간)
= 3 시 7 분 12 초+ 18 분 30 초
= 3 시 25 분 42 초
3 시 25 분 42 초

2 하연이는 5시 35분 10초부터 만화 영화를 보았습니다. 하연이가 만화 영화를 20분 45초 동안 보았다면 만화 영화가 끝난 시각은 몇 시 몇 분 몇 초입니까?

만화 영화를 보는 데 걸린 시간을 나타내 보면
20분 45초
5시 35분 10초
만화 영화 시작 시각
■시 ▲분 ●초
만화 영화 끝난 시각
(만화 영화가 끝난 시각)=(만화 영화가 시작된 시각)+(만화 영화를 본 시간)
=5시 35분 10초+20분 45초
=5시 55분 55초
5시 55분 55초

167

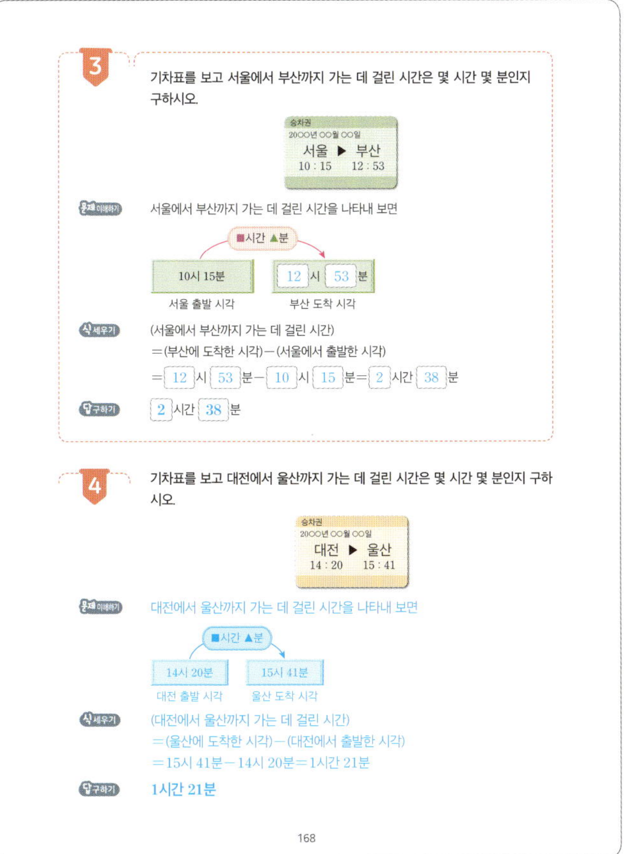
3 기차표를 보고 서울에서 부산까지 가는 데 걸린 시간은 몇 시간 몇 분인지 구하시오.

승차권
20○○년 ○○월 ○○일
서울 ▶ 부산
10 : 15   12 : 53

서울에서 부산까지 가는 데 걸린 시간을 나타내 보면
■시간 ▲분
10시 15분
서울 출발 시각
12 시 53 분
부산 도착 시각
(서울에서 부산까지 가는 데 걸린 시간)
=(부산에 도착한 시각)−(서울에서 출발한 시각)
= 12 시 53 분− 10 시 15 분= 2 시간 38 분
2 시간 38 분

4 기차표를 보고 대전에서 울산까지 가는 데 걸린 시간은 몇 시간 몇 분인지 구하시오.

승차권
20○○년 ○○월 ○○일
대전 ▶ 울산
14 : 20   15 : 41

대전에서 울산까지 가는 데 걸린 시간을 나타내 보면
■시간 ▲분
14시 20분
대전 출발 시각
15시 41분
울산 도착 시각
(대전에서 울산까지 가는 데 걸린 시간)
=(울산에 도착한 시각)−(대전에서 출발한 시각)
=15시 41분−14시 20분=1시간 21분
1시간 21분

168

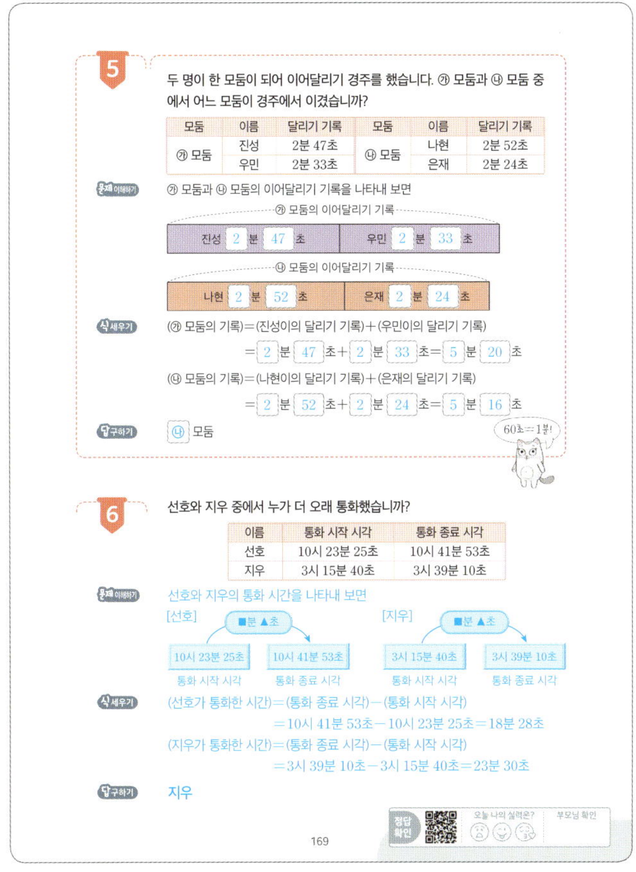
5 두 명이 한 모둠이 되어 이어달리기 경주를 했습니다. ㉮ 모둠과 ㉯ 모둠 중에서 어느 모둠이 경주에서 이겼습니까?

모둠	이름	달리기 기록	모둠	이름	달리기 기록
㉮ 모둠	진성	2분 47초	㉯ 모둠	나현	2분 52초
	우민	2분 33초		은재	2분 24초

㉮ 모둠과 ㉯ 모둠의 이어달리기 기록을 나타내 보면
㉮ 모둠의 이어달리기 기록
진성 2 분 47 초   우민 2 분 33 초
㉯ 모둠의 이어달리기 기록
나현 2 분 52 초   은재 2 분 24 초
(㉮ 모둠의 기록)=(진성의 달리기 기록)+(우민이의 달리기 기록)
= 2 분 47 초+ 2 분 33 초= 5 분 20 초
(㉯ 모둠의 기록)=(나현이의 달리기 기록)+(은재의 달리기 기록)
= 2 분 52 초+ 2 분 24 초= 5 분 16 초
㉯ 모둠
60초=1분!

6 선호와 지우 중에서 누가 더 오래 통화했습니까?

이름	통화 시작 시각	통화 종료 시각
선호	10시 23분 25초	10시 41분 53초
지우	3시 15분 40초	3시 39분 10초

선호와 지우의 통화 시간을 나타내 보면
[선호] ■분 ▲초
10시 23분 25초
통화 시작 시각
10시 41분 53초
통화 종료 시각
[지우] ■분 ▲초
3시 15분 40초
통화 시작 시각
3시 39분 10초
통화 종료 시각
(선호가 통화한 시간)=(통화 종료 시각)−(통화 시작 시각)
=10시 41분 53초−10시 23분 25초=18분 28초
(지우가 통화한 시간)=(통화 종료 시각)−(통화 시작 시각)
=3시 39분 10초−3시 15분 40초=23분 30초
지우

169

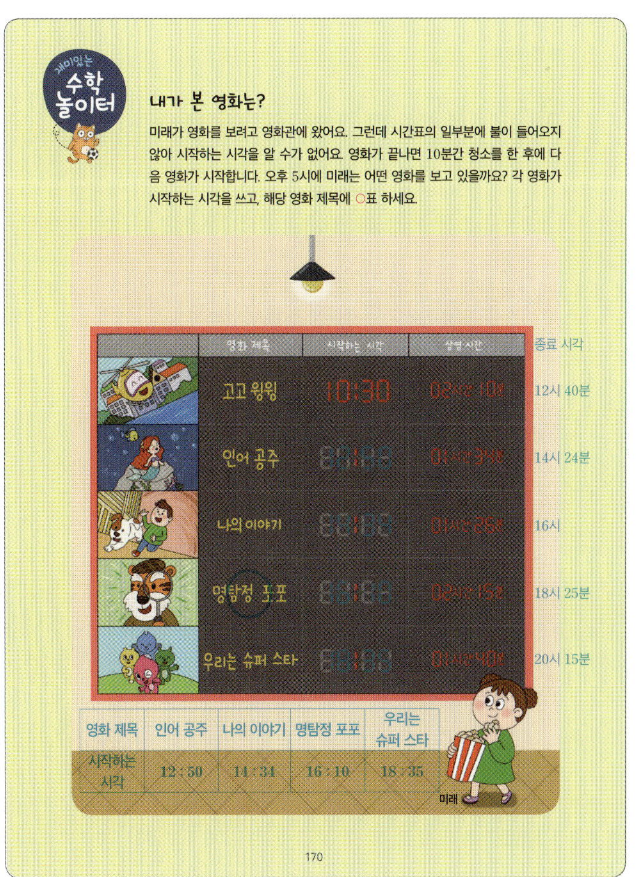
재미있는 수학 놀이터

내가 본 영화는?

미래가 영화를 보려고 영화관에 왔어요. 그런데 시간표의 일부분에 불이 들어오지 않아 시작하는 시각을 알 수가 없어요. 영화가 끝나면 10분간 청소를 한 후에 다음 영화가 시작합니다. 오후 5시에 미래는 어떤 영화를 보고 있을까요? 각 영화가 시작하는 시각을 쓰고, 해당 영화 제목에 ○표 하세요.

영화 제목	시작하는 시각	상영 시간	종료 시각
고고 윙윙	10:30	02시간 10분	12시 40분
인어 공주		01시간 44분	14시 24분
나의 이야기		01시간 26분	16시
명탐정 포포		02시간 15분	18시 25분
우리는 슈퍼 스타		01시간 44분	20시 15분

영화 제목	인어 공주	나의 이야기	명탐정 포포	우리는 슈퍼 스타
시작하는 시각	12 : 50	14 : 34	16 : 10	18 : 35

미래

170

8주 5일 단원 마무리

01 선우, 민지, 한솔이 중에서 길이가 가장 짧은 리본을 가지고 있는 사람은 누구입니까?

문제 이해하기 민지의 리본 길이 단위를 '몇 cm 몇 mm'로 바꾸어 보면
539 mm = 53 cm 9 mm

답구하기 민지

02 시계가 나타내는 시각에서 1시간 23분 19초 후의 시각은 몇 시 몇 분 몇 초입니까?

문제 이해하기 시계가 나타내는 시각은 3시 25분 40초

식세우기 시계가 나타내는 시각에서 1시간 23분 19초 후의 시각은
3시 25분 40초 + 1시간 23분 19초 = 4시 48분 59초

답구하기 4시 48분 59초

단원 마무리

03 보기 중에서 단위를 잘못 사용한 것을 모두 찾아 기호를 써 보시오.

보기
㉠ 선생님의 키는 약 175 mm입니다.
㉡ 색연필의 길이는 약 16 cm입니다.
㉢ 학교 운동장의 긴 쪽의 길이는 약 100 km입니다.

문제 이해하기 엄지손가락 너비가 1 cm 정도, 양팔을 벌린 만큼의 길이가 1 m 정도, 1 km는 1 m가 1000개 모인 길이임을 이용하여 알맞은 단위인지 판단해 봅니다.
㉠ 선생님의 키는 약 175 cm입니다.
㉢ 학교 운동장의 긴 쪽의 길이는 약 100 m입니다.

답구하기 ㉠, ㉢

04 현수는 철사를 사용하여 세로가 2 cm이고 가로가 세로보다 1 cm 4 mm 더 긴 직사각형 모양을 만들려고 합니다. 필요한 철사는 몇 cm 몇 mm입니까?

문제 이해하기
▶ 직사각형의 세로: 2 cm
▶ 직사각형의 가로: 직사각형의 세로보다 1 cm 4 mm 더 깁니다.
▶ 직사각형의 마주 보는 두 변의 길이는 같습니다.

식세우기 (직사각형의 가로) = (직사각형의 세로) + (더 긴 길이)
= 2 cm + 1 cm 4 mm = 3 cm 4 mm
➡ (필요한 철사의 길이) = (가로) + (세로) + (가로) + (세로)
= 3 cm 4 mm + 2 cm + 3 cm 4 mm + 2 cm = 10 cm 8 mm

답구하기 10 cm 8 mm

05 동균이네 집에서 할아버지 댁까지의 거리는 24 km 300 m입니다. 동균이는 집에서 출발하여 할아버지 댁까지 22 km 840 m는 버스를 타고 갔고, 나머지는 걸어서 갔습니다. 걸어서 간 거리는 몇 km 몇 m입니까?

문제 이해하기 동균이네 집에서 할아버지 댁까지의 거리를 수직선에 나타내어 보면

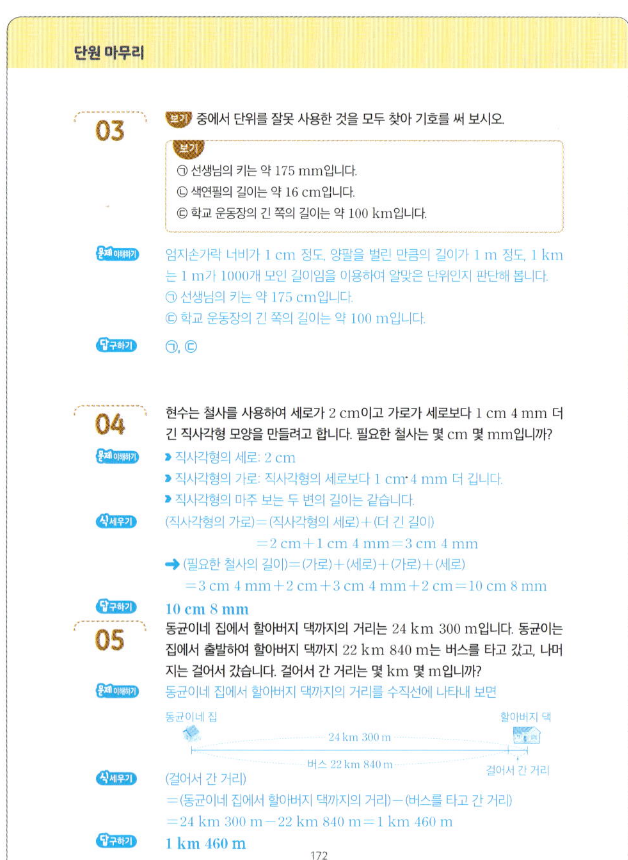

식세우기 (걸어서 간 거리)
= (동균이네 집에서 할아버지 댁까지의 거리) − (버스를 타고 간 거리)
= 24 km 300 m − 22 km 840 m = 1 km 460 m

답구하기 1 km 460 m

---

06 정후네 가족은 집에서 출발하여 과학관에 가려고 합니다. 경로 1과 경로 2 중 어느 경로가 더 깁니까?

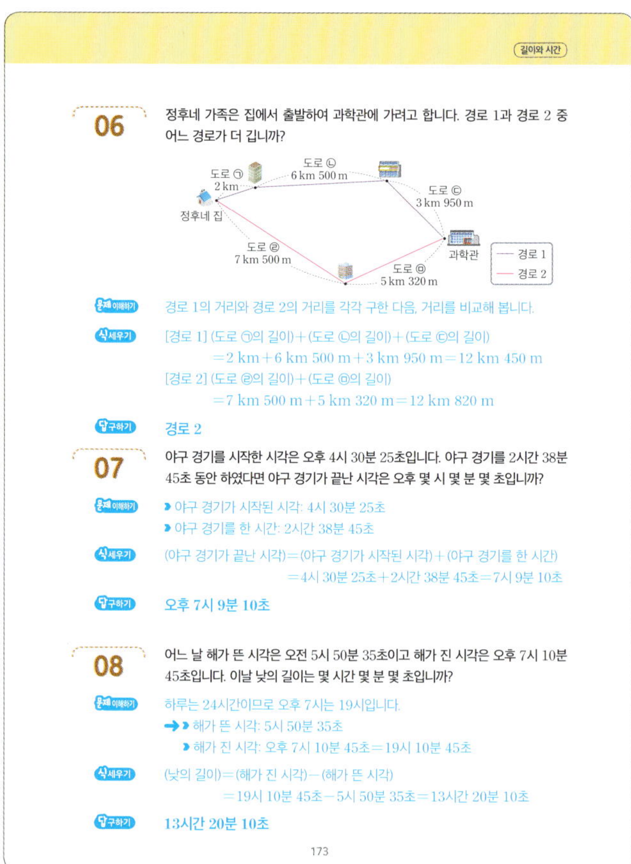

문제 이해하기 경로 1의 거리와 경로 2의 거리를 각각 구한 다음, 거리를 비교해 봅니다.

식세우기
[경로 1] (도로 ㉠의 길이) + (도로 ㉡의 길이) + (도로 ㉢의 길이)
= 2 km + 6 km 500 m + 3 km 950 m = 12 km 450 m
[경로 2] (도로 ㉣의 길이) + (도로 ㉤의 길이)
= 7 km 500 m + 5 km 320 m = 12 km 820 m

답구하기 경로 2

07 야구 경기를 시작한 시각은 오후 4시 30분 25초입니다. 야구 경기를 2시간 38분 45초 동안 하였다면 야구 경기가 끝난 시각은 오후 몇 시 몇 분 몇 초입니까?

문제 이해하기
▶ 야구 경기가 시작된 시각: 4시 30분 25초
▶ 야구 경기를 한 시간: 2시간 38분 45초

식세우기 (야구 경기가 끝난 시각) = (야구 경기가 시작된 시각) + (야구 경기를 한 시간)
= 4시 30분 25초 + 2시간 38분 45초 = 7시 9분 10초

답구하기 오후 7시 9분 10초

08 어느 날 해가 뜬 시각은 오전 5시 50분 35초이고 해가 진 시각은 오후 7시 10분 45초입니다. 이날 낮의 길이는 몇 시간 몇 분 몇 초입니까?

문제 이해하기 하루는 24시간이므로 오후 7시는 19시입니다.
➡ 해가 뜬 시각: 5시 50분 35초
▶ 해가 진 시각: 오후 7시 10분 45초 = 19시 10분 45초

식세우기 (낮의 길이) = (해가 진 시각) − (해가 뜬 시각)
= 19시 10분 45초 − 5시 50분 35초 = 13시간 20분 10초

답구하기 13시간 20분 10초

단원 마무리

09 철인 3종 경기에 참가한 상우의 기록표에 얼룩이 묻었습니다. 상우의 자전거 기록은 몇 시간 몇 분 몇 초입니까?

전체 기록:	
출발 시각	오전 9시
수영 기록	46분 17초
자전거 기록	
달리기 기록	1시간 18분 35초
도착 시각	오전 11시 59분 58초

문제 이해하기 상우의 기록을 나타내어 보면

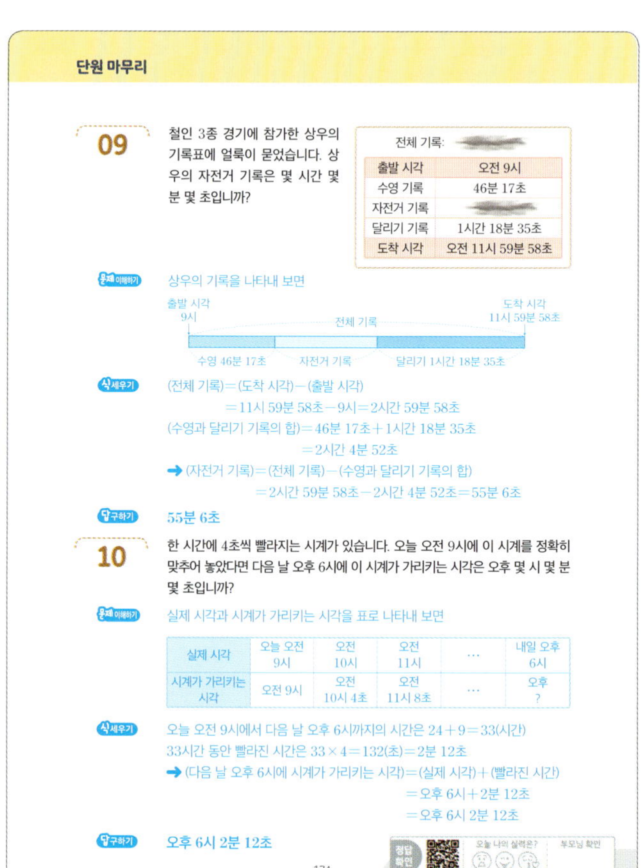

식세우기 (전체 기록) = (도착 시각) − (출발 시각)
= 11시 59분 58초 − 9시 = 2시간 59분 58초
(수영과 달리기 기록의 합) = 46분 17초 + 1시간 18분 35초
= 2시간 4분 52초
➡ (자전거 기록) = (전체 기록) − (수영과 달리기 기록의 합)
= 2시간 59분 58초 − 2시간 4분 52초 = 55분 6초

답구하기 55분 6초

10 한 시간에 4초씩 빨라지는 시계가 있습니다. 오늘 오전 9시에 이 시계를 정확히 맞추어 놓았다면 다음 날 오후 6시에 이 시계가 가리키는 시각은 오후 몇 시 몇 분 몇 초입니까?

문제 이해하기 실제 시각과 시계가 가리키는 시각을 표로 나타내어 보면

	오늘 오전 9시	오전 10시	오전 11시	…	내일 오후 6시
실제 시각	오늘 오전 9시	오전 10시	오전 11시	…	내일 오후 6시
시계가 가리키는 시각	오전 9시	오전 10시 4초	오전 11시 8초	…	오후 ?

식세우기 오늘 오전 9시에서 다음 날 오후 6시까지의 시간은 24 + 9 = 33(시간)
33시간 동안 빨라진 시간은 33 × 4 = 132(초) = 2분 12초
➡ (다음 날 오후 6시에 시계가 가리키는 시각) = (실제 시각) + (빨라진 시간)
= 오후 6시 + 2분 12초
= 오후 6시 2분 12초

답구하기 오후 6시 2분 12초

정답 확인 | 오늘 나의 실력은? | 부모님 확인

초등 수학 완전 정복 프로젝트

하루한장 쏙셈

구　성 1~6학년 학기별 [12책]
콘셉트 교과서에 따른 수·연산·도형·측정까지 연산력을 향상하는
　　　　 연산 기본서
키워드 기본 연산력 다지기

하루한장 쏙셈 플러스

구　성 1~6학년 학기별 [12책]
콘셉트 문장제부터 창의·사고력 문제까지 수학적 역량을 키우는
　　　　 연산 응용서
키워드 연산 응용력 키우기

하루한장 쏙셈 분수

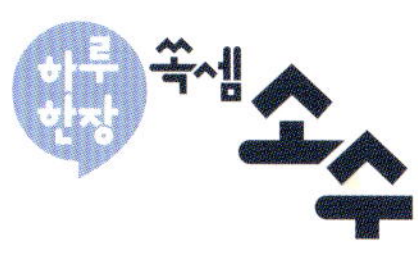
하루한장 쏙셈 소수

구　성 3~6학년 단계별 [분수 2책, 소수 2책]
콘셉트 분수·소수의 개념과 연산 원리를 익히고 연산력을 키우는
　　　　 쏙셈 영역 학습서
키워드 분수·소수 집중 훈련하기

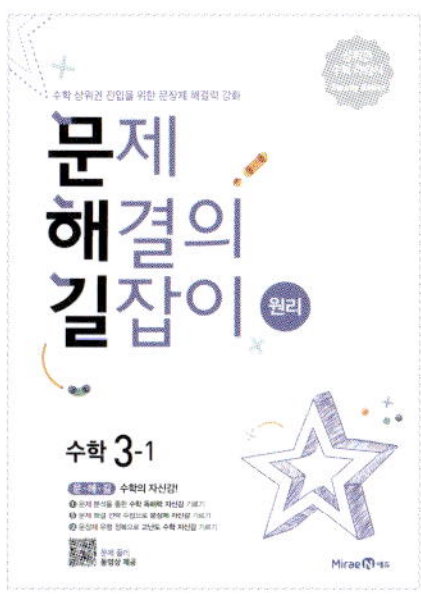

문해길 원리

구　성 1~6학년 학기별 [12책]
콘셉트 8가지 문제 해결 전략을 익히며 문장제와 서술형을 정복하는
　　　　 상위권 학습서
키워드 문장제 해결력 강화하기

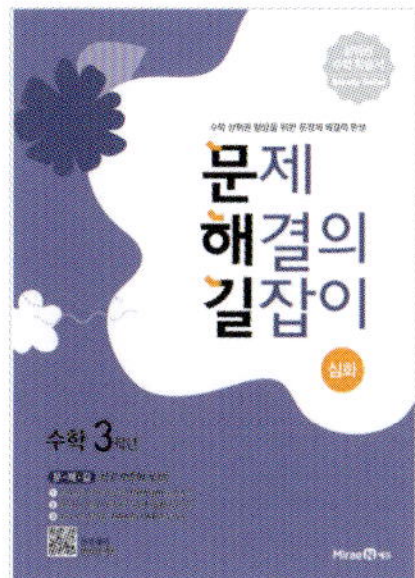

문해길 심화

구　성 1~6학년 학년별 [6책]
콘셉트 고난도 유형 해결 전략을 익히며 최고 수준에 도전하는
　　　　 최상위권 학습서
키워드 고난도 유형 해결력 완성하기

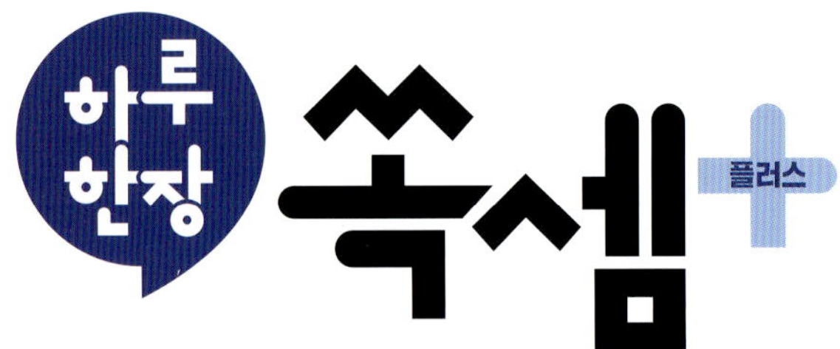

www.mirae-n.com

학습하다가 이해되지 않는 부분이나 정오표 등의 궁금한 사항이 있나요?
미래엔 홈페이지에서 해결해 드립니다.

교재 내용 문의
1:1 문의 | 수학 과외쌤 | 자주하는 질문

교재 자료 및 정답
동영상 강의 | 쌍둥이 문제 | 정답과 해설 | 정오표

함께해요!
바른 공부법 캠페인

궁금해요!
교재 질문 & 학습 고민 타파

공부해요!
미래엔 에듀 초·중등 교재

참여해요!
선물이 마구 쏟아지는 이벤트

초등학교

학년 　 반 　 이름

하루한장 쏙셈

쏙셈 시작편
초등학교 입학 전 연산 시작하기
[2책] 수 세기, 셈하기

쏙셈
교과서에 따른 수·연산·도형·측정까지 계산력 향상하기
[12책] 1~6학년 학기별

쏙셈＋플러스
문장제 문제부터 창의·사고력 문제까지 수학 역량 키우기
[12책] 1~6학년 학기별

쏙셈 분수·소수
3~6학년 분수·소수의 개념과 연산 원리를 집중 훈련하기
[분수 2책, 소수 2책] 3~6학년 학년군별

하루한장 한국사

큰별★쌤 최태성의 한국사
최태성 선생님의 재미있는 강의와 시각 자료로
역사의 흐름과 사건을 이해하기
[3책] 3~6학년 시대별

하루한장 한자

그림 연상 한자로 교과서 어휘를 익히고 급수 시험까지 대비하기
[4책] 1~2학년 학기별

하루한장 급수 한자

하루한장 한자 학습법으로 한자 급수 시험 완벽하게 대비하기
[3책] 8급, 7급, 6급

하루한장 ENGLISH BITE

ENGLISH BITE 알파벳 쓰기
알파벳을 보고 듣고 따라쓰며 읽기·쓰기 한 번에 끝내기
[1책]

ENGLISH BITE 파닉스
자음과 모음 결합 과정의 발음 규칙 학습으로
영어 단어 읽기 완성
[2책] 자음과 모음, 이중자음과 이중모음

ENGLISH BITE 사이트 워드
192개 사이트 워드 학습으로 리딩 자신감 키우기
[2책] 단계별

ENGLISH BITE 영문법
문법 개념 확인 영상과 함께 영문법 기초 실력 다지기
[Starter 2책 , Basic 2책] 3~6학년 단계별

ENGLISH BITE 영단어
초등 영어 교육과정의 학년별 필수 영단어를
다양한 활동으로 익히기
[4책] 3~6학년 단계별

"문제 해결의 길잡이"와 함께 문제 해결 전략을 익히며 수학 사고력을 향상시켜요!

초등 수학 상위권 진입을 위한 "문제 해결의 길잡이" 비법 전략 4가지

비법 전략 1 문제 분석을 통한 **수학 독해력 향상**

문제에서 구하고자 하는 것과 주어진 조건을 찾아내는 훈련으로 수학 독해력을 키웁니다.

비법 전략 2 해결 전략 집중 학습으로 **수학적 사고력 향상**

문해길에서 제시하는 8가지 문제 해결 전략을 익히고 적용하는 과정을 집중 연습함으로써 수학적 사고력을 키웁니다.

비법 전략 3 문장제 유형 정복으로 **고난도 수학 자신감 향상**

문장제 및 서술형 유형을 풀이하는 연습을 반복적으로 함으로써 어려운 문제도 흔들림 없이 해결하는 자신감을 키웁니다.

비법 전략 4 스스로 학습이 가능한 **문제 풀이 동영상 제공**

해결 전략에 따라 단계별로 문제를 풀이하는 동영상 제공으로 자기 주도 학습 능력을 키웁니다.